无线
网络安全技术
（第3版）

姚琳　王雷　编著

清华大学出版社

北　京

内 容 简 介

本书对无线信息安全涉及的各个层面进行梳理和论证,并讨论与安全技术和产品相关的内容,介绍信息安全领域的最新研究进展和发展趋势。本书包含8章,从不同层面介绍无线网络安全的相关内容,包括无线网络导论、无线局域网安全、移动通信安全、移动用户的安全和隐私、无线传感器网络安全、移动Ad Hoc 网络安全、车载网络安全和社交网络安全。此外,为拓展广大读者的知识面,本书还在附录中介绍了密码学的基础知识。

本书可作为高等院校计算机、软件工程、网络工程专业高年级本科生、研究生的教材,同时也可供从事无线网络安全工作的开发人员和科研人员参考。

图书在版编目(CIP)数据

无线网络安全技术/姚琳,王雷编著. —3 版. —北京:清华大学出版社,2022.4(2025.2重印)
ISBN 978-7-302-60040-4

Ⅰ.①无… Ⅱ.①姚…②王… Ⅲ.①无线网—安全技术 Ⅳ.①TN92

中国版本图书馆 CIP 数据核字(2022)第 021640 号

责任编辑:刘向威　常晓敏
封面设计:文　静
责任校对:李建庄
责任印制:刘海龙

出版发行:清华大学出版社
　　　　　网　　　址:https://www.tup.com.cn,https://www.wqxuetang.com
　　　　　地　　　址:北京清华大学学研大厦 A 座　　邮　　编:100084
　　　　　社 总 机:010-83470000　　　　　　　　邮　　购:010-62786544
　　　　　投稿与读者服务:010-62776969,c-service@tup.tsinghua.edu.cn
　　　　　质量反馈:010-62772015,zhiliang@tup.tsinghua.edu.cn
　　　　　课件下载:https://www.tup.com.cn,010-83470236
印 装 者:小森印刷霸州有限公司
经　　销:全国新华书店
开　　本:185mm×260mm　　印　　张:17.25　　　　字　　数:417 千字
版　　次:2013 年 10 月第 1 版　　2022 年 5 月第 3 版　　印　　次:2025 年 2 月第 4 次印刷
印　　数:3701~4700
定　　价:49.00 元

产品编号:092520-01

前　言

　　随着信息化技术的发展,许多城市都已实现无线网络的全覆盖,这使得上网变得更加方便快捷。而随之解决无线网络的安全问题就显得尤为迫切,所以对无线通信网络安全技术的研究是非常必要且有意义的。随着无线网络体系结构的变化,无线网络安全产生了新的需求和内容。目前,新型网络体系结构出现并不断发展,网络安全机制在协议、认证、防护等方面发生了变化。另外,随着人工智能、大数据等新技术的产生,网络安全在检测攻击和防护手段等方面也产生了新的变化。面对复杂的网络环境,如何进行防护并保护其安全性,已成为当前的研究热点。

　　本书系统介绍了不同无线网络环境下的安全问题及其基本对策,对提高和培养学生无线安全协议方面的分析和设计能力、综合知识运用能力和创新能力有重要的作用。本书具有以下三个特点。

　　(1) 内容全面。本书不但注重区别不同类型无线网络的安全问题,主要包括无线局域网安全、无线广域网安全、传感器网络安全、移动 Ad Hoc 网络安全、车载网络安全、社交网络安全,而且涵盖了无线网络的数据隐私问题,包括移动用户的轨迹隐私和社交关系隐私的保护。

　　(2) 易于理解。本书每章内容从技术核心贡献、领域发展概况、最新研究进展等不同角度进行阐述,深入浅出,便于读者理解。

　　(3) 科研导向。本书案例融合国家自然科学基金(61872053)、国家"十三五"重点研发计划子课题等项目的部分研究成果,有利于授课老师开展案例教学,组织学生分组讨论,有助于学生探寻科研规律,不仅可以吸收最新技术知识,还可以掌握攻克科学难题的方法,为进一步的深造(如攻读硕士学位)奠定了科研基础。

　　本书共分为 8 章。第 1 章是无线网络导论。第 2 章主要介绍无线局域网的安全,分析无线局域网中常见的 WEP 协议、IEEE 802.1x 协议、WAPI 等协议中存在的一些安全问题。第 3 章主要介绍移动通信安全,包括 GSM 系统、第三代～第五代移动通信系统的安全机制。第 4 章主要介绍移动用户的安全和隐私,包括移动用户间的实体认证机制、信任管理机制以及移动用户的位置隐私保护情况。第 5 章主要介绍无线传感器网络安全,包括密钥管理、认证机制、位置隐私保护、入侵检测机制以及节点俘获攻击的主要机制。第 6 章主要介绍移动 Ad Hoc 网络的安全,从路由安全、密钥管理、入侵检测和无线 Mesh 网络安全等方面进行详细分析和说明。第 7 章主要介绍车载网络中面临的安全问题与保护机制,分别从路由安全、污染攻击、时间攻击三方面进行讲述。第 8 章主要介绍社交网络中面临的安全威胁,从路由安全与隐私保护两方面介绍社交网络安全方面的研究进展。

　　在本书的撰写过程中,得到了大连理工大学软件学院、辽宁省泛在网络与服务软件重点实验室相关领导和同事的关心和支持,特别要感谢徐遭、宋奇、张天宇、张家宁、绳童、王浩洋等同学为本书的撰写、资料收集、程序编写、文字校对等所做的工作。

　　本书在撰写过程中参考了部分国内外文献资料(已在书中尽量注明和列出),在此向相关作者表示衷心感谢!

　　由于作者水平有限,加之时间仓促,书中存在不足之处在所难免,恳请相关专家、读者批评指正。

姚琳　　王雷

2021 年 8 月于大连理工大学

目　录

无线网络导论

1.1 无线网络概述

　　近十年来,整个世界逐渐走向移动化,传统的通信方式已经无法应付日益加快的生活节奏和全球化步伐带来的挑战。随着手机等无线终端的普及,无线网络已经成为日常生活的一部分。

　　无线网络是采用无线通信技术实现的网络。目前,家庭、企业(商业机构)和电信网络都大量采用无线网络连接,目的是避免在楼房内安装光纤电缆或在不同地区的设备之间建立连接而产生巨大的开销。无线通信网络通常是通过无线电通信来实现和管理的,是在开放式系统互连(open system interconnection,OSI)网络模型结构的物理层实现的。如果必须通过实体电缆才能够连接到网络,用户的活动范围势必大幅缩小。无线网络无此限制,用户可以享有较宽广的活动空间。因此,无线网络技术正逐渐侵占传统的"固定式"或"有线式"网络所占有的领域。

1.1.1 无线网络的历史背景

　　无线网络的历史背景可以追溯到无线电波的发明。1888年,德国物理学家海因里希·赫兹发现并率先提出了无线电波的概念。1896年,意大利无线电工程师古列尔默·马可尼实现了通过电报光纤传送信息。他在1901年把长波无线电信号从康沃尔(位于英国的西南部)跨过大西洋传送到3200km之外的圣约翰(位于加拿大)的纽芬兰岛,他的发明使双方可以通过发送用模拟信号编码的字母和数字符号来进行通信。

　　"二战"期间,美国军队率先在数据传输中使用无线电信号,这给之后的科学研究提供了灵感。1971年,夏威夷大学的研究小组基于无线电通信网络——ALOHNET,设计了第一个报文。ALOHNET是世界上第一个无线局域网(wireless local area network,WLAN),包含7台计算机,构成了一个双流向的星形拓扑结构,可实现相互通信。

　　第一代WLAN技术采用了未经许可的频带(902～928MHz ISM),这一频带随后被小型的应用和工业机械的通信干扰所阻塞。为了减小这种干扰,科学家们发明了一种扩频技术,它每秒可以传输 50 万比特。第二代 WLAN 技术的传输速率达到了 2Mb/s,是第一代的四倍。第三代 WLAN 技术和第二代 WLAN 技术运行在同样的频带上,这也是今天仍然用到的 WLAN 技术。

1990 年,IEEE(Institute of Electrical and Electronics Engineers,电气和电子工程师协会) 802.11 执行委员会建立了 820.11 工作小组来设计无线局域网(WLAN)标准。这一标准规定了在 2.45GHz ISM 频带下的工作频率。1997 年,工作小组批准 IEEE 802.11 成为世界上第一个 WLAN 标准,规定的数据传输速率是 1Mb/s 和 2Mb/s。

除 WLAN 之外,无线网络还衍生出了多种应用。例如,无线网络技术使商业企业能够发展广域网(wide area network,WAN)、城域网(metropolitan area network,MAN)和个人区域网(personal area network,PAN)而无须电缆设备;IEEE 开发了作为无线局域网标准的 IEEE 802.11;蓝牙(BlueTooth)工业联盟也在致力于能提供一个无缝的无线网络技术。

蜂窝或移动电话是马可尼无线电报的现代对等技术,它提供了双方的、双向的通信。第一代无线电话使用的是模拟技术,这种设备笨重且覆盖范围是不规则的,然而它们成功地向人们展示了移动通信的固有便捷性。现在的无线设备已经采用了数字技术。与模拟网络相比,数字网络可以承载更高的信息量并提供更好的接收性和安全性。此外,数字技术带来了可能的附加值服务,如呼叫者标识。使用更新的无线设备能支持更高信息速率的频率范围连接到 Internet 上。

无线网络技术为人类社会带来了深刻的影响,而且这种影响还会继续。没有几个发明能够用这样的方式使整个世界"变小"。定义无线通信设备如何相互作用的标准很快就会有一致的结果,人们不久就可以构建全球无线网络,并利用它提供广泛的多种服务。

1.1.2　无线网络的分类

根据数据传输的距离,无线网络分为以下 6 种不同类型。

1. 无线个人区域网

个人区域网(PAN)是计算设备之间通信所使用的网络,这些计算设备包括电话、个人数据助手(personal digital assistant,PDA)等。PAN 可以用于私人设备之间的通信,也可与更高级别的网络或者因特网(向上连接)取得连接。无线个人区域网(wireless personal area network,WPAN)是采用了多种无线网络技术的个人区域网,这些网络技术包括 IrDA、无线 USB、蓝牙、Z-Wave、ZigBee,甚至是人体域网,覆盖范围从几厘米到几米不等。

蓝牙是目前 WPAN 应用的主流技术。蓝牙标准是在 1998 年由爱立信、诺基亚、IBM 等公司共同推出的,即后来的 IEEE 802.15.1 标准。蓝牙技术为固定设备或移动设备之间的通信环境建立通用的无线空中接口,将通信技术与计算机技术进一步结合起来,使多种设备(如通信产品、计算机产品和消费类电子产品)使用无线连接在近距离范围内实现相互通信或操作。蓝牙 2.0 的速度可达 1.8Mb/s,蓝牙 3.0 的速度可达 24Mb/s,蓝牙 4.0 的速度可达 24Mb/s,覆盖范围可超过 100m。

2．无线局域网

无线局域网（WLAN）采用分布式无线措施（通常是扩频或正交频分复用无线电技术）连接两个或更多的设备，并且通过一个接入点向更大的互联网范围提供连接。像广域网一样，局域网也是一种由各种设备相互连接并在这些设备间提供信息交换的通信网络。这给用户提供了更多的便利，使他们可以在局域网的覆盖区域内移动的同时与网络随时保持连接。相对于广域网来说，局域网的范围较小，通常是一栋楼或一片楼群，但是局域网内的数据率通常要比广域网的数据率高得多。大多数的现代 WLAN 技术都基于 IEEE 802.11 标准，以 WiFi 提供商的品牌名字命名并运营。WLAN 曾经被美国国防部称为区域无线网络（local area wireless network，LAWN）。

无线局域网因其易于安装的优势，在家用网络中得到了非常广泛的应用，很多商业场所也都向客户提供免费的介入服务。

IEEE 802.11 是关于无线局域网的标准，它主要涉及物理层和介质访问层。根据 IEEE 802.11 标准，无线用户通过 AP 连接到网络，每个用户终端使用无线网卡与 AP 连接。无线网卡和 AP 支持 IEEE 802.11 物理层和 MAC 层的标准，同样也负责将这些用户连接到符合 IEEE 802.11 标准的网络。

3．无线网状网

无线网状网（wireless mesh network，WMN）是由无线 Mesh 节点设备动态地、自动组成的通信网络，通常由 Mesh 客户端、网格路由器和网关组成。网络的客户端往往是笔记本电脑、手机和其他无线设备，而 Mesh 路由向网关转发流量可能不需要连接到互联网。为一个单一网络工作的无线节点的覆盖区域有时也被称为 Mesh 云。访问此 Mesh 云需要依赖彼此和谐工作的节点建立的无线网络。Mesh 网络是可靠的，并能提供冗余。该网络中，当一个节点不能工作时，其余的节点仍然可以直接或通过一个或多个中间节点互相通信。无线网状网可以与各种无线技术，包括 IEEE 802.11、IEEE 802.15、IEEE 802.16、蜂窝技术或多种类型的组合来实现。

无线网状网可以看作一种特殊类型的无线自组织网络，如图 1.1 所示，由几个到几十个节点组成、采用无线通信方式、动态组网的多跳移动性对等网络。无线网状网中，Mesh 路由器通常不受节点的资源限制，因此可以用来执行更多资源密集型的功能。但自组织网络中的节点通常受资源约束，因此无线网状网与无线自组织网络有所不同。

图 1.1　无线自组织网络

4．无线城域网

城域网（MAN）是连接多个局域网的计算机网络，通常覆盖一个城市或者是大型校园。MAN 通常采用大容量骨干技术，如光纤链路，连接多个局域网。此外，MAN 还能向更大的网络（如 WAN）提供向上连接服务。

人们之所以对城域网感兴趣，是因为用于广域网的传统的点到点连接和交换网络技术不足以满足一些组织不断增长的通信需求。局域网标准中的高度共享媒体技术具有很多的优点,这些都可以在构建城市范围的网络中实现。

无线城域网(wireless metropolitan area network,WMAN)的主要市场是那些在城市范围内对高容量通信有需求的用户。相比于从本地电话公司获得的同样服务,无线城域网可以更低的成本和更高的效率为用户提供所需容量的通信服务。

5. 无线广域网

无线广域网(wireless wide area network,WWAN)是无线网络的一种。相比于无线局域网,无线广域网可覆盖更大的地理范围,它可能需要通过公共信道或者至少有一部分依靠公共载波电路进行传输。一个典型的无线广域网包括多个相互连接的交换节点。所有的传输过程都是从一个设备出发,经过这些网络节点,最后到达规定的目的设备。所有规模的无线网络均可在电话通信、网页浏览和串流视频影像等应用中提供数据传输服务。

无线广域网采用无线通信蜂窝网络技术来传输数据,例如 LTE、WiMAX、UMTS、CDMA 2000、GSM 等。GSM 数字蜂窝系统是由欧洲电信公司提出的标准,接入技术可以采用码分多路访问(code division multipe access,CDMA)、时分多路访问(time division multipe access,TDMA)和频分多路访问(frequency division multipe access,FDMA),调制采用高斯最小频移键控(gaussian minimum frequency-shift keying,GMSK)技术。WWAN 也可以采用本地多点分布式服务(local multipoint distribution services,LMDS)或者 WiFi 来提供网络连接。这些技术可以是区域性的,可以是全国性的,也可以是全球性的,并且由无线服务提供商负责提供。WWAN 的连通性使得持有便携式计算机和 WWAN 上网卡的用户可以浏览网页、收发邮件,或者介入虚拟专用网络(virtual private network,VPN)。只要用户处在蜂窝网络服务的区域范围内,就都能够享受到 WWAN 带来的服务。

6. 蜂窝网络

蜂窝网络(或移动网络)是一个分布在陆地区域的无线电网络,称为"细胞",每个"细胞"都由一个固定的无线电收发机提供服务,这也被称为行动通信基地台或者基站。在蜂窝网络中,每个"细胞"都采用与其他邻居"细胞"不同的无线电频率来避免干扰。

当共同加入网络后,这些"细胞"可在广阔的区域内提供无线电覆盖,使大多数便携式无线电收发机(如移动电话、寻呼机等)可以相互之间或者是与网络中任意固定的电话和收发机通过基站进行通信。即使一些收发机在多个细胞之间移动,通信也不会受到影响。

1.1.3　无线网络未来的发展和挑战

1. 无线局域网的应用前景

作为无线网络中应用最广的技术,无线局域网(WLAN)技术经过不断发展,目前正逐渐趋于成熟,但仍在产生意义重大的革新,目的是在与有线网络和蜂窝网络的竞争中处于优势地位。此外,WLAN 也在不断产生分化,尽管其核心特征正逐渐商品化并且服务提供商正逐渐趋于统一。例如,WLAN 的传输速度成正指数增长,几年前就已达到数倍于十亿比特每秒的速率。所有的无线网络服务提供商正逐渐携起手来,致力于提升所部属服务的可信赖性和安全性。

　　商业领域产生的对 WLAN 性能的新要求正逐渐提高,特别是在移动设备变得更流行和多样化的今天。这种发展趋势的关键驱动在于商业用户对所用设备的可用性和功能性提出了严苛的要求,也就是对智能手机、便携式计算机和多媒体应用设备在商务环境下的要求更高,并且对于企业级的 WLAN 也有不同的严格要求。

　　技术的发展同样也在支持 WLAN 的进步,如便携式计算机和平板电脑都依赖 WiFi 的发展。此外,随着无线热点、酒店接入点和其他形式的公共无线接入点的应用更加广泛,商务人士和其他行业的员工会越来越多地使用 WiFi,并且对 WiFi 的服务质量的期待也水涨船高。在这种情况下,为更好地服务移动用户,WLAN 服务提供组织纷纷建立,它们可更快地适应新的无线网络技术。这与商务人士开始严格要求无线网络的无打扰连接、高速传播的多媒体应用和所有形式的基于云的功能等需求密切相关。

　　与此同时,不断进步的工业化标准以及服务提供商的技术革新使得 WLAN 速率显著提高,同时更加可信,更加安全。现行的 IEEE 802.11ax 标准相比于之前的版本在数据吞吐量方面有着成倍的提升,达到了 11Gb/s。这有助于弥合有线和无线环境的性能差距。事实上,企业应该考虑的是 IEEE 802.11ax 而不是工作站的电缆分支。如果该标准能够有效部署,将创建一个真正的无线办公室。

2. 无线传感器网络的发展

　　无线传感器网络(wireless sensor network,WSN)是由若干无线传感器节点形成的一个传感器区域和一个接收器。这些有能力感知周围环境的大量节点可执行有限的计算和无线通信,进而形成了 WSN。最近无线和电子技术的进步已经使无线传感网在军事、交通监视、目标跟踪、环境监测和医疗保健监控等方面有了很广阔的应用。随之而来有许多新的挑战已经浮出水面,无线传感网要满足各种应用的要求,如检测到的传感器数量、节点大小、节点的自主权等。因此需要改进当前的技术,更好地迎接这些挑战。未来传感器的发展必须功能强大并节约成本,要能兼容各种应用程序,如水下声学传感器系统、基于传感器的信息物理系统、对时间有严格要求的应用、认知传感和频谱管理、安全和隐私管理等。

　　目前,无线传感器在如下几个典型领域得到了广泛应用:

　　1) 认知感应

　　认知传感器网络通过部署大量智能的和自治的传感器来获取本地的和周围环境的信息。管理大量的无线传感器是一项复杂的任务。认知感应两个众所周知的例子是群智能和群体感应:群智能是从人工智能发展而来的,用来研究分散的、自组织系统中的集体行为;群体感应是仿生传感网络的一个例子,是指细菌沟通协调、通过信号分子合作的能力。

　　2) 水下声感知

　　水下传感器网络的设计使得应用程序可以对海洋数据进行收集,以进行污染监测、海上勘探、灾害预防、辅助导航功能和战术监控等。水下传感器也可用于勘探天然海底资源和科学数据的收集,因此需要在水下设备之间进行通信。水下传感器节点和车辆应协调运作,交换它们的位置和运动信息,可将监测到的数据转播到陆上的基站。新的水下无线传感器网络(underwater wireless sensor network,UWSN)相比于陆基无线传感器网络也面临着一些挑战,如传播延迟大、节点的移动性问题和水下声音信道的错误率高。

3) 异构网络中的协调

由于受到传感器节点的能源制约,所以与其他网络合作的主要障碍就是传感器节点的能量有限。传感器网络对应用程序是非常有用的,例如健康监测、野生动物栖息地的监测、森林火灾探测与楼宇控制。为了监测无线传感器网络,传感器节点所产生的数据应该可以被访问。这可以通过 WSN 与现有的网络基础设施连接而形成,如全球互联网、局域网或私人网络。

4) 物联网领域

物联网是基于互联网发展起来的,它除了融合网络、技术、信息技术,还引入了无线传感器技术,使得物联网有了更深的发展。无线传感网在物联网领域应用非常广泛,主要在军事和民用两个领域,军事应用包括海洋监视系统,空对空或地对空防御系统,战场情报、防御、目标获取,战略预警和防御系统;民用领域主要用于机器人、智能制造、智能交通、无损检测、环境监测、医疗诊断、遥感等。

3. 其他网络技术的发展

本节列举并介绍了 3 种正在不断发展的创新技术,分别是 WiMAX、ZigBee 和 Ultra Wide Band。

1) WiMAX

WiMAX 是无线网络标准中 IEEE 802.16 家族中一种彼此协作的实施方式,这些实施方式是 WiMAX 研讨会所批准通过的(例如,WiFi 是 WiFi 联盟认证许可的 IEEE 802.11 无线局域网标准)。WiMAX 研讨会的认证允许卖家销售 WiMAX 认证的固定的或者移动的产品。只要这些产品在外形上彼此融合,就可以确保这些产品有一定的协作性。

最初的 IEEE 802.16 标准(现在称为"固定的 WiMAX")是在 2001 年发布的。WiMAX 从 WiBro 借鉴了一些技术,WiBro 是一种在韩国市场推广的服务。移动 WiMAX(最初在 2005 基于 802.16e 标准)是在很多国家部署的修订版服务,也是很多修订版服务(例如 2011 年的 802.16m)的基础。

WiMAX 有时也被称作"类固醇的 WiFi",并且也可以用在很多应用中,例如宽带连接、蜂窝回程、热点等。与 WiFi 相似,二者均可建立热点,但它可以在更远的距离中使用。WiFi 覆盖的范围是几百米,WiMAX 则有 40～50 000 米的覆盖范围。因而,WiMAX 可以为用于最后一英里(1 英里≈1.609 千米)宽带接入的有线、DSL 和 T1/E1 方案提供一种无线技术选择。作为附赠技术,它也可用于连接 802.11 热点和 Internet。

2) ZigBee

ZigBee 是一套高层次通信协议规范,它是基于 IEEE 802 标准的小型、低功耗的数字无线电技术,应用于个域网。ZigBee 设备通常用在网状网中,通过中间设备在相对较长的距离下进行数据传输,这使得 ZigBee 网络可以形成自组织网络。

ZigBee 适用于需要数据速率低、电池寿命长和安全性高的网络应用。ZigBee 使用了 IEEE 802.15WPAN 规范,提供 250kb/s、40kb/s 和 20kb/s 的数据速率,只能在 10～100m 的范围内工作,最适合应用于从传感器或输入装置传输周期性、间歇性或一个单一信号的数据传输。它的应用包括无线光开关、电表与家庭显示、交通管理系统,以及其他距离短、无线数据传输率相对较低的工业设备。

与 WiFi 相比,ZigBee 可在相对短的距离上提供相对低的数据速率,其目标是开发低成本的产品,具有非常低的功率消耗和数据速率。ZigBee 技术使得在数千个微型传感器之间的通信能够协调进行,这些传感器可以散布在办公室、农场或工厂地区,用于收集温度、化学、水或运动等方面的详细信息。根据设计要求,它们的耗电量很少,因为会放置在那里 5 或 10 年,而且还要持续供电。ZigBee 设备的通信效率非常高,它们通过无线电波传送数据,就像人们在救火现场排成长龙依次传递水桶那样。在这条长龙的末端,数据可以传递给计算机用于分析,或通过类似 WiFi 或 WiMAX 的无线技术接收数据。

3) Ultra Wide Band

Ultra Wide Band(UWB,超宽带)是最早由 Robert A. Scholtz 等提出的无线电波技术,这种技术可以在低能耗的条件下,实现短距离、高带宽通信,并且占用大范围的无线电波频谱。UWB 在雷达成像方面有很多传统应用,其最新应用是对传感器数据进行采集、精确定位和追踪。

与扩频技术类似,UWB 可以在与传统的窄带和载波通信互不干扰的情况下传输,并且可以使用同样频率的波段。UWB 是一种在高带宽(>500MHz)传输信息的技术,在理论上和特定的情况下是可以和其他传输方式共享频谱的。通常情况下,美国联邦通信委员会(Federal Communications Commission,FCC)制定标准的目的在于提供一种正确、有效使用无线电波带宽的方式,并且允许高速率个域网的无线连接以及更长距离、更低数据速率的应用和雷达成像系统。

UWB 之前被称为脉冲无线电,但是 FCC 和 ITU-R(国际通信联盟无线电通信组)目前将 UWB 定义为一种从天线发出的传播,其信号带宽大于这二者之间的较小值:500MHz 或者中心频率的 20%。所以,在基于脉冲的系统中,每一个传输的脉冲都占据 UWB 带宽(或者是至少 500MHz 的窄带)载波,例如正交频分复用(orthogonal frequency division multiplexing,OFDM)可以在这种规则下进入 UWB 频谱。脉冲的重复率可高可低。基于脉冲的 UWB 雷达和成像系统趋向于使用低重复率脉冲(通常是每秒 1~100M 脉冲)。另一方面,通信系统更倾向于高重复率(通常是每秒 1~2G 脉冲),所以这使得短程的 Gb/s 的通信系统传输成为可能。在基于脉冲的 UWB 系统中,每一个脉冲都占据着整个 UWB 带宽,所以这受到了多路径衰落的相对抵抗性,但这与受制于深度衰落和码间干扰的载波系统有所不同。

UWB 与在本节所提到的其他技术相比区别很大。UWB 可以使人们在短距离内以高数据速率传输大量文件。例如,在家庭中,UWB 可使用户不需要任何凌乱的线缆就可将时长几小时的视频从一台 PC 传送到 TV 上。又如,在行车途中,乘客可以将笔记本电脑放在行李箱内,通过 Mobile-Fi 接收数据,然后再利用 UWB 将这些数据拖到手持式计算机上。

4. 无线网络未来面临的挑战

无线设备在 WiFi 技术领域的不断进步和广泛传播改变了我们对无线网络的期望。从教育到医疗,从零售到制造,各个领域的消费者和专业人员都越来越多地依赖无线网络来完成工作和实现与其他人的交流,且对其提出了更高的性能和可靠性。

从 IT 和网络行业管理者的角度来看,在接下来的几年里,满足上述这些要求是需要面临如下挑战的。

1) 不断生产的无线设备对网络环境造成不利影响

WiFi 设备的大量使用以及非 WiFi 设备在射频频谱中占据的相同份额对网络造成了一定的干扰。不说笔记本电脑和智能手机了,你可曾想过无线视频摄像机会干扰网络性能?降低射频频谱影响有助于保持 IEEE 802.11ax 网络的高性能。此外,多媒体和无线实时视频传输也需要巨大的带宽和智能机制来充分压缩视频/多媒体,但是信号又要在接收端快速解码,这些都是摆在从业人员面前的难题。

2) WiFi 服务方式的转型

在不断增加的机构和组织中,WiFi 的部署已经从提供"尽力而为服务"的方法向成为"以任务为关键"的方向转型。然而 WiFi 之前是一种新型或者是便捷的享受,技术方面的提升使得很多组织机构在"以任务为关键"的数据和应用中广泛采用 WiFi,这意味着 WiFi 的性能、可靠性和安全性比以往更加重要。

3) 无线网络专业知识的缺乏

很多机构组织都缺乏专业知识、资源或者工具来应付上述两种趋势。正如同决定射频干扰的源、分布和影响是非常困难的,适应一个无线网络的"健康"与否会对整个组织机构的工作效率产生一定的影响。目前很多组织机构并没有针对无线网络建立相应的专业技术支持团队,从而面临问题时内部缺少解决方案。

4) 无线设备的能源优化

目前,移动设备在连续使用下,使用时间受限于电池。试想一下,如果我们有一个装置,它可以自动从环境中获取能源,这并不仅限于太阳能或热能,还有其他一些能源获取方式,如从声音中提取能量等。所以,获取能源和使设备自由地获取能源仍然是长期挑战。

5) 异构无线网络间的无缝通信

目前我们仍然不能做到在不同网络下进行无缝连接,而只能利用单一机制在不同网络之间(如 WiFi、WiMAX 或其他移动网络)进行切换,以便与上述的多媒体和无线实时视频传输进行连接。

1.2　无线网络安全概述

无线网络的应用扩展了网络用户的自由空间,具有覆盖面积广、经济、灵活、方便、用户多以及网络结构不同等特征。但是这种自由也给我们带来了新的挑战,其中最重要的问题就是安全性。由于无线网络通过无线电波在空中传输数据,在数据发射机覆盖区域内的任何一个无线网络用户,都能接触到这些数据,只要具有相同频率就可能获取所传递的信息,因此要实现有线网络中一对一的传输是不可能的。另外,无线设备在计算、存储以及功能等方面的局限性,使得原本在有线环境下的许多安全方案和安全技术不能直接应用于无线环境。所以,研究新的安全方案和安全技术迫在眉睫。

1.2.1　无线网络安全的特点

目前已经有很多安全技术应用于有线网络,但由于有线和无线的特点不同,无线网络面临的安全性的挑战要比有线网络大得多。无线网络安全与有线网络相比,区别主要体现在以下几方面。

（1）无线网络的开放性使得网络更容易受到被动窃听或主动干扰等各种攻击。有线网络的网络连接是相对固定的，具有确定的边界，可以通过将电线隐藏在墙内避免接触外部的方式来确保安全连接，同时通过对接入端口的管理可以有效地控制非法用户的接入。攻击者必须接入网络或经过其物理边界，如防火墙和网关，才能进入有线网络。而无线网络则没有明确的防御边界，无线媒体的接口在它的传输范围内对每个人都是开放的。这种开放性带来了信息截取、未授权使用服务、恶意注入信息等一系列信息安全问题，如无线网络中普遍存在的 DoS(denial of service，拒绝服务)攻击问题。

（2）无线网络的移动性使其安全管理难度更大。有线网络的用户终端与接入设备之间通过线缆连接，终端不能在大范围内移动，对用户的管理比较容易。而无线网络终端不仅可以在较大范围内移动，而且可以跨区域漫游，这增大了对接入节点的认证难度。例如，在WLAN 中限制无线传输的范围是很困难的，一个外来者在没有管理员确认的情况下也可以获得通信信息，因为他不需要把设备插到插座上或暴露在管理员的视线范围内。

（3）无线网络动态变化的拓扑结构使得安全方案的实施难度更大。有线网络具有固定的拓扑结构，安全技术和方案容易部署。而在无线网络环境中，动态的、变化的拓扑结构缺乏集中管理机制，使得安全技术(如密钥管理、信任管理等)更加复杂(可能是无中心控制节点、自治的)，例如 WSN 中的密钥管理问题和 MANET 中的信任管理问题。另外，无线网络环境中做出的许多决策是分散的，许多网络算法(如路由算法、定位算法等)必须依赖大量节点的共同参与和协作来完成，例如 MANET 中的安全路由问题。攻击者可能实施新的攻击来破坏协作机制，因此基于博弈论的方法在无线网络安全中成为一个热点。

（4）无线网络传输信号具有不稳定性，要求无线通信网络及其安全机制具有更高的鲁棒性(健壮性)问题。有线网络的传输环境是确定的，信号质量稳定。而无线网络随着用户的移动，其信道特性是变化的，会受到干扰、衰落、多径、多普勒频移等多方面的影响，造成信号质量波动较大，丢包率和错误率高，甚至无法进行通信。无线信道的竞争共享访问机制也可能导致数据丢失。因此，这对无线通信网络安全机制的鲁棒性(健壮性、高可靠性、高可用性)提出了更高的要求。无线网络中使用的协议也应该考虑到信息丢失和损坏的情况，以增加攻击者进行攻击所需尝试的次数。

（5）无线网络终端设备具有与有线网络终端设备不同的特点。有线网络的网络实体设备，如路由器、防火墙等一般都不能被攻击者接触到。而无线网络的网络实体设备，如访问点可能被攻击者接触到，因而可能存在假的 AP。无线网络终端设备与有线网络的终端(如PC)相比，具有计算、通信、存储等资源受限的特点，以及对耗电量、价格、体积等具有更高的要求。一般在对无线网络进行安全威胁分析和安全方案设计时，需要考虑网络节点(终端)设备的这些特点。加密操作需要适应无线设备的计算和能量限制。认证和密钥管理协议针对使用者的移动性应该是可扩展的和普遍存在的。此外，由于无线频道的固有易损性，在无线环境下抵御 DoS 的攻击是更加困难的。

（6）无线设备之间的连接应该根据使用者的移动性和链路质量进行灵活适应，这是有线网络得不到的优势，但是需要一个更加信任的关系才行。在有线网络中，终端使用者对有效连接的安全性比较有信心。例如，在一个公司里，当某个使用者将其设备插入墙上的插座，显然这个网络是由公司提供的。然而，在无线网络中，使用者是看不到其所连接的网络的,很有可能是恶意的。

1.2.2　无线网络面临的安全威胁

因为无线网络是一个开放的、复杂的环境,所以它面临的安全威胁相对有线网络来说也更多。概括来说,主要有以下几方面的威胁。

威胁1　被动窃听和流量分析

由于无线通信的特征,攻击者可以轻易地窃取 WLAN 内的流量信息。甚至当一些信息被加密时,判断攻击者是否从特定消息中学习到部分或全部的信息同样至关重要。此外,加密的消息会根据攻击者自身的需求来产生。在分析这种威胁时,应重点了解被记录的消息和/或明文的知识是否会被用来破解加密密钥、解密完整报文,或者通过流量分析技术获取其他有用信息。

威胁2　消息注入和主动窃听

攻击者可使用适当的设备向无线网络中增加信息,这些设备包括拥有公共无线网络接口卡(network interface card,NIC)的设备和一些相关软件。虽然大多数无线 NIC 的固件会阻碍接口构成符合 802.11 标准的报文,但攻击者仍然能够通过使用已知技术来控制这些领域的报文。因此,我们可以推断出攻击者可以产生选定的报文、修改报文内容并完整地控制报文的传输。如果报文是要求认证的,攻击者可以通过破坏数据的完整性算法来产生合法有效的报文。如果没有重放保护或者是攻击者可以避免重放,那么攻击者就同样可以加入重放报文。此外,通过加入一些选定好的报文,攻击者可以利用主动窃听手段从系统的反应中获取更多消息。

威胁3　消息删除和拦截

假定攻击者可以进行消息删除,这意味着他们能够在报文到达目的地之前从网络中删除报文。这可以通过在接收端干扰报文的接收过程来完成,例如在循环冗余校验码中制造错误,可导致接收者丢弃报文。这一过程与普通的报文出错相似,但是可能是由攻击者触发的。

消息拦截的意思是攻击者可以完全地控制连接。换句话说,攻击者可以在接收者真正收到报文之前获取报文,并决定是否删除报文或者将其转发给接收者。这比窃听和消息删除更加危险。此外,消息拦截与窃听和重发还有所不同,因为接收者在攻击者转发报文之前并没有收到报文。消息拦截在无线局域网中可能是难以实现的,因为合法接收者会在攻击者刚一拦截之后检测到消息。然而,确定的攻击者会用一些潜在的方式来实现消息拦截。例如,攻击者可以使用定向天线,在接收端通过制造消息碰撞来删除报文,并且同时使用另一种天线来接收报文。由于消息拦截是相对较难实现的,我们只考虑当造成很严重损害时的可能性。另外,攻击者通过制造"中间人攻击"来进行消息拦截是没有必要的。

威胁4　数据的修改和替换

数据的修改或替换需要改变节点之间传送的信息或抑制信息的传送并加入替换数据,

由于使用了共享媒体,这在任何局域网中都是很难办到的。但是,在共享媒体上,功率较大的局域网节点可以压过另外的节点,从而产生伪数据。如果某一攻击者在数据通过节点之间的时候对其进行修改或替换,那么信息的完整性就丢失了(就像一间房子挤满了讲话的人,假定 A 总是等待其旁边的 B 讲话,当 B 开始讲话时,A 就大声模仿 B 讲话,从而压过 B 的声音。房间里的其他人只能听到声音较高的 A 的讲话,但他们认为他们听到的声音来自 B)。采用这种方式替换数据在无线局域网上要比在有线网上更容易些,利用增加功率或定向天线的方式可以很容易地使某一节点的功率压过另一节点,导致较强的节点屏蔽较弱的节点,并用自己的数据取代,甚至会出现其他节点忽略较弱节点。

威胁5 伪装和无线 AP 欺诈

伪装即某一节点冒充另一节点。因为 MAC 地址的明文形式是包含在所有报文之中并通过无线链路传输的,攻击者可以通过侦听来学习到有效的 MAC 地址。攻击者同样能够将自己的 MAC 地址修改成任意参数,因为大多数固件为接口提供了这样做的可能。如果一个系统使用 MAC 地址作为无线网络设备的唯一标识,那么攻击者可以通过伪造自己的 MAC 地址来伪装成任何无线基站,或者通过伪造 MAC 地址并且使用适当的自由软件正常工作伪装成接入点,例如主机接入点。

无线 AP 欺诈是指在 WLAN 覆盖范围内秘密安装无线 AP,窃取通信、WEP 共享密钥、SSID(Service Set Identifier,服务集标识符)、MAC 地址、认证请求和随机认证响应等保密信息的恶意行为。为了实现无线 AP 的欺诈目的,需要先利用 WLAN 的探测和定位工具获得合法无线 AP 的 SSID、信号强度、是否加密等信息;然后根据信号强度将欺诈无线 AP 秘密安装到合适的位置,确保无线客户端可在合法 AP 和欺诈 AP 之间切换,并将欺诈 AP 的 SSID 设置成合法无线 AP 的 SSID。恶意 AP 也可以提供强大的信号并尝试欺骗一个无线基站使其成为协助对象,来达到泄露隐私数据和重要消息的目的。

威胁6 会话劫持

会话劫持是指无线设备在成功验证了自己之后会被攻击者劫持一个合法的会话。例如,首先,攻击者使一个设备从会话中断开,然后在不引起其他设备的注意下伪装成这个设备来获取链接。在这种情况下,攻击者可以收到所有发送到被劫持设备上的报文,然后按照被劫持设备的行为进行报文发送。这种攻击可以令人信服地包围系统中的任何认证机制。然而,如果使用了数据的机密性和完整性,攻击者必须将它们攻克来读取加密信息并发送正当的报文。因此,通过充分的数据机密性和完整性机制可以很好地阻止这种认证攻击。

威胁7 中间人攻击

中间人攻击与信息拦截不同,因为攻击者必须不断地参与通信。如果在无线基站和 AP 之间已经建立了连接,攻击者必须要先破坏这个连接,然后伪装成合法的基站与 AP 进行联系。如果 AP 对基站之间采取了认证机制,攻击者必须欺骗认证。最后,攻击者必须伪装成 AP 来欺骗基站,和它进行联系。类似地,如果基站对 AP 采取了认证机制,攻击者必须窃取到 AP 的证书。

威胁 8 　拒绝服务攻击

WLAN 系统是很容易受到 DoS 攻击的，攻击者能够使得整个基本服务集不可获取或者扰乱合法的连接。利用无线网的特性，攻击者可以用几种方式发出 DoS 攻击。例如，伪造出没有受保护的管理框架（如无认证和无法连接），利用一些协议的弱点或者直接人为干扰频带使得合法使用者的服务被拒绝。

威胁 9 　病毒

与有线互联网络一样，移动通信网络和移动终端也面临着病毒和黑客的威胁。首先，携带病毒的移动终端不仅可以感染无线网络，还可以感染固定网络。由于无线用户之间交互的频率很高，病毒可以通过无线网络迅速传播，再加上有些跨平台的病毒可以通过固定网络传播，使传播的速度进一步加快。其次，移动终端的运算能力有限，PC 上的杀毒软件很难使用，而且很多无线网络都没有相应的防毒措施。另外，移动设备的多样化以及使用软件平台的多种多样，给防范措施带来很大的困难。

上述介绍的 9 种威胁中，威胁 1～3 都是在链路层框架下的，试图破坏 WLAN 的数据机密性和完整性。威胁 4～7 打破了相互之间的认证。总的来说，它们是由威胁 1～3 在管理框架下组合产生的。威胁 8 干预了连接的可获得性，是由威胁 1～3 在任意形式框架下导致的。

从信息安全的 4 个基本安全目标（机密性、完整性、认证性及可用性）的角度来看，可将安全威胁相应地分成四大类基本威胁：信息泄露、完整性破坏、非授权使用资源和拒绝服务攻击。在无线网络环境下，具体威胁有无授权访问、窃听、伪装、篡改、重放、重发路由信息、删除应转发消息、网络泛洪等。

从网络通信服务的角度而言，主要的安全防护措施称为安全业务，分为 5 种，即认证业务、访问控制业务、保密业务、数据完整性业务和不可否认业务。具体而言，在无线网络环境下，具体的安全业务可以分为访问控制、实体认证、数据来源认证、数据完整性、数据机密性、不可否认、安全警报、安全响应和安全性审计等。

总之，各种针对无线网络的攻击方式目前已经不仅仅出现在国内外一些大型的黑客安全会议上，在一些站点以及安全讨论群中，已经出现了涉及手机犯罪、诈骗、非法监听等技术的演示和交易。对无线网络的安全研究已经成为制约无线网络更好发展的一个关键瓶颈。

1.2.3 　无线网络安全的研究现状

美国国家标准技术研究所（National Institute of Standards and Technology，NIST）手册中将一般性的安全威胁分为九类。对于无线通信来说，更值得担忧的是设备被偷窃、服务被拒绝、恶意黑客、恶意代码、服务被窃取以及工业和外国间谍活动。由于无线设备的便携性，它们似乎很容易被盗。被授权的和未经授权的系统用户都可能会进行欺骗以及窃取。然而，被授权的用户更明白系统有什么资源以及系统的安全缺陷，因此他们更容易进行欺骗和盗取。恶意黑客，有时候也称作 crackers，指那些单兵作战，不通过验证方式进入系统的人，通常只是为了他们的个人利益或者只是为了造成一些破坏。恶意黑客一般不属于特定的机构或者组织,都是个人行动(尽管那些机构或者组织里的用户同样可以成为威胁)。黑客通过窃听无线设备通信来获取接入无线网络 AP 的方式。恶意代码包括病毒、蠕虫、木马、逻辑炸弹以及其他被设计为破坏文件或关闭系统的不必要软件。服务窃取发生在当一个未经认证的用户接入网络并消耗网络资源时。工业和外国间谍活动包括通过窃听从公司收集独有数据或从政府部门来获取情报。在无线网络中,间谍活动威胁起源于相比较而言更为容易的无线传输窃听。

这些威胁如果成功,可以将一个机构的系统以及更为重要的数据置于非常危险的境地。因而,保证机密性、完整性、可信赖性、可利用性是所有政府安全和实践的首要目标。《NIST 特刊 800-26:信息技术系统中的安全自我评价向导》规定:信息必须被保护,使之免遭未经认证的、未意料到的或者无意识的修改。安全需求包括以下几点。

(1)可信赖性:第三方必须能够确认消息在传输的过程中没有被篡改过。

(2)不可抵赖性:特定消息的来源或者是否已被接收必须可以被第三方验证。

(3)可说明性:一个实体的行为必须可以被唯一追溯。

无线网络的部署成本低,这对使用者来说很具有吸引力。然而,容易和廉价的设备使得攻击者可以用工具攻击网络。IEEE 802.11 标准的安全机制在设计上的缺陷也提高了潜在的被动和主动攻击的可能。这些攻击使入侵者能够窃听或篡改无线传输,包括以下 5 种:

1."停车场"攻击

接入点在一个循环模式下发射无线信号,并且信号总是超出其覆盖区域的物理界限,致使信号可以被外面的信号截获,甚至是多层建筑的楼层。其结果是,攻击者可以实现"停车场"攻击,他们坐在有组织的停车场里,并尝试通过无线网络访问内部主机。如果网络被泄露,攻击者可通过防火墙,并具有与公司内值得信赖的员工相同的网络访问级别。攻击者也可能会欺骗合法的无线客户端,使其连接到攻击者自己的网络,方式是通过在靠近无线客户端的地方放置一个具有更强信号但未经授权的访问点,其目的是当用户尝试登录这些流氓服务器时,捕获到用户的密码或其他敏感数据。

2.共享密钥认证的缺陷

共享密钥认证可以很容易地通过在接入点和认证用户之间窃听明文和密文。这样的攻击是可能的,因为攻击者可以捕获明文(挑战)和密文(响应)。

有线等效保密协议(wired equivalent privacy,WEP)使用 RC4 流加密作为它的加密算法。流密码通过生成密钥流来进行工作,即一个基于共享密键的伪随机比特序列,连同一个初始化向量(initialization vector,IV)。然后对密钥异或明文产生密文。流密码的一个重要特性是,如果明文和密文是已知的,密钥流可以通过简单地将明文和密文进行异或而恢复,恢复的密钥流可以被攻击者用来加密任何随后产生的明文文字,这些文字是通过接入点产生的、经过将两个值进行异或所得到的有效认证,其结果是攻击者可以得到无线接入点的认证。

3.服务集标识符的缺陷

接入节点如 AP,当采用默认的服务集标识符 SSID 时,因为这些单位被视为低配置设备,将会更容易受到攻击。而且,SSID 通常以明文形式被嵌入到管理帧中,攻击者通过对网络上捕获到的信息进行分析很容易得到网络的服务集标识符,从而执行下一步的攻击。

4. WEP 协议的漏洞

当无线局域网不启用 WEP 时(这是大多数产品的默认设置),很容易受到主动和被动攻击。即使启用了 WEP,但由于 WEP 固有的缺陷,无线通信的保密性和完整性仍处于风险中,因此安全性受到了削弱。WEP 经常会受到以下几种类型的攻击。

(1) 已知部分明文的攻击。

(2) 唯密文攻击。

(3) 从未经授权的移动站获取信息流,进行主动攻击。

(4) 通过欺骗接入点,将信息发给攻击者的机器。

5. 针对 TKIP 的攻击

对临时密钥完整性协议(temporal key integrity protocol,TKIP)的攻击类似于对 WEP 协议的攻击,通过多路重放尝试在每一个时间段内解密 1 字节。通过这种攻击手段,攻击者可以对类似于 ARP(address resolution protocol,地址解析协议)帧长度的小型报文在 15 分钟成功解密,甚至可以针对每个解密出的报文,再注入多达 15 个任意长度的帧。潜在的攻击还包括 ARP 毒害、DNS 服务抵抗攻击等。虽然这不属于密钥再生攻击,并且也不会导致 TKIP 的密钥泄露,但仍然会对网络造成一定威胁。

无线网络中所遇的风险可以等同于操作一个有线网络的风险加上由无线协议的弱点所引入的新风险。为了减小这些风险,政府机构需要采纳那些能将风险控制在可控水平之内的安全措施及行为。比如说,政府机构需要在具体实施前进行安全评估,以此来确定无线网络可能会引入的当前环境的具体威胁以及漏洞。在进行评估的时候,政府机构应该考虑现有的安全策略、已知的威胁和漏洞、法律和法规、安全性、可靠性、系统性能、安全措施的生命周期成本以及技术要求。一旦完成这个风险评估,政府机构就可以开始计划并实施这些方法来保护系统并将安全风险降低到可控的水平。同时,政府机构还应该定期地重新评估那些生效的策略和方法,因为技术和恶意威胁都无时无刻不在变化着。总而言之,不断变化的无线网络安全形势和不断增多的攻击对无线网络的研究提出了更高的要求,政府和研究机构必须紧跟安全形势的变化,采取应对措施。

1.3 本书结构

本书针对现今的无线网络进行归纳总结,除了第 1 章绪论以外,从第 2 章开始将全书分为 7 个章节。

第 2 章主要介绍无线局域网的安全内容,其中主要分析无线局域网中常见的 WEP 协议、无线局域网鉴别和保密基础结构(wireless LAN authentication and privacy infrastructure,WAPI)协议以及这两种协议存在的一些安全问题,介绍 802.1X 的协议原理以及其中的一些安全问题以及 IEEE 802.11i、IEEE 802.11r 等。通过这一章的学习,希望读者能全面了解现今无线局域网络的安全情况,为读者进行这一方面的深入学习打好基础。

第 3 章主要介绍移动通信安全,开篇详细列举出移动通信网络所面临的各种安全威胁,让读者全面了解当前的通信网络安全情况;而后详细介绍 GSM、GPRS 的安全情况、第三代移动通信系统、第四代移动通信系统、第五代移动通信系统的安全机制;最后带领读者对未来移动通信系统的安全性做了展望。通过这一章的学习,读者可以了解当前移动通信的主要系统机制以及正在发展中的 4G、5G 网络的安全特点。

第 4 章主要介绍移动用户的安全和隐私,先概括移动用户目前面临的安全问题,详细介绍移动用户间的实体认证机制、信任管理机制,然后介绍位置服务中对用户位置隐私的保护机制以及用户轨迹数据发布中的匿名机制。通过这一章的学习,读者可以了解保障移动用户隐私安全的主要机制。

第 5 章主要介绍无线传感器网络中可能出现的安全问题,首先介绍无线传感网络面临的安全问题的研究现状,然后详细介绍无线传感网络中的主要几个安全问题,包括密钥管理、认证机制、安全路由以及隐私问题等,最后介绍节点俘获攻击的主要机制。通过这一章的学习,读者对当前的无线传感网络的安全情况会有一个很好的理解。

第 6 章主要介绍移动 Ad Hoc 网络设计的安全问题,首先对移动 Ad Hoc 网络进行概述,介绍该网络的特点、安全问题和安全目标,然后分别从安全路由协议、密钥管理和入侵检测等几方面对移动 Ad Hoc 网络涉及的安全问题进行详细的分析和说明。通过这一章的学习,读者会更好地了解移动 Ad Hoc 网络的安全问题。

第 7 章主要介绍车载网络中面临的安全问题与保护机制,首先对车载网络的特点、面临的安全威胁以及安全目标进行介绍,然后分别从路由安全与隐私保护两方面对车载网络涉及的安全问题以及相应的安全策略进行详细介绍,同时介绍车载内容中心网络中面临的污染攻击和时间攻击。通过这一章的学习,读者会全面了解车载网络当前的应用情况以及安全状况,理解车载网络安全机制的核心思想与方法。

第 8 章主要介绍社交网络中面临的安全威胁与社交网络安全机制,首先简要介绍社交网络的发展历史、特点、面临的安全威胁以及安全目标,然后分别从路由安全与隐私保护两方面介绍社交网络安全方面的研究进展。通过这一章的学习,读者会对社交网络面临的主要安全威胁有清晰的认识并提高社交网络安全意识。

附录主要介绍无线网络安全中需要了解的密码学基础,希望读者可以对这些密码知识有一个大致的了解。

思考题

1. 无线网络按照距离可分为哪几类?
2. 无线网络安全与有线网络安全的主要区别体现在哪几方面?
3. 无线网络面临的主要威胁有哪些?
4. 阐述无线网络下安全问题的研究现状。

参 考 文 献

[1]　张世红.基于无线网络安全的防御技术研究[J].信息技术与信息化,2016,16(5)：94-96.

[2]　任伟.无线网络安全问题初探[J].信息网络安全,2012,12(1)：10-13.

[3]　付立.无线网络概述[J].科技资讯,2007,5(17)：95-96.

[4]　赵琴.浅谈无线网络的安全性研究[J].机械管理开发,2008,23(1)：89-90.

[5]　何倩,郑向阳.浅析无线网络的安全性[J].制造业自动化,2010,32(14)：188-190.

第2章 无线局域网安全

无线局域网和传统的有线局域网相比,可以为用户提供更加灵活和便携的服务。传统的有线局域网要求用户的计算机必须通过网线才能和网络相连接,而无线局域网中的用户或者其他网络组成设备只需要通过一个访问节点设备即可。一个访问节点设备只需要一个无线网络适配器,它通过一个 RJ-45 端口连接到有线局域网络。访问节点设备的覆盖范围大概在 300feet(100m 左右),这个覆盖范围被称为一个 cell(或者一个 range)。用户在一个 cell 内可以很方便地通过他们的手提电脑或者其他网络设备来连接网络。将多个访问点连接起来,可以轻易地使得一个网络覆盖在一个建筑甚至多个建筑之间。

2.1 无线局域网的基本概念

1. IEEE 802.11 无线局域网标准

摩托罗拉公司因为其 Altair 产品而开发了第一个商业 WLAN 系统。然而,早期 WLAN 技术有许多问题,这些问题制约着它的普遍使用。首先,架设这些无线局域网是非常昂贵的,而且其所能提供的数据传输速率低,容易产生无线电干扰,主要用于 RF(radio frequency,射频)技术。IEEE 于 1990 年发起 802.11 项目,主要是"通过开发一个媒体访问控制(media access control,MAC)和端口物理层(port physical layer,PHY)规范来达到在一个区域内为所有的固定或者便携移动的设备提供无线连接的目的"。1997 年,IEEE 首次批准了 802.11 国际标准。之后,在 1999 年,IEEE 又先后批准了 802.11a 和 802.11b 无线网络通信标准,目标是建立一个标准技术,以支持多种物理编码类型、频率以及应用程序。

本书侧重于 IEEE 802.11 无线局域网标准,但是也关注一些消费者可以选择的其他 WLAN 技术和标准,包括 HiperLAN、HomeRF 等同样重要的技术。想要了解更多关于欧洲电信标准化协会(European Telecommunications Standards Institute,ETSI)制定的 HiperLAN,可以访问 HIPERLAN 联盟网站;关于 HomeRF 的更多信息,可以访问 HomeRF 的工作组网站。

IEEE 开发的 802.11 标准为无线网络提供了一种类似于有线网络中以太网(Ethernet)的技术。IEEE 802.11a 标准是 802.11 标准中使用最广泛的,它工作在 5GHz 频段并且使用 OFDM 技术,物理层速度可达 54Mb/s。流行的 802.11b 标准则运行在未授权的 2.4～2.5GHz 的工业、科学和医疗（industrial scientific medical，ISM）频段，采用直接序列扩频技术。ISM频段已成为最为广泛的无线连接，因为它在全球范围内都是可用的。IEEE 802.11b 无线局域网技术支持的传输速度最高可达 11Mb/s，比 IEEE 802.11 标准（发送数据的最高速度为2Mb/s）更快，也略快于标准的以太网络。

2. 无线局域网的设备类型

无线局域网设备主要可以分为两种类型：无线站点和访问接入点，其中最为典型的是一台拥有无线网卡的笔记本电脑。当然，一个无线局域网络客户端也可能是在一个生产车间或者其他公开访问区域内的一个台式或者手持设备，如 PDA（personal digital assistant，掌上电脑）或者条形码扫描仪等移动设备。无线网卡通常插在 PCMCIA（personal computer memory card international association，个人计算机存储卡国际协会）插槽或者USB 接口上，使用无线电信号连接到 WLAN。访问接入点可以看成无线网络和有线网络之间的桥梁，它通常由一个无线软件以及一个有线网络接口（比如 802.3）的桥接软件组成。访问接入点是一个无线网络中最为基础的部分，主要用于将多个无线网络的基站和有线网络结合起来。

802.11 无线局域网可靠的覆盖范围取决于数据率要求和容量、射频干扰、物理区域的特点、电源、连接、天线的使用等情况，理论上为从密闭的 29m 内的 11Mb/s 到 485m 内的1Mb/s。但是，通过实证分析，在室内，典型 802.11 无线局域网的范围约为 50m（约 163feet）。在户外，802.11 无线局域网的覆盖范围大约是 400m，是许多校园应用最为理想的选择。另外，如果和高增益天线配合使用的话，可以将无线网络的覆盖范围再增加数千米。

访问接入点提供了连接功能，用于将两个或者多个网络连接起来，使它们之间可以相互通信，主要使用点对点或者多点访问的技术来实现。在点对点架构中，两个无线网络通过它们各自的访问接入点相互连接；在多点连接模式下，局域网中的一个子网通过各自的子访问接入点和局域网中的其他子网相互连接。例如，如果子网 A 中的计算机需要和子网 B、C、D 中的计算机相互连接，那么子网 A 的访问接入点需要和子网 B、C、D 中各自的访问接入点相连接。企业可以在不同的建筑物之间通过桥接来建立局域网络。桥接访问接入设备通常放置在建筑物顶部，以实现更大的天线接收范围。一个访问接入点设备与另外一个访问接入点设备的距离通常为 3.2km。

3. 无线局域网的优势

无线局域网络主要有四大优点。

（1）用户的移动性：用户不需要使用网线来连接到网络中，就可以访问文件、网络资源和互联网。在移动过程中，用户仍可以高速、实时访问企业局域网。

（2）快速安装：安装所需的时间大大减少，因为无线网络连接不需要移动或增加电线，不需要将网线拉到墙上或天花板上，不需要修改电缆等基础设备。

（3）灵活性：企业可在需要的时候方便地安装或者卸载无线局域网络；用户可以在需要的时候快速地安装一个临时的小型无线局域网络，比如在发布会、行业展会或其他会议场合。

（4）可扩展性：从小规模的点对点网络到规模巨大的企业网络，都可以很容易地配置无线局域网的拓扑结构来满足特定的应用条件。

这些优势使得 WLAN 市场在过去的十几年内一直稳步增长,正在成为传统的有线网络的可行替代方案。例如,医院、大学、机场、酒店和零售商店已经开始使用无线技术来进行日常业务运作。

4. 无线网络的劣势

之前介绍过,因为典型无线局域网的架设需要专门的设备,所以对于无线局域网来说,它自己本身有针对其自己设备的特殊的物理安全要求,主要包括两方面:第一,用来搭建无线局域网络的无线网络设备有较为苛刻的要求和限制,对使用这些设备进行存储、转发和接收的数据来说都会产生各种影响。与传统的计算机相比,一般移动较为便捷的无线设备,如最为常见的手机,存在电池的续航时间太短、无法长时间工作以及显示器尺寸过小不能很好地满足一些客户需求等问题。第二,搭建无线网络的常见设备具有一定的安全保护措施,但是这些安全保护措施都或多或少存在各种各样的安全漏洞问题,并不能很好地为无线网络提供良好的保护,因此,加强无线网络设备的各种安全防护措施也势在必行。

无线网络和传统的有线网络相比较,因为具有使用电磁波来传输数据的特殊性质,所以数据在传输过程中会表现出更多的不确定性,同时受到环境的影响也更大,安全问题更加突出,这主要表现在以下几方面。

1) 窃听

窃听是无线网络和传统网络都会遭遇的攻击方式,但是无线网络更为严重,这主要是由无线网络的开放性所决定的。在无线网络环境中,任何用户都可以通过带有无线网络信号接入设备的移动终端来连接无线网络进行非法的窃听行为。在这种情况下,无线网络中的使用者是无法察觉到网络中是否有人在进行非法窃听的。因此,窃听成为在有线通信和无线通信中都极为常见的非法行为。

2) 修改或者替换数据内容

由于无线网络的特殊性,在无线网络环境中,会出现各个接入用户的连接信号不一致的情况,离访问接入点距离近的用户信号强,而距离访问接入点远的用户信号相对较弱。在这种情况下,极有可能出现在数据传输过程中,信号强的用户设法截取、屏蔽信号相对更弱的用户,自己伪装成受害用户来进行数据交互的情况。

3) 系统漏洞

利用系统漏洞进行攻击普遍存在于有线和无线网络中。无论什么网络都是用来为用户提供服务的,所以就需要一个服务软件。因此,软件自身的漏洞或者在软件使用过程中出现的配置不当等相关问题,为恶意攻击用户提供了机会,最终造成系统主机被攻陷,整个网络沦为僵尸网络。由于这种问题是有一定的存在可能的,所以针对这类问题,只能采取被动的安全保护,不断升级系统,保证系统相对安全,尽可能减少可能造成的损失。

4) 拒绝服务攻击

拒绝服务攻击是有线网络中极为常见的攻击方式。但是在无线网络中,除了面临有线网络可能发生的情况外,由于其自身的特殊特点,还可能出现的情况是:恶意的攻击者通过伪造发送和无线网络中使用的通信频率相同的电磁波来干扰无线局域网中各个节点之间的数据传输,通过这样的方式来使得局域网在某个时间内瘫痪,无法为网络覆盖范围内的用户提供服务,造成拒绝服务攻击。

　　5) 伪装基站攻击

　　在伪装基站攻击模式下,恶意攻击者通过伪装成无线局域网中的基站来骗取局域网中的用户通过自己来进行相关的数据传输。通过前面的介绍我们了解到,无线网络中的所有数据都会通过基站进行传送,所以基站可以获得用户的相关账号密码等敏感信息,攻击者可以通过这些敏感信息来窃取用户的隐私内容。

2.2　WEP 协议分析

　　通过上面的介绍,我们已经知道无线局域网极其容易被非法用户窃听和侵入。为了解决这个问题,有线等效保密(wired equivalent privacy,WEP)协议应运而生。WEP 协议是对在两台设备间进行无线传输的数据进行加密的方式,用以防止非法用户窃听或侵入无线网络。WEP 安全技术源自名为 RC4 的 RSA 数据加密技术,以满足用户更高层次的网络安全需求。

2.2.1　WEP 协议原理

1. WEP 协议概述

　　WEP 协议是目前 IEEE 802.11 协议中保障数据传输安全的核心部分。它是一个基于链路层的安全协议,目标是为 WLAN 提供与有线网络相同级别的安全性,以保护传输数据的机密性和完整性,并提供对 WLAN 的接入控制和对接入用户的身份认证。无线以太网兼容性联盟(Wireless Ethernet Compatibility Alliance,WECA)在制定 WEP 时就指出:WEP 用来防止明文数据在无线传输中被窃听,它并不足以对抗具有专门知识、充足计算资源的黑客对使用 WEP 加密后的数据进行的攻击。实施 WEP 协议并不能取代其他的安全措施,WECA 建议在使用 WEP 协议的同时采用虚拟私人网络(virtual private network,VPN)等其他安全技术来共同保护 WLAN 中传输的数据。

　　WEP 设计的思想:通过使用 RC4 序列密码算法加密来保护数据的机密性;通过移动站 Station 与访问点 AP 共享同一密钥实施接入控制;通过 CRC-32 循环冗余校验值来保护数据的完整性。

2. WEP 协议对数据包的封装过程

　　采用 WEP 协议时对数据包的封装过程如下:计算原始数据包中明文数据的 CRC-32 冗余校验码,明文数据与校验码一起构成传输载荷;在移动站 Station 与访问点 AP 之间共享一个密钥 Key,长度可选为 40 位(bit)或 104 位;为每一个数据包选定一个长度为 24 位的数,这个数称为初始化向量(IV);将 IV 与密钥 Key 连接起来构成 64 位或 128 位的种子密钥,送入采用序列密码算法 RC4 的伪随机数发生器(pseudo random number generator,PRNG),生成与传输载荷等长的随机数,该随机数就是加密密钥流;将加密密钥流与传输载荷按位异或,就得到了密文。例如,将原始明文记为 P,对 P 计算 CRC-32 循环冗余校验,得到的 32 位校验码记为 ICV,则传输载荷为{P,ICV}。采用 RC4 算法,把由 IV 和 Key

得到的随机数记为 RC4(IV,Key)，密文记为 C，则有式（2-1）成立。

$$C = \{P, ICV\} \oplus RC4(IV, Key) \tag{2-1}$$

发送方将 IV 以明文形式和密文 P 一起发送；在密文 P 传送到接收方以后，接收方从数据包中提取出 IV 和密文，将 IV 和持有的密钥 Key 一起送入采用 RC4 算法的伪随机数发生器，得到解密密钥流；该解密密钥流实际上与加密密钥流相同，再将解密密钥流与密文相异或，就得到了原始明文 C 和它的 CRC 校验码 ICV。解密过程可以表示为式（2-2）：

$$\{P, ICV\} = C \oplus RC4(IV, Key) = \{P, ICV\} \oplus RC4(IV, Key) \oplus RC4(IV, Key) \tag{2-2}$$

加密过程如图 2.1 所示。

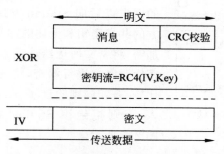

图 2.1 WEP 协议对数据包的封装过程

为了防止数据在无线传输过程中遭到篡改，WEP 采用 CRC-32 循环冗余校验码来保护数据的完整性。发送方在发出数据包前要计算明文的 CRC-32 校验码 ICV，并将明文 P 与 ICV 一起加密后发送。接收方收到加密数据以后，先对数据进行解密，然后计算解密出的明文的 CRC-32 校验码，并将计算值与解密出的 ICV 进行比较：若二者相同则认为数据在传输过程中没有被篡改；否则认为数据已被篡改过，丢弃该数据包。

使用 WEP 的移动站 Station 与访问点 AP 之间通过共享密钥来实现数据加密和身份认证，但是 WEP 并没有具体规定共享密钥是如何生成、如何在带外分发的，也没有说明如果密钥泄漏以后，如何更改密钥、如何定期实现密钥更新以及如何实现密钥备份和密钥恢复。WEP 协议将这些在实际应用中的重要问题留给设备制造商去自行解决，这是 WEP 协议的一个不足之处。在市面上的 WLAN 产品中，有相当多的密钥是通过用户口令生成的，甚至就是用户口令。设备制造商对于信息安全的轻视导致生产出了大批在密钥管理中留有隐患的产品。

WEP 中只有很少的篇幅涉及密钥管理，它允许移动站 Station 与访问点 AP 之间共享多对密钥，通过在数据包的初始化向量 IV 和密文之间加入一个密钥标志符域（Key ID Byte）来指定加密当前包使用的是哪一个密钥，此时的数据包格式如图 2.2 所示。

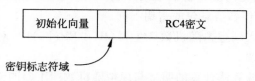

图 2.2 WEP 的密钥管理数据包格式

但是在 WEP 中依然没有具体规定在何时使用不同的密钥，所有的细节问题都留给了设备制造商处理。

3．WEP 协议的认证方式

WEP 协议规定了两种认证方式：开放系统认证和共享密钥认证。开放系统认证的实质是不进行用户认证，任何接入 WLAN 的请求都被允许。共享密钥认证是通过检验 AP 和 Station 是否共享同一密钥来实现的，该密钥就是 WEP 的加密密钥。此认证采用 Challenge-Response 方式，当移动站 Station 想要接入无线网络时，会搜索距离最近的访问点 AP；找到访问点 AP 以后，移动站 Station 向访问点 AP 发送一个接入请求；访问点 AP 接收到 Station 的请求以后向 Station 发送一个随机数，Station 用双方的共享密钥和上述的加密方法对收到的随机数进行加密，将密文回送给访问点 AP；AP 再用双方的共享密钥对密文进行解密，将解密结果与发送的随机数相比较，若相同则验证了 Station 是合法用户，允许其接入，否则拒绝该 Station 的接入请求。认证过程如图 2.3 所示。

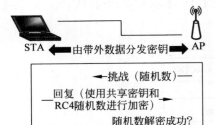

图 2.3　WEP 共享密钥认证过程

2.2.2　WEP 协议安全分析

1．WEP 数据的加密

WEP 主要用于无线局域网中链路层信息数据的保密。WEP 加密使用共享密钥和 RC4 加密算法。访问点 AP 和连接到该访问点的所有工作站必须使用同样的共享密钥，即加密和解密使用相同密钥的对称密码。对于往任意方向发送的数据包，传输程序都将数据包的内容与数据包的检查和组合在一起。然后，WEP 标准要求传输程序创建一个特定于数据包的初始化向量 IV，后者与密钥相组合在一起，用于对数据包进行加密。接收器生成自己的匹配数据包密钥并用之对数据包进行解密。在理论上，这种方法优于单独使用共享私钥的显式策略，因为这样增加了一些特定于数据包的数据，使对方更难于破解。

WEP 支持 64 位和 128 位加密，对于 64 位加密，加密密钥为 10 个十六进制字符(0～9 和 A～F)或 5 个 ASCII 字符；对于 128 位加密，加密密钥为 26 个十六进制字符或 13 个 ASCII 字符。64 位加密有时称为 40 位加密，128 位加密有时称为 104 位加密。152 位加密不是标准 WEP 技术，没有受到客户端设备的广泛支持。WEP 依赖通信双方共享的密钥来保护所传输的加密数据帧，其数据的加密过程如下。

(1) 将 24 位的初始化向量和密钥连接形成 64 位或 128 位的密钥，并在每个信息包中把 IV 加到密钥里，以确保各信息包的密钥不同。

(2) 将这个密钥输入到虚拟随机数产生器(RC4 PRNG)中，对初始化向量和密钥的校验码计算值进行加密计算。

(3) 经过完整性校验算法计算的明文与虚拟随机数产生器的输出密钥流进行按位异或运算得到加密后的信息，即密文。

(4) 将初始化向量附加到密文上，得到要传输的加密数据帧，在无线链路上传输。

在安全机制中，加密数据帧的解密过程只是加密过程的简单取反。

应该说,任何系统中实现加密和认证都应该考虑以下三方面的内容。

（1）用户对保密的需求程度：用户对保密需求的不断膨胀以及对保密要求的不断提高是促进加密和认证技术发展的动力源。在很大程度上,加密和认证技术的设计思路是综合分析用户对保密的需求程度的结晶。

（2）实现过程的易操作性：如果安全机制实现过于复杂,那么就很难被普通用户群接受,也就必然很难得到广泛的应用。

（3）政府的有关规定：许多政府(如美国政府)都认为加密技术是涉及国家安全的核心技术之一,许多专门的加密技术仅限应用于国家军事领域中,因此几乎所有的加密技术都是禁止或者限制出口的。

2. WEP 协议的缺陷

在 IEEE 802.11 标准中采用的 WEP 协议同样均衡考虑了上述的所有因素。但是,WEP 协议的设计并不是无懈可击的,自 2000 年 10 月以来,不断有黑客及安全研究人员披露 WEP 密钥设计的种种缺陷,这使得 IEEE 802.11 标准只能提供非常有限的保密性支持。而且 IEEE 802.11 标准委员会在标准的制定过程中也留下许多疑难的安全问题,例如不能实现更为完善的密钥管理和强健的认证机制。下面介绍三个主要的缺陷。

1）RC4 算法的缺陷

RC4 算法本身有一个小缺陷,可以利用这个缺陷来破解密钥。RC4 是一个序列密码加密算法,发送者用一个密钥序列和明文异或产生密文,接收者用相同的密钥序列与密文异或恢复明文。如果攻击者获得由相同的密钥流序列加密后得到的两段密文,将两段密文异或,生成的就是两段明文的异或,就能消除密钥的影响。通过统计分析以及对密文中冗余信息进行分析,就可以推断出明文,因而重复使用相同的密钥是不安全的。这种加密方式要求不能用相同的密钥序列加密两个不同的消息,否则攻击者将可能得到两条明文的异或值。如果攻击者知道一条明文的某些部分,那么另一条明文的对应部分就可被恢复出来。

2）IV 重用危机

WEP 标准允许 IV 重复使用,这一特性会使得攻击 WEP 变得更加容易。我们知道,密钥序列是由 IV 和密钥 Key 共同决定的,而大部分情况下用户普遍使用的初始密钥为 0,密钥序列的改变就由 IV 来决定,所以使用相同 IV 的两个数据包其 RC4 密钥必然相同。如果窃听者截获了两个(或更多)使用相同密钥的加密包,就可以用它们进行统计攻击以恢复明文。

在无线网络中,要获得两个这样的加密包并不难。由于 IV 的长度为 24 位,也就是说密钥的选择长度为 24 位或 104 位,这使得相同的密钥在短时间内将出现重用,尤其对于通信繁忙的站点。例如,对一个 IEEE 802.11b 的访问点 AP,若以 11Mb/s 的速率发送长度为 1500 字节的数据包,则在约 5h 之后发生 IV 重用问题。实际上因为许多数据帧长度小于 1500 字节,所以时间会更短,即 IV 冲突时间小于 5h,意味着攻击者 5h 之内可以收集到使用相同密钥的两个加密包。而且,测试中发现,在部分 PCMCIA 802.11 无线网卡中,初始化时 IV 复位成 0,然后每传输一帧 IV 就加 1。由于每次启动无线网卡时都会发生初始化,因而 IV 为低值的密钥将经常出现。在 802.11 标准中,为每一个数据包更改 IV 是可选的,如果 IV 不变,将会有更多的密钥重用。如果所有的移动站共享同一 WEP 密钥,则使用同一密钥的数据包也将频繁出现,密钥被破解的机会就更大。更糟糕的是,IV 以明文的形式传递,可被攻击者用来判断哪些 IV 发生了冲突。

另外,因为 IV 空间较小,所以攻击者可以构造一个解密表,从而发起"字典攻击"。当攻击者得知一些加密包的明文,他便可以计算 RC4 密钥,该密钥可用于对所有使用相同 IV 的其他数据包的解密。随着时间的推移,就可以构造一个 IV 和密钥的对应表,一旦该表建成,此后所有经无线网络发送的地址相同的数据包都可以被解密。此表包括 224 个数据项,每项的最大字节数是 1500,表的大小为 24GB。要构造这样一部"字典"需要积累足够多的数据,虽然繁杂,但一旦形成了表,以后的解密将非常快捷。

3) 使用静态的密钥

WEP 协议没有完善的密钥管理机制,没有定义如何生成以及如何对它更新。AP 和它所有的工作站之间共享一个静态密钥,这本身就使密钥的保密性降低。同时,更新密钥意味着要对所有 AP 和工作站的配置进行更改,而 WEP 标准不提供自动修改密钥的方法,因此用户只能手动对 AP 及其工作站重新设置密钥。但是,在实际情况中,几乎没人会去修改密钥,这样就会将他们的无线局域网暴露给收集流量和破解密钥的被动攻击。

2.3　IEEE 802.1x 协议分析

IEEE 802.1x 出现之前,企业网上有线 LAN 应用都没有直接控制到端口的方法,也不需要控制到端口。但是随着无线 LAN 的应用以及 LAN 接入在电信网上的大规模开展,有必要对端口加以控制,以实现用户级的接入控制。IEEE 802.1x 就是 IEEE 为了解决基于端口的接入控制(port-based access control)而定义的一个标准。IEEE 802.1x 协议被称为基于端口的访问控制协议,符合 IEEE 802 协议集的局域网接入控制协议。

2.3.1　IEEE 802.1x 协议原理

1. IEEE 802.1x 协议的体系结构

IEEE 802.1x 基于端口的接入控制利用了 IEEE 802 LAN 架构的物理接入特征,为连接到 LAN 端口并具有点对点连接特征的设备提供认证和授权,并且防止设备在认证和授权失败的情形下接入网络。IEEE 802.1x 定义了两类协议接入实体(protocol access entity,PAE)——认证请求者 PAE(supplicant PAE)和认证点 PAE(authenticator PAE),它们是与端口相关联的协议实体,执行与认证机制相关的算法和协议。IEEE 802.1x 协议的体系结构主要有三个组成部分,分别是申请者系统(supplicant system)、认证者系统(authenticator system)和认证服务器(authentication server),如图 2.4 所示。

1) 申请者系统

申请者是一个希望接入网络的实体,它向认证者请求对网络服务进行访问,并对认证者的协议报文进行应答。

2) 认证者系统

认证者控制申请者对网络服务的访问,并在认证过程中将请求者的认证请求转发往认证服务器,然后根据认证服务器的指示执行对请求者的授权。认证者通常为支持 802.1x 协

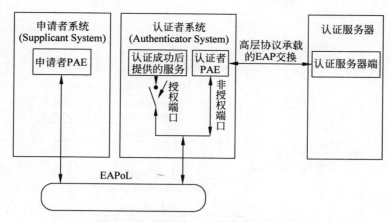

图 2.4 IEEE 802.1x 协议的体系结构

议的网络设备,如交换机等。

认证者系统和申请者系统之间采用基于局域网的扩展认证协议(extensible authentication protocol over LAN,EAPoL)进行信息交换。

对于不同用户,认证者系统有两个逻辑端口:受控端口(controlled port)和非受控端口(uncontrolled port)。非受控端口始终处于双向连通状态,主要用来传送与认证相关的数据帧。受控端口只有在认证通过的状态下才打开,用于传递网络资源和服务;否则处于未授权状态,申请者无法访问认证系统提供的服务。

3) 认证服务器

认证服务器通常为远端用户拨入验证服务(remote authentication dial in user service,RADIUS)服务器,该服务器可以存储有关用户的信息。认证服务器执行验证请求者身份的功能,并指明请求者是否通过验证及是否允许其接入认证者的网络服务。认证者系统和认证服务器之间运行 EAP 协议,其 EAP 交换承载在高层协议中,通常为 EAP over RADIUS。IEEE 802.1x 的结构如图 2.5 所示。

图 2.5 IEEE 802.1x 的结构

RADIUS 是一套由国际互联网工程任务组(Internet Engineering Task Force,IETF)颁布的协议规范,是 802.1x 体系认证和授权处理部分中必不可少的后台服务器。现在采用 C/S 模型,将 RADIUS 协议的数据封装在 UDP 数据报中实现远程的接入认证服务。RADIUS 的认证过程如图 2.6 所示。

扩展认证协议(extensible authentication protocol,EAP)是一个认证框架,而不是一种特定的认证机制。EAP 可提供一些公共的功能,并且允许协商认证机制(EAP 方法)。EAP 规定如何传输和使用由 EAP 方法产生的密钥材料(如密钥、证书等)和参数。

IEEE 802.1x 中定义了将 EAP 消息封装到 IEEE 802 中的方法,所以 EAPoL 实际上

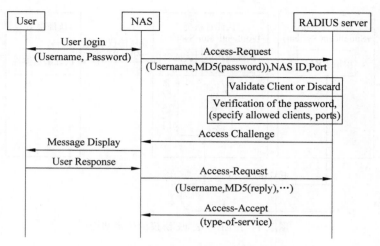

图 2.6　RADIUS 的认证过程

是一种传送机制,实际的认证方法是由 EAP 方法来指定的。当采用 IEEE 802.1x 时,必须选择某种 EAP 类型,如传输层安全协议(EAP-TLS)或者 EAP(EAP-TTLS),它们用于定义认证如何发生。

2. IEEE 802.1x 的认证流程

在基于 IEEE 802.1x 认证技术的网络系统中,用户对网络资源进行访问之前必须先要完成如图 2.7 所示的认证过程(在 IEEE 802.1x 协议规范中,认证的发起者可以是申请者也可以是认证者,本流程以认证发起者为申请者为例)。

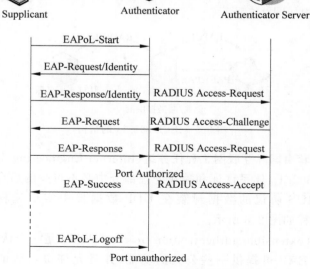

图 2.7　IEEE 802.1x 的认证流程

根据上述认证流程,对 IEEE 802.1x 的认证过程简要说明如下。

(1) 申请者启动客户端程序,发出请求认证请求报文(EAPoL-Start),表示认证过程开始。

(2) 认证者 PAE 收到消息后向申请者 PAE 发送申请者的身份隐私(EAP-Request/Identity)消息,要求申请者 PAE 提供认证信息。

(3) 申请者 PAE 响应认证者 PAE 发出的请求,回复数据帧(EAP-Response/Identity)将用户名信息送给认证者 PAE。认证者 PAE 将申请者 PAE 送上来的数据帧经过封包处理后发送给认证服务器进行处理。

(4) 认证服务器收到认证者 PAE 转发上来的用户名信息后,将该信息与数据库中的用户名表相比较,找到该用户名对应的口令信息并用随机生成的一个加密字对它进行加密处理,同时将此加密字传送给认证者 PAE(图 2.7 中的 RADIUS Access-Challenge),由认证者 PAE 传给申请者 PAE。

(5) 申请者收到由认证者传来的加密字后,用该加密字对口令部分进行加密处理(此种加密算法通常是不可逆的),交给认证者 PAE(图 2.7 中的 EAP-Response 帧);认证者 PAE 将收到的帧传给认证服务器(图 2.7 中的 RADIUS Access-Request)。

(6) 认证服务器将送上来的加密后的口令信息和自己经过加密运算后的口令信息进行对比,如果相同,则认为该用户为合法用户,反馈认证通过的消息传送给认证者 PAE(图 2.7 中的 RADIUS Access-Accept)。认证者 PAE 发出打开端口的指令,告知用户的业务流可通过端口访问网络(图 2.7 中的 EAP-Success);否则反馈认证失败的消息,并保持认证者 PAE 端口的关闭状态,只允许认证信息数据通过而不允许业务数据通过。

(7) 当用户要求下线或者是用户系统关机等需要断开网络连接时,请求方发送一个注销请求(图 2.7 中的 EAP-Logoff)给认证者,然后认证者即把端口设为非授权状态,从而断开连接。

3. IEEE 802.1x 认证技术的特点

基于 IEEE 802.1x 的认证技术有如下三个特点。

(1) IEEE 802.1x 协议实现简单,为二层协议,不需要到达三层,对设备的整体性能要求不高,可以有效降低建网成本。

(2) IEEE 802.1x 的认证体系结构采用"受控端口"和"不受控端口"的逻辑功能,可实现业务与认证的分离。用户通过认证后,业务流和认证流分离,对后续的数据包处理没有特殊的要求,可灵活支持不同的业务。它简化了 PPPoE 认证方式中对每个数据包进行拆包和封装等的复杂过程,提高了封装效率。

(3) IEEE 802.1x 虽然有上述优点,但在设计上也存在一定的缺陷,主要表现为:IEEE 802.1x 是一个不对称协议,只允许网络鉴别用户,而不允许用户鉴别网络;在其认证过程中,申请者和认证者,认证者和认证服务器之间都采用单向认证策略,这给网络带来一定的安全隐患。

2.3.2　IEEE 802.1x 安全分析

IEEE 802.1x 协议虽然源于 IEEE 802.11 无线网络,但在以太网中的应用有效地解决了传统的 PPPoE 和 Web/Portal 认证方式带来的问题,消除了网络瓶颈,减轻了网络封装开销,降低了建网成本,但同时也存在一些安全隐患和设计缺陷,使它提供的访问控制和认证功能并不如期望的那样强大,主要表现在下面几方面。

1. 中间人攻击

IEEE 802.1x 协议最重要的缺陷是申请者和认证者的状态机不平等。根据标准,当会话经过认证成功之后,认证者的端口才可以被打开。但对于申请者,他们的端口一直都处于已经通过认证的状态。这样的单向认证导致申请者会遭遇中间人攻击。

IEEE 802.1x 认证者状态机只能够发送 EAP-request 信息而且只能够接收 EAP-response 信息,而申请者状态机则不能够发送 EAP-request 信息。很明显,状态机使用的是单向认证。如果 IEEE 802.1x 上层的应用依然采用单向认证,那么整个系统将会更加容易遭受攻击。

使用 EAP/TLS 可以提供强相互认证支持,但是恶意攻击者依旧可以通过绕过 EAP/TLS 来进行中间人攻击。下面我们举一个简单的例子,来说明中间人攻击。

认证者接收到由 RADIUS 服务器发送的 RADIUS-Access-Accept 消息以后,会向申请者返回一个 EAP-success 消息,表示已经完成状态机认证,认证成功。实际上,这条信息并没有完整性保护,无论上层使用的是 EAP/TLS、EAP-MD5 还是其他认证。当申请者接收到 EAP-success 消息之后,其状态机不论当前处于何种状态,在何种情况下都会转换到已认证的状态。由于这个特性,恶意攻击者可以通过将自己伪装成一个认证者向申请者发送伪造的 EAP-success 消息实现中间人攻击。这时申请者会认为攻击者就是一个合法的认证者,会将所有的相关数据包都发送给这个攻击者。

2. 会话劫持攻击

由于 IEEE 802.1x 缺少通信消息的真实完整验证,因此很可能会遭遇会话劫持攻击,如图 2.8 所示。

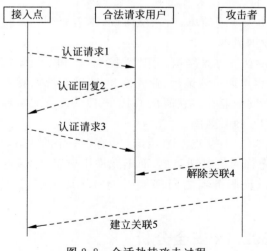

图 2.8　会话劫持攻击过程

图 2.8 显示了在使用 IEEE 802.1x 认证过程中,如何实现会话劫持攻击。

(1) 消息 1、2 和 3。表示申请者的简单认证过程。

(2) 消息 4。恶意的攻击者将自己伪装成为一个 AP,通过修改自己的 MAC 地址发送一条解除关联管理帧给申请者;申请者在接收到该帧之后,将不再使用该接入点上网。

(3) 消息 5。此时,攻击者会把自己的 MAC 地址修改得和申请者的相同,冒充申请者的 MAC 地址通过该接入点连接到网络中。

3. DoS 攻击

实际上,IEEE 802.1x 并没有提供任何的 DoS 保护,服务器很容易因为各种原因导致计算资源或者存储资源耗尽,使合法的用户无法连接到网络中使用资源。DoS 攻击最简单的方式,比如恶意攻击者将自己伪装成合法的用户,只要修改 MAC 地址即可。伪装成合法用户之后,攻击者会向认证者发送注销消息,导致合法用户无法再和认证者连接。

2.4 WAPI 协议分析

现在无线局域网普遍使用的是 IEEE 802.11 国际标准,然而该标准由于在设计初始阶段没有考虑太多可能出现的安全问题,造成目前有许多安全漏洞,无法为使用者提供很好的安全保护。因此,在此之后,国际上又开发了 WPA、IEEE 802.11x、IEEE 802.11i、VPN 等多种手段来保障 WLAN 的传输安全。但是这些额外的保护手段实际上都是将有线网络中的一些安全机制直接在技术上进行一些改进之后过渡转换到无线网络上来的,依旧存在着各种各样的安全隐患,十分容易被恶意攻击者利用。我国在 2003 年 5 月 12 日颁布了两项关于无线局域网的国家标准。这两项国家标准是在当前无线局域网络产品使用的基础上,主要针对目前无线局域网中的各种主流安全问题,更新了详细的技术解决方案和安全规范。

我国无线局域网国家标准 GB 15629.11—2003 中提出的无线局域网鉴别与保密基础结构(wireless local area network authentication and privacy infrastructure,WAPI)主要用来模拟和实现无线局域网中的鉴别和加密机制,这是我国针对 IEEE 802.11 中存在的多种安全问题提出的主要解决方案。这套方案已经通过了 ISO/IEC 授权的 IEEE Registration Authority 审查并且获得认可,是我国目前在该领域唯一获得批准的协议。

WAPI 可以分为无线局域网鉴别基础结构(WLAN authentication infrastructure,WAI)以及无线局域网保密基础结构(WLAN privacy infrastructure,WPI)两个主要部分。WAI 主要通过使用公共密钥技术来实现基站和访问接入点两者的身份验证;WPI 则使用对称密码算法来实现对 MAC 子层的 MAC 数据服务单元进行加密/解密处理,以此实现对传输数据的保护,本章主要针对 WAI 进行讲解。

2.4.1 WAI 协议原理

WAI 的工作原理如图 2.9 所示。整个系统可分为基站、接入点以及鉴别服务单元(authentication service unit,ASU)3 个组成部分。其中基站主要表示与无线媒体的 MAC 和 PHY 接口相互连接的各种设备;访问接入点除具有基站功能外,还具有通过无线媒体为关联的站点提供访问分布式服务的能力的实体；鉴别服务单元主要负责证书管理,是整个信息认证系统的核心。

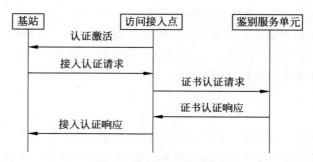

图 2.9　WAI 的工作原理

在 WAI 整个工作系统中,公钥证书是必不可少的一个组成部分,它是每一个网络设备在整个网络环境中的身份象征,可以通过公钥证书来识别各个网络设备。WAI 的主要认证过程是：初始阶段,基站和访问接入点都需要安装鉴别服务单元所提供的公钥证书,通过这个证书来作为自己在这个网络环境中的身份凭证,之后所有的行为都以这个证书为依据;访问接入点为 LAN 提供了受控端口以及非受控端口两类端口,基站首先通过访问接入点提供的非受控端口连接到鉴别服务单元,在鉴别服务单元进行验证;只有在基站通过鉴别服务单元的验证之后,才能通过访问接入点提供的数据端口(受控端口)来访问网络资源。

下面我们详细介绍 WAI 的工作原理。WAI 的工作原理可以总结为五个步骤：

(1) 每次当站点连接或者重新连接到访问接入点的时候,访问接入点都会发送认证激活信息,以此来启动整个认证过程,如图 2.10 所示,认证分组类型为 0,数据为空。

协议类型号	版本号	分组类型	保留	数据长度	数据

图 2.10　WAI 认证激活

(2) 当站点向访问截图点发送认证请求时,站点的身份凭证——这里主要是公钥证书以及站点的系统时间——会通过类似图 2.10 的数据结构发送给访问接入点;访问接入点在接收到站点发来的数据包之后,会自动将站点的系统时间作为接入认证请求时间。

(3) 访问接入点接收到站点发来的认证请求证书之后,会首先记录认证请求时间,然后向鉴别服务单元发送公钥证书认证请求,对象站点证书、接入认证请求时间、访问接入点证书及访问接入点的私钥这样的信息进行签名,然后将签名之后的内容发送给鉴别服务单元。

(4) 鉴别服务单元接收到访问接入点发送过来的证书认证请求之后,首先会鉴别访问接入点的签名以及证书的有效性。如果签名和证书中有一样是无效的,那么整个认证过程失败,否则就继续验证站点证书。验证完毕后,鉴别服务单元将站点证书认证结果信息(包括站点证书和认证结果)、访问接入点证书认证结果信息(包括访问接入点证书、认证结果、接入认证请求时间)和鉴别服务单元对它们的签名构成证书认证响应报文发回给访问接入点。

(5) 访问接入点接收到来自鉴别服务单元的反馈信息之后,分析得到站点证书的验证结果,通过这个结果来判断到底是否允许站点接入到无线网络中。最后,访问接入点会将接收到的证书验证结果返回给站点,站点分析返回结果上的签名,通过签名来判断是否为一个合法的访问接入点,以此决定是否连接到该访问接入点。

2.4.2 WAI 安全分析

2.4.1节详细分析了 WAI 的工作原理。通过分析我们知道,当站点连接一个访问接入点的时候,首先会通过访问接入点和鉴别服务单元进行双向身份验证,保证只有持有合法证书的站点才能接入持有合法证书的访问接入点。通过这种方式,不仅可能防止一些恶意攻击者连接上访问接入点来进行一些恶意活动,同时也可以防止普通网络用户连上恶意的访问接入点造成隐私泄漏之类的不良结果。

但是,通过分析我们可以发现这个认证系统还是存在漏洞的。在经过密钥协商之后,WAPI 可以保证无线局域网通信的数据安全,但是在对站点和访问接入点的身份认证上还不够完善,恶意攻击者可使用类似中间人攻击的方法来对系统进行攻击,整个过程如图 2.11 所示。

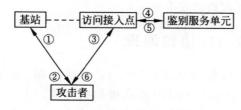

图 2.11 中间人攻击分析

(1) 首先恶意攻击者会假冒访问接入点来发送认证激活信息。该认证激活信息中不包含任何数据内容,因此当站点收到信息时,因为没有任何和访问接入点身份有关的有效信息,所以站点会认为这个信息是由一个合法的访问接入点发送的。

(2) 之后,站点会向由攻击者伪装的访问接入点发送认证请求,这个认证请求中包含站点的证书和系统时间。

(3) 攻击者接收到站点发过来的认证请求之后即取得站点的认证证书。这样在下一次访问接入点和攻击者进行信息交互时,攻击者可以假冒站点向正常的访问接入点发送认证请求。

(4) 正常的访问接入点接收到攻击者发送过来的认证请求,将认证证书进行相关处理之后直接发送给鉴别服务单元。

(5) 鉴别服务单元在确认接收到的访问接入点的证书的有效性之后,会验证站点证书的有效性。因为访问接入点发送过来的证书是合法的,所以验证结果肯定是证书合法。访问接入点接收到由鉴别服务单元发送的确认证书有效的报文之后,会将这个结果返回给站点,允许伪装的站点接入。此时,恶意的攻击者连接上网络,就可以访问网络的内部资源了。

当然,通过访问接入点与站点之间的密钥协商过程能在一定程度上防止攻击者获取信息,但是由于攻击者的接入占用了系统的一个端口,总会对合法的访问用户造成一定的影响。如果恶意攻击者编写程序使用大规模这样的攻击,恶意抢占端口资源,就会对正常用户的访问造成极其不良的影响。这是由于,虽然在理论上端口数量是无限的,但实际上访问接入点的数据处理能力是一定的,当数据访问量超过一定范围,占用了过多的处理能力之后,它所提供的服务质量就会下降,通过这种方式可以产生 DoS 攻击。而且,攻击者利用这种手段,可以使得站点和访问接入点之间的信息交互必须全部通过攻击者来转发,此时数据的安全性仅依靠信息加密安全,而没有认证环节。所以,在认证开始时如果不允许站点和访问接入点之间进行直接认证,会很容易给攻击者留下可乘之机,同时也会加重认证服务器的负担。

2.5　IEEE 802.11i 协议分析

根据前面的介绍,我们了解到无线网常用的安全协议是基于 WEP 协议的 IEEE 802.11标准,这一安全体系主要包括开放认证机制、保密机制和数据完整性三个组成部分。之前我们介绍了这一安全体系存在的各种各样的安全漏洞,为了解决这些问题,IEEE 委员会在2004 年 6 月提出了新的 WLAN 安全标准 IEEE 802.11i,其中提出了无线局域网的新安全体系 RSN,目的是提高无线网络的安全性。

2.5.1　IEEE 802.11i 协议原理

IEEE 802.11i 标准主要包含 IEEE 802.1x 认证机制、基于临时密钥完整性协议(temporal key integrity protocol,TKIP)和高级加密标准(advanced encryption standard,AES)的数据加密机制以及密钥管理技术,通过使用这些技术来实现身份识别、接入控制、数据的机密性、抗重放攻击、数据完整性校验等目标,保障各个节点之间的通信安全。

IEEE 802.11i 标准的结构图如图 2.12 所示。

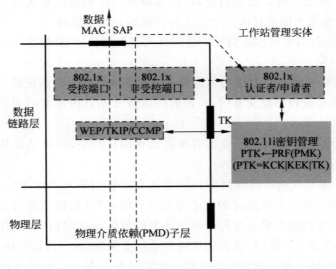

图 2.12　IEEE 802.11i 标准结构图

1. TKIP

WEP 协议最为基本的内容实际上应该是 RC4 流加密算法,这个算法在附录中有详细介绍,这里只介绍这个加密算法的基本思想。它首先将密钥通过伪随机数产生器来产生一个伪随机的密钥序列,通过这个伪随机的密钥序列对原来的明文进行加密处理。

在制定 WEP 协议的时候,协议的制定者普遍认为 128 位长度的密钥足以抵抗当前计算机的暴力破解能力。但是,在实际情况下,由于分布式计算的普遍使用,128 位长度的密钥往往要抵抗的已经不是一台计算机的破解能力,而是多个计算机组成的集群,因此这个算法实际上是很不安全的。为了解决这个问题,协议制定者们开发了 TKIP。

TKIP 协议最根本的思想是通过使用加密混合函数来处理在实际应用中遇到的初始向量过弱以及初始向量空间过小的问题。加密混合函数可以分成两个步骤:首先通过使用 128 位的临时密钥 TK、发送者的 MAC 地址 TA 以及 48 位计数器 TSC 的高 32 位作为输入,使用混合函数 1 生成 80 位的 TTAK;其次,使用步骤一生成的 TTAK、TK 以及 TSC 的低 16 位作为混合函数 2 的输入,生成用于 WEP 加密的 128 位的密钥。

2. CCMP

模式密码块链消息完整码协议(counter CBC-MAC protocol,CCMP)是在 AES 的 CCM 模式基础上改进而来的密码协议。实际上,CCM 模式结合了高级加密标准中的数据器加密模式以及密码分组链消息认证码这两种模式,即通过 AES 以计数器的方式对数据进行加密处理,将处理过的数据再以密码分组链的方式来计算消息的认证码。CCM 使用这两种方式不仅因为这两种方式的密码特性很容易理解,还因为其软硬件实现的安全性都可以得到保证。

CCMP 在 CCM 模式基础上改进之后,对 MPDU(MAC protocol data unit,MAC 协议数据单元)的头数据以及数据部分都可以进行完整性保护,其使用的 AES 采用的分组和密钥长度都是 128 位。

在实际应用中,CCM 模式每一次创建会话时,都会重新选择一个新的临时密钥,同时还会对使用历史密钥加密的 MPDU 分配一个唯一的序列号。CCMP 规定临时序列号的长度为 48 位。

3. 密钥管理

为了保证无线网络的强安全性,IEEE 802.11i 协议主要分为两个阶段,即 Pre-RSNA 以及 RSNA(robust secure network association)。Pre-RSNA 阶段主要在预关联的时候实施,通过 WEP 以及 IEEE 802.11 实体认证来实现站点和访问接入点之间的网络与安全能力的发现以及初步认证。在这一阶段,站点启动之后,会首先检查是否有现成的访问接入点可以直接接入网络。如果有,站点会直接向访问接入点发送连接请求。访问接入点则会在一个固定的信道上通过广播信标帧的手段来告知大家它所具有的安全性能,这些安全性能都被包含在 RSN 信息单元中。如果一个站点检测到它有多个访问接入点可以选择,那么,在通常情况下,它会选择一个信号最好的访问接入点进行连接。当然,在连接之前需要进行一定的认证,但是这个认证实际上是不可靠的,需要在之后的认证阶段进行加强。

RSNA 阶段可以分为安全关联和密钥管理两个部分。整个过程是:在开始阶段首先进行认证,认证采用的是 IEEE 802.1x 协议,通过这个认证过程可以保证在第一阶段站点和访问接入点之间不具有很强安全性的认证的基础上,实现较为安全的用户身份认证,保证接入用户的安全有效性，同时生成主会话的安全密钥 MSK（master secret key）；之后，进入数据密钥的分发管理阶段，这个阶段在整个安全关联管理中十分重要，主要确定使用何种方式将成对临时密钥（pairwise transient key，PTK）导出，以保证每次产生的密钥 PTK 都不相同并且无法被预先估算出来，同时还要确保所有的信任方产生的密钥都是相同的，并且不允许有攻击者参与密钥产生的过程，或者防止攻击者以各种手段破坏整个密钥的产生过程。

这个阶段可以划分为如下三个步骤。

步骤1：AS 通过可信隧道将 MSK 传输给 AP。接收到这个 MSK 之后，AP 与客户端将拥有一对完全相同的密钥，这个密钥被称为主密钥 PMK（pairwise master key）。

步骤2：AP 和客户端之间进行一个四次握手的协商过程。在这个四次握手的过程中，它们需要完成从 PMK 到 PTK 的协商、验证及最终的生成整个过程。

步骤3：通过使用组密钥握手协议来保证组密钥从 AP 到客户端的整个派发。这个组密钥主要用来为多播消息报文进行加密以及为它们做完整性验证。

完成上述三个步骤之后，各种用于不同目的的密钥都已经完全生成了。此外，由于之前在安全性能检测过程中发现的 RSNIE（robust security network information element）信息元素中包含是使用 TKIP 还是 CCMP 来实现加密约定，临时的密钥在长度和使用方式上都有可能会不太一样。

通过上面的介绍我们知道四次握手协议在 802.11i 标准中主要用来处理访问接入点与客户端之间产生并且管理 PTK 临时密钥的一个协商过程。通过这个四次握手的协商过程，访问接入点与客户端将产生用于报文加密、完整性校验等各种保障通信安全性的密钥。所以，这个四次握手协议在组密钥握手协议标准中有着举足轻重的地位，下面我们将详细介绍这一过程。

每当有一个站点连接访问接入点的时候，都会重复密钥的计算和分发这一过程。为了保证临时密钥具有优良的即时性，在生成临时密钥的整个过程中，添加了一个申请者和认证者共同决定的被称为 Nonce 的属性。Nonce 属性的值是随机选择的。首先，申请者与认证者都需要计算生成一个 Nonce 属性值，并将这个值发送给对方；然后，双方通过计算生成一个包含双方当前值的临时密钥；同时在计算过程中，为了确认绑定密钥的两个设备的身份，还添加了这两个设备各自的 MAC 地址。整个临时密钥的计算过程如图 2.13 所示。

PTK=PRF-512(PMK,"Pairwise key expansion",Min(AA, SA)‖Max(AA,SA)‖Min(SNonce,ANonce)‖Max(SNonce,ANonce))

图 2.13　临时密钥计算

PRF（pseudo random function）函数在计算过程中所有需要的输入内容都是使用 EAPoL-Key 帧进行传输的，ANonce 和 SNonce 分别表示访问接入点 AP 以及连接站点 STA 所产生的随机数，AA 和 SA 代表访问接入点 AP 以及连接站点 STA 的硬件地址。

申请者以及认证者在通信过程中为了确保对方都拥有合法的 PMK，保证数据交换安全的同时彼此可以获得临时密钥的过程被称为四次握手密钥协商。

四次握手协议执行过程如下。

1) AP→STA：EAPoL-Key(ANonce)

AP 发送包含 ANonce 消息 EAPoL-Key 给 STA。STA 接收后进行重放攻击检查,若通过,就利用 ANonce 和自己产生的 SNonce 调用 PRF 函数计算生成 PTK。

2) STA→AP：EAPoL-Key(SNonce,MIC,STA RSN IE)

STA 发送 EAPoL-Key 消息给 AP,其中包含 SNonce,并在 KeyData 字段中放入 STA 的 RSNIE,用计算出的消息完整性码 MIC(messages integrity check)对此消息进行数据完整性保护。

3) AP→STA：EAPoL-Key(Pairwise,ANonce,Key RSC,RSN IE,MIC)

AP 收到过程 2)的消息后,把得到的 STA 的随机数 SNonce 和自己的 ANonce 采用 PRF 函数计算出 PTK,再使用 PTK 中的 MK 对过程 2)的消息进行数据完整性校验,如校验失败就放弃过程 2)的消息。若校验成功,AP 会将 STA 发来的 RSNIE 和在前一阶段建立关联时候发送的 RSNIE 进行比较,若不同,说明该 STA 可能为假冒者,则中断 STA 的关联;若相同,则发送过程 3)的消息 EAPoL-Key 给 STA,其中包含 ANonce、KeyRSC、RSNIE 和 MIC。

4) STA→AP：EAPoL-Key(Pairwise,MIC)

STA 发送过程 4)的消息 EAPoL-Key 给 AP,AP 收到后进行重放攻击检查。若通过就验证 MIC,验证通过就装载 PTK,而 STA 在发送完过程 4)的消息后也装载相应的 PTK。

IEEE 802.11i 标准规定,为保证安全性,当 STA 加入或离开的时候必须更新组密钥。四次握手结束后,就可通过组密钥握手协议更新 GTK(group temporary key,组临时密钥),更新的基本思路是 AP 选择一个具有密码性质的 256 位的随机数作为组主密钥(group of master key,GMK),接着由 GMK、AP 的 MAC 地址直接推导出 256 位的 GTK,将 GTK 包含在 EAPoL-Key 消息中加密传送;STA 对收到的消息做 MIC 校验,解密 GTK 并安装到加密/整体性机制中;最后发送 EAPoL-Key 消息,对认证者进行确认。

组播密钥分发完成意味着 STA 和 AP 之间的密钥分发全部结束。此时 STA 和 AP 同时获得和装载了 PTK,STA 还获得了 AP 的 GTK,并将其装载。密钥分发完成后,STA 和 AP 之间就可以进行安全的加密数据通信了。

2.5.2 IEEE 802.11i 安全分析

通过 2.5.1 节的介绍我们知道,在整个四次握手的过程中,请求者和认证者依据之前他们所共同拥有的 PMK 以及在四次握手过程中所需要的参数等内容,使用 PRF 函数分别生成 PTK。由于 PTK 在整个握手过程中并没有相互传输,所以可以确认其密钥的安全性得到了很好的保障。在整个握手过程完成之后,双方使用 PTK 中的 TK 对通信数据进行加密,以此保障了数据在传输过程中的安全。每一次在握手过程中产生的 PTK 只会在接下来的一次会话过程中使用。如果需要建立新的会话,则需要重新开始一个完整的四次握手过程。通过这种一次会话使用一个握手过程来重新建立 PTK 的方式,可以使得 WLAN 的通信安全得到更好的保护。

通过对整个握手过程的分析,我们了解到,恶意的攻击者可以在 msg2 发送后,冒充 AP 向 STA 发送伪造的 msg1′;STA 将根据新的 msg1′中的 ANonce′和本身产生的新的

SNonce 重新计算 PTK′,而 PTK′与认证者收到 msg2 后产生的 PTK 显然是不一致的,导致 STA 收到 msg3 后无法正确校验,四次握手过程被终止,造成了 DoS 攻击。具体过程如图 2.14 所示,其中,AA 和 SA 分别代表 AP 和 STA 的 MAC 地址,AP 和 STA 产生的随机数分别是 ANonce 和 SNonce,sn 可以看作 AP 产生的序列号。

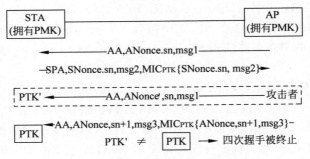

图 2.14　IEEE 802.11i 安全过程分析

对于这个问题,IEEE 802.11i 工作组提出了一个解决方案,在当前的四次握手协议上做了一部分改动,即 STA 将会保存所有可能的 PTK,这样,可以使用这些 PTK 对消息 3 的 MIC 进行认证。做了这个改进之后,可以防止上面提到的攻击行为。

但是 STA 存储所有可能的 PTK 仍然存在致命的弱点。攻击者可以向请求者发送大量具有不同随机数的消息 1;而请求者为了能与合法的认证者完成握手,必须根据接收的所有随机数计算出的相应的 PTK 存储起来,直到完成握手并得到合法 PTK。在攻击过程中,大量 PTK 的计算量可能不会对 CPU 造成致命的后果,但是数量极大的伪造消息 1 必将使 STA 要存储大量的 PTK,从而使得 STA 的存储器资源耗尽而造成系统瘫痪,无法开始新合法会话,同样造成 DoS 攻击。

2.6　IEEE 802.11r 协议分析

在 IEEE 802.11r 协议提出之前,WLAN 的传统切换方式基于 802.11i 协议。按照传统切换方式,连接站点(STA)在每次与新的 AP 进行关联后都要先后进行鉴权和密钥管理过程,其中还涉及与鉴权服务器的交互,使得通信密钥能够在 STA 和 AP 之间安全共享,以保障后续会话的安全性。如果仅在 STA 和 AP 之间进行鉴权过程,将独立的密钥管理过程合并在关联和鉴权过程中,必然能够减小切换时延。而按照传统切换方式进行的 QoS (quality of service)接入控制,不仅在时延方面影响会话质量,而且由于无法保障 QoS 资源的可用性,将有可能出现新 AP 无法提供原有业务而导致再次切换的情况发生甚至通话中断。

基于上述原因,IEEE 802.11 委员会提出了 IEEE 802.11r 协议,设计了新的快速切换方案。新方案中将 IEEE 802.1x 鉴权、密钥管理和 QoS 接入控制在重关联之前或重关联过程中实现,优化了 STA 与 WLAN 网络间消息的交互过程,从而减小了切换带来的时延,提高了会话的连续性。

2.6.1 基于 IEEE 802.11r 的快速切换方案

IEEE 802.11r 协议规定了发生切换时 STA 与同一扩展服务集合（extended service set,ESS）下的 AP 之间的通信流程，实现了基于无线数据和无线语音的快速切换协议。协议对 IEEE 802.11 的 MAC 层机制进行了改进，缩短了 STA 在 AP 间进行切换时数据连接的中断时间。协议中定义了新的密钥管理方式和快速切换机制，同时增加了一些信息元素，使得 STA 与目标 AP 能在较短的时间内建立安全连接并完成 QoS 资源分配。

1. 密钥管理方式

为了增强密钥管理的安全性和实用性，并适应快速切换机制，IEEE 802.11r 协议定义了新的密钥管理方式。快速切换密钥管理体系如图 2.15 所示。

新的密钥管理方式将密钥分为三个等级，分别是一级密钥（PMK-R0）、二级密钥（PMK-R1）以及 PTK，保存密钥的存储器分别是 R0KH、R1KH、AP 与 STA，其中 R0KH 和 R1KH 的设备实体为 AP。

STA 初次接入 WLAN 网络时关联的 AP 中存储着 PMK-R0，也就是说 R0KH 的设备实体为初始关联的 AP。在切换前，当前 AP 会根据所有可能发生切换的 R1KH 以及上述参数为每个 R1KH 计算其相应的 PMK-R1，并负责将这些 PMK-R1 分别安全地传送到各个 R1KH 处。当 STA 选定目标 AP 后，根据目标 AP 的 PMK-R1 来进行密钥预计算，也就是根据 PMK-R1 计算 PTK。上述三级密钥机制相比于传统

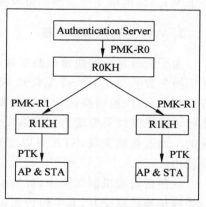

图 2.15 快速切换密钥管理体系

的两级密钥机制（PMK 和 PTK）具有以下两个优势：首先，新的密钥管理方式加速了切换过程中密钥的发布与计算。传统切换机制中每次切换必须重新进行 802.1x 鉴权，即重新生成 PMK。而三级密钥机制采取预先计算并传送 PMK-R1 的方式，并在 STA 与目标 AP 进行重关联前预先计算密钥 PTK。其次，新的密钥管理方式增强了密钥管理的安全性，这是因为当一个密钥失效时，仅仅由此密钥生成的密钥分支受到影响，而其他分支的密钥仍然可以继续使用。例如，当一个 AP 中的 PMK-R1 失效时，由同一 PMK-R0 获得的其他 PMK-R1 可以照常在其他 AP 中使用。

2. 新增信息元素

快速切换机制要求在终端与网络间进行网络性能、QoS 支持能力等参数的交互，因此定义了一些额外的信息元素，包括 MDIE、FTIE、TIE、RIC、EAPKIE 等。

（1）MDIE：其中包含标识移动域的标识符。STA 只能在同一移动域内进行快速切换。

（2）FTIE：其中包含快速切换资源机制、R0KH 标识符、R1KH 标识符。FTIE 表示 AP 支持的 QoS 资源机制和资源信息交互方式、AP 的安全策略信息，以及存储密钥的一级和二级存储器标识符。

（3）TIE：其中包含重关联和密钥时限。重关联必须在时限内发起，否则失效；密钥时

限为密钥的生存时间。

（4）RIC：其中包含 RRIE、RDIE、TSPEC 等元素。RIC 用于表示请求业务的 QoS 参数，RRIE 为 RIC 的头部，RDIE 为 RIC 中可选的 QoS 资源类别，TSPEC 为每个 RDIE 类别中的 QoS 资源参数。

（5）EAPKIE：其中包括 AP 和 STA 产生的随机数封装的 IEEE 802.1x 密钥消息。

根据网络架构对 QoS 支持能力的不同，IEEE 802.11r 协议定义了以下两种切换方式来实现快速切换：

（1）基本机制切换：该方式将资源请求分配及其他所需的信息交互在重关联过程中实现。这种方式适用于 AP 工作在轻载状态，STA 能够获得目标 AP 的资源状况以及 WLAN 网络的 QoS 支持能力信息。基本机制切换不支持重关联前的资源预留。

（2）预留资源机制切换：该方式在重关联之前预先进行资源请求和分配。这种机制适用于 WLAN 网络支持资源预留及需要通过明确的资源预留保障业务 QoS 的场合。

3. WLAN 快速切换流程

为了获得足够的快速切换参数，STA 在与 WLAN 进行初始关联时，需要进行一系列快速切换参数的交互，使 STA 获知 WLAN 网络的资源策略信息。与传统切换的初始关联过程不同的是，快速切换初始关联在关联过程中加入了 FTIE、MDIE、RSNIE 等信息元素，用来标识网络支持资源能力和网络安全策略信息，这些信息元素是 STA 从 AP 的回答帧中获得的。通过初始关联，STA 可以获知网络策略以及安全信息，并存储相关信息以备后续切换使用。

在预留资源机制切换中，首先由 STA 进行切换决策，并选定目标 AP 进行切换，随后进行快速切换信息交互，其中包含四条消息：快速切换请求、快速切换回答、快速切换确认、快速切换确认字符（acknowledgement，ACK）。快速切换请求消息由 STA 发往目标 AP，用以初始快速切换，其中包含 FTIE（包含目标 AP 在 Beacon 帧或 Probe 回答帧中通告所支持的资源机制和 R1KH、初始关联中 STA 获得的 R0KH）、MDIE、RSNIE、EAP-KIE（其中包含用于计算密钥的随机数 SNonce，由 STA 随机生成）等信息。通过这些信息，目标 AP 能够判断 STA 是否具有快速切换的能力，以及能否生成密钥。快速切换回答消息由目标 AP 发往 STA，其中包含目标 AP 的 FTIE、MDIE、RSNIE、EAPKIE（包含用于计算密钥的随机数 ANonce，由 AP 随机生成）、TIE（用于标识密钥生存时间、重关联请求限制时间）等信息。此时 STA 和目标 AP 均获得了各自所需的密钥生成信息，并各自通过计算生成 PTK 以对后续的数据流进行加密。快速切换确认由 STA 发往目标 AP，用以确认 PTK 的有效性并请求 QoS 资源，其中包含 STA 的 FTIE、MDIE、RSNIE、EAPKIE、RIC（用于标识请求的 QoS 资源信息）等信息。快速切换 ACK 由目标 AP 发往 STA，用以确认 PTK 时限和资源可用性，其中包含目标 AP 的 FTIE、MDIE、RSNIE、EAPKIE、TIE（用于标识密钥生存时间、重关联请求限制时间）、RIC（用于标识资源预留的结果）等信息。

完成快速切换信息交互后，STA 应当在重关联时限内向目标 AP 发起重关联请求，其中包含上述已交互的信息参数及资源预留标识符；AP 接收到重关联请求后将按照资源预留分配 QoS 资源并向 STA 发送用于组播的会话密钥 GTK。

在 WLAN 网络不支持资源预留时，将采用基于基本机制的 WLAN 快速切换方式。基本机制切换在重关联前不需预留资源,而是在重关联的同时进行资源分配,这样不仅进一步减少了切换过程中鉴权和分配资源的消息交互,还减小了会话时延。相对于基本机制切换而言,预留资源机制切换虽然增加了一些消息交互流程,但保证了资源在切换后的可用性,进一步保证了会话的连续性。

2.6.2 IEEE 802.11r 安全分析

在 IEEE 802.11r 快速切换认证帧的快速切换认证请求帧以及快速切换认证响应帧中,并没有对随机数的认证过程,这将导致 IEEE 802.11r 面临比 IEEE 802.11i 更加严重的 DoS 攻击。这里的 DoS 可以分成三种情况。

1. 第一种 DoS 攻击

STA 可以只发送一条快速切换认证请求帧,但是 AP 必须接收所有到来的快速切换认证请求帧,以使协议进行下去,因此,攻击者可以轻易地发送篡改的假冒快速切换认证请求帧。AP 接收到快速切换认证请求帧后,需要进行以下后继操作,包括产生及发送 ANonce、预计算 PTK 以及保持一个连接状态等,但这有可能会使其内存及计算资源耗尽。

产生原因:快速切换认证请求帧中的随机数没有经过认证就发送,而 AP 必须接收该消息并进行相应处理。

解决办法:在快速切换认证请求帧中加入 MAC 值校验,MAC 的密钥可以取为 PMKR1 和某一单调增加值的运算式。

2. 第二种 DoS 攻击

STA 向 AP 发送快速切换认证请求帧,其中包含 SNonce;AP 响应一条快速切换认证响应帧,其中包含 ANonce,同时计算 PTK。STA 收到此消息后,计算 PTK 以及 MIC 值。此时攻击者可以假冒 STA 向 AP 发送另一条包含 S'Nonce 的快速切换认证请求帧;AP 接收到此消息后,重新发送快速切换认证响应帧,包含 A'Nonce,并重新计算 PTK',从而导致 STA 与 AP 计算的 PTK 不匹配,使 STA 发送的 IEEE 802.11 认证确认帧无法通过验证,STA 无法接入网络。

产生原因:快速切换认证请求帧没有经过认证就发送,而 AP 必须接收并进行相应处理。

解决办法:在快速切换认证请求帧中加入 MAC 值校验,MAC 的密钥可以取为 PMKR1 和某一单调增加值的运算式。

3. 第三种 DoS 攻击

STA 发送快速切换认证请求帧,其中包含 SNonce;攻击者假冒 AP 发送一条篡改过的快速切换认证响应帧,其中包含 A'Nonce,导致 STA 和 AP 计算的 PTA 不匹配,IEEE 802.11 认证确认帧无法通过验证,使 STA 无法接入网络。

产生原因:快速切换认证响应帧中的随机数没有经过认证就发送,而 STA 必须接收并进行相应处理。

解决办法:AP 应该在快速切换认证响应帧中加入 MAC 值校验,该 MAC 的密钥可以取为预计算的 PTK。

2.7　IEEE 802.11s 协议分析

2.7.1　IEEE 802.11s 协议原理

传统的 IEEE 802.11 标准定义了两种基本服务集(basic service set,BSS),其中包括基础设施网络和独立 BSS 或 Ad Hoc 网络。IEEE 802.11 的传统网络架构如图 2.16 所示,其中每个 BSS 中的 AP 通过分布式系统(distributed system,DS)与其他 BSS 相连。因为在 Ad Hoc 网络中,每一个 STA 都是独立存在的,不可以接入 DS 中,所以图中固定网络构架就限制了 IEEE 802.11 网络部署的灵活性。在相当长的一段时间内,工业界都认为由于 ESS(extended service set)既不具有 IBSS(independent BSS,独立基本服务集)的自动配置能力又不具有 Ad Hoc 的组网优势,无法满足既需要 Ad Hoc 又需要 Internet 接入的应用场景,只有将 ESS 和 IBSS 进行融合组成一个新型的多跳网络,这就是对 ESS 进行 Mesh 扩展。

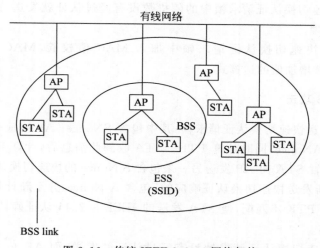

图 2.16　传统 IEEE 802.11 网络架构

实际上,为了满足这样的需求,在 IEEE Mesh 网络标准化工作启动之前,工业界就已经设计实现了多种基于 IEEE 802.11 的无线 Mesh 网络解决方案。这些解决方案具有很多共同的特点,例如,解决方案中都将所有的节点分成了三种类型:Mesh 路由器、客户端以及网关等。然而,这些解决方案虽然有很多共同特点,但它们之间实际上是无法兼容的。为了解决兼容问题,必须要指定一个网络标准。最终,IEEE Mesh 研究组于 2006 年 1 月确定了当前 IEEE 802.11s 标准草案的基本框架。

IEEE 802.11s 标准涉及 Mesh 拓扑发现和形成、Mesh 路径选择和转发、MAC 接入相关机制、信标与同步、Intra-Mesh 拥塞控制、交互工作和帧格式等内容。

1. Mesh 拓扑发现和形成

IEEE 802.11s 依据 Mesh 节点开机时的启动顺序来描述 Mesh 网络拓扑发现和形成过程。当 MP(Mesh Point)开机后,首先主动或被动扫描来寻找 Mesh 网络;然后选择信道,进行 Mesh 同步;之后建立与邻居 MP 的链路,包括 IEEE 802.11 公开鉴权、建立关联和 IEEE 802.11i 鉴权与密钥交换等步骤;最后进行本地链路状态测量和路径选择初始化。如果是 MAP,还需进行 AP 的初始化。

IEEE 802.11s 定义了与 SSID 类似的 Mesh ID 来标识 Mesh 网络。新的 Mesh 节点在与一个已有 Mesh 网络建立关联之前,需要检查它的 Mesh Profile 是否与已有 Mesh 网络匹配。每个 Mesh 设备至少支持一个由 Mesh ID、路径选择协议标识符和路径选择 metric 标识符等组成的 Mesh Profile。如果匹配,则建立关联;如果不能找到一个已有 Mesh 网络,则创建一个 Mesh 网络。

新的 Mesh 节点加入一个 Mesh 网络后,在它能够发送数据包之前,需要与邻居节点建立对等链路。在 IEEE 802.11s 中,采用状态机来详细说明如何建立对等链路。一旦完成这一步,有必要对每个对等链路的链路质量进行度量,这涉及链路质量度量策略和如何在邻居节点间传播链路质量信息。注意,对等链路的链路质量信息是路由协议中路由 metrics 的重要组成部分。

在单信道模式中,Mesh 节点在拓扑发现过程中选择信道。在多信道的情况下,具有多个射频接口的 Mesh 节点需要为每个接口选择不同的信道,而单接口的 Mesh 节点需要频繁切换信道。目前,IEEE 802.11s 草案中,定义了简单信道统一协议和信道图切换协议,适用于慢信道切换的场景。

在多信道 Mesh 网络中,采用统一信道图(unified channel graph,UCG)来管理拓扑。在同一 UCG 中,所有 Mesh 设备采用一个公共信道相互连接。因此,在单信道 Mesh 网络中,整个网络仅有一个 UCG。对于多信道 Mesh 网络,根据网络的自组织情况,可能存在着多个 UCG。为了协调不同的 UCG,IEEE 802.11s 设置了信道优先值。信道优先值随着 UCG 的不同而不同;但在同一 UCG 中,所有 Mesh 节点的信道优先值都是一样的。

2. Mesh 路径选择与转发

IEEE 802.11s 在 MAC 层进行路由选择和转发。为了区别在第 3 层使用 IP 地址路由,IEEE 802.11s 标准使用术语路径选择。由于各种私有 IEEE 802.11 Mesh 网络采用了不同的路由协议,不同 Mesh 网络之间很难协同工作。为了在相同框架下支持各种的路由协议,IEEE 802.11s 中定义了可扩展的路由选择框架。在 IEEE 802.11s 草案 1.06 之前,草案中定义了默认的 HWMP(Hybrid Wireless Mesh Protocol,混合无线 Mesh 协议)和可选的 RA-OLSR(Radio Aware Optimized Link State Routing)协议,从草案 1.07 开始则删去了可选的路径选择协议。此外,草案中还定义了称为空时的路径选择度量。

在 HWMP 协议中,固定的网络拓扑采用基于树的先验式路由,变化的网络拓扑则采用按需路由协议。IEEE 802.11 Mesh 网络的节点趋向于弱移动性,主要承载来往于 Internet 的业务流,也存在着少量的移动 Mesh 节点和少量的 Mesh 网络内部业务流。因此,IEEE 802.11s 中的路由策略以基于树的路由为主、按需路由为辅,两种路由可以同时使用。基于树的路由便于为其他节点建立并保持距离向量树,从而避免不必要的路由发现及恢复的花费;按需路由协议是在 AODV(Ad Hoc on-demand distance vector routing,无线自组网按需平面距离向量路由)协议的基础上为 HWMP 特别设计的。IEEE 802.11s 采用空时作为默认的路由度量来度量链路质量。可扩展的路由协议框架中还支持其他类型的度量,如 QoS 参数、业务流、功率消耗。但是,在同一个 Mesh 网络中仅能使用一种度量。

RA-OLSR 是在 OLSR(optimized link state routing,最优链路状态路由协议)基础上开发的一种先验式链路状态路由协议,主要是对洪泛机制进行了改进。首先,一个 MP 仅有一个一跳邻居 MP 子集来中继控制信息,该邻居 MP 称作多节点中继(multipoint relaying,MPR)。第二,为了提供最短路由,RA-OLSR 仅洪泛局部状态信息。由于 RA-OLSR 能够学习到网络中所有目的节点的路由,因此 RA-OLSR 特别适合于动态的源目的节点或者 Mesh 网络大且密的情形。RA-OLSR 是一个分布式协议,不需要控制信息的可靠交付。

3. MAC 接入相关机制

IEEE 802.11s 草案中与 MAC 层接入有关的内容有三部分:默认的增强分布式协调访问(enhanced distributed channel access,EDCA)机制、可选的使用公共信道框架(common channel framework,CCF)的多信道协议和可选的确定访问(mesh deterministic access,MDA)机制。由于有很多问题没有得到有效解决,在 IEEE 802.11s 之后的草案删去了 CCF 协议,所以这里我们就不介绍了。

1) EDCA 机制

IEEE 802.11s 仅继承 IEEE 802.11e 中定义的 EDCA 机制作为 MAC 层基本接入机制,并没有考虑 IEEE 802.11e 中的混合控制信道访问机制(hybrid control channel access,HCCA)。EDCA 机制的原理是在分布式协调功能(distributed coordination function,DCF)的基础上引入业务流分类(traffic classfication,TC)来实现 QoS 支持,建立根据业务流种类分配带宽的概率优先机制。IEEE 802.11s 对 EDCA 相关的网络分配向量(network allocation vector,NAV)机制进行了改进,提出了 NAV 清除机制,以减少因 NAV 不能及时释放而造成的吞吐量损失。

2) MDA 机制(可选)

MDA 机制允许 MP 在某一期间以更低的竞争接入信道,这个期间称为 MDA 机会(MDA opportunity,MDAOP)。MDA 中定义了两种时间周期,MP 的邻居 MDAOP 时间是指在 MDAOP 期间,MP 要么是发送方要么是接收方的发送/接收(TX/RX)期间。邻居 MDAOP 干扰时间是指在邻居的 MDAOP 期间,该 MP 既不是发送方也不是接收方的发送/接收(TX/RX)期间。当发送方想发送数据时,首先要建立一个 MDAOP 给接收方,并检查它的邻居 MDAOP 时间、帧的 TX/RX 时间和接收方的邻居 MDAOP 干扰时间。如果没有发生重叠且没有 MDA 限制,则发送方给接收方发送 MDAOP 建立请求。接收方做同样的检查后接收这个 MDAOP,从而建立一个 MDAOP。在 MDAOP 期间,发送方(MDAOP 的拥有者)使用与接收方不同的退避参数 MDACWmax、MDACWmin 和 MDAIFSN 来建立传输机会。

4. 信标和同步

在传统 802.11 网络中,信标用于传播 STA 的同步时间信息,计时同步功能(timer synchronization function,TSF)提取同步时间信息并进行 STA 间的时钟同步。在有基础设施网络中,AP 负责广播信标;在 Ad Hoc 网络中,所有节点都可以发送信标。为了避免信标碰撞,IEEE 802.11s 定义了 Mesh 信标冲突避免(mesh beacon conflict avoided,MBCA)机制,原理是在给定时间周期内,指派某个 MP 广播信标。IEEE 802.11s 中除了信标帧,探测响应帧中也可以携带同步信息。与 IEEE 802.11 的 TSF 不同的是:①不是所有的 MP 都需要同步,它们的信标间隔不必相同。②不仅 TSF 计时器,而且时间偏移值也需要同步。③不需要同步的 MP,保持一个 TSF 计时器,当收到信标或探测响应时也不进行更新;需要同步的 MP,保持一个 Mesh TSF 时间,Mesh TSF 时间等于 TSF 计时器和同步 MP 中偏移值的总和。由于使用了偏移值,同步 MP 间的 TSF 计时器可以不同。

5. Intra-Mesh 拥塞控制

IEEE 802.11s 提出的可选的跳对跳 Mesh 域内(inter-mesh)拥塞控制策略包括本地拥塞监测、拥塞控制信令和本地速率控制三部分内容,基本思想是 MP 通过主动监测本地信道应用条件来及时发现拥塞;上一跳 MP 收到"拥塞控制请求"后进行本地拥塞控制来缓解下游 MP 的拥塞,同时向邻居 MP 广播"邻居拥塞宣告",从而使邻居 MP 也进行拥塞控制。本地拥塞监测策略包括比较发送数据包速率和收到需要转发数据包的速率,观察缓存区队列大小等;本地速率控制机制包括根据拥塞程度的不同,动态地调整 EDCA 参数,对不同 MAP 中的 BSS 设置不同的 EDCA 参数来控制本地速率。IEEE 802.11s 中还定义了在发生拥塞或信道使用不足的情况下目标速率的计算方法。

6. 交互工作

IEEE 802.11s 中规定 MPP(mesh portal)实现 WLAN Mesh 网络与其他 802 LAN 的桥接,网络间交互工作(interworking)必须与 IEEE 802.1D 标准兼容。MPP 参加生成树协议,同时维护一个节点表以确定通过哪个端口可以到达该节点。MPP 事先告诉网络中所有 MP 该 MPP 的存在,出入 Mesh 网络的消息受到 MPP 的控制,出(egress)消息由 Mesh 网络内的 MP 产生。如果 MPP 知道目的节点在 Mesh 网络内部,则直接转发消息到目的节点;如果 MPP 知道目的节点在 Mesh 网络外部,则转发消息到外部网络;如果 MPP 不知道目的节点,则转发消息到 Mesh 网络内部和外部。入(ingress)消息是由 MPP 从外部网络收到的消息。如果 MPP 知道目的节点,则简单转发即可;否则 MPP 有两种选择:建立一条路由到目的节点或者在 Mesh 网络内广播这个消息。

IEEE 802.11s 中考虑了节点的移动性。如果节点在 Mesh 网络内部移动,则路由协议处理移动,带来路径变化;如果节点从 Mesh 网络中移出,则路由协议在检测到路径发生变化后修改路径;如果节点从 Mesh 网络外部移入,则 MPP 和路由协议协作建立一条新路径。MPP 在网络间的交互工作中起着重要作用,不仅支持 IEEE 802.1D 的桥接功能,也支持 802.1Q 中定义的 VLAN 功能。

7. 帧格式

IEEE 802.11s 中定义了详细的帧格式以及帧域(frame field)和信息元(information element)。帧的类型有数据帧、控制帧和管理帧三种,其中控制帧包括 EDCA 机制的 RTS/CTS/ACK、CCF 协议的 RTX/CTX 帧等,管理帧涉及信标、探测和关联等。与传统 802.11 包含两个 MAC 地址的帧结构不同,由于在 MAC 层实现路径选择并通过 MAC 地址转发数据包,因此 MAC 帧头中需要包含 4 个 MAC 地址,即比传统 MAC 帧多了源 MAP 和目的 MAP 的 MAC 地址。为了支持传统 STA 通过 Mesh WLAN 来发送数据包,传统节点的源 MAC 和目的 MAC 地址再加 MAC 帧头,就构成了 IEEE 802.11s 的 6 个 MAC 地址机制。由于每个 MAP 保存有关联 STA 的 MAC 地址,因此 MAP 可以找到目的 STA。

2.7.2　IEEE 802.11s 安全分析

IEEE 802.11s 在最早设计的时候添加了 SAE 安全机制,同时允许使用传统的 802.1x 为网络提供安全接入功能。但是,协议并没有对节点在连接上网络之后的行为进行明确规定,所以使 IEEE 802.11s 中的路由协议存在较为严重的安全漏洞。

HWMP 本质上是一个简单的距离向量路由协议,在查找确定一条路径的过程中需要发送大量的广播帧,而网络中的每一个节点都需要对这些帧进行接收和分析处理。另外,路由的发现过程实际上是一个"以讹传讹"(rumor by rumor)的过程,源节点的所有路由信息都来自和其距离一跳范围内的邻居节点。在设计这个协议的过程中,由于考虑到在 Ad Hoc 网络中,网络的带宽是极其有限的,所以整个协议的设计应该尽量简单。为了达到这一目的,协议的安全性几乎没有在考虑范围之内。最终的结果是,对于 AODV 存在的安全问题,HWMP 几乎毫无保留地全部继承过来。针对这些安全问题,最典型的两种攻击方式就是洪泛攻击和黑洞攻击。

1. 洪泛攻击

从前文的说明中可以看到,HWMP 主要依靠通过 PREQ 和 PREP 机制来建立多跳路由,所以整个无线网状网络能否正常运行最为重要的一点是能否保证将 PREQ 数据包及时发送出去。一般情况下,节点每收到一个 PREQ 帧,都会将这个帧保存在一个工作队列中,再经过调用相关的函数处理之后才会对这个帧进行转发或者进行回复。在这样一个过程中,不仅需要耗费空间来存储 PREQ 帧,而且需要耗费 CPU 时间对这些帧进行处理,但却没有对 PREQ 帧的合理性进行判断。实际上,目前所有的按需路由协议都存在这样一个问题,并不是只存在于 HWMP 之中。PREQ 洪泛攻击就是利用这个漏洞,不停地向网络中传送大量的伪造路由请求,导致网络中其他节点 Mesh 路由的工作队列被这些虚假的路由请求占用,使正常的路由请求无法得到即时处理,整个路由建立过程被阻塞。另外,网络中的虚假路由信息过多时,会占用大量的 CPU 资源,造成响应时间延迟,网络中也由于充斥着无意义的 PREQ 而导致网络吞吐量下降。因为网络是通过广播帧来建立路由的,所以局部的洪泛效果将很快扩展至整个网络,使得瞬间网络数据的传输效率下降,严重的甚至造成 DoS 攻击。

2. 黑洞攻击

黑洞攻击就是在攻击者监听到其他网络节点发送路由请求时,并不帮助该节点进行常见的路径查找,而是直接返回相关的路由回答,通知询问节点网络的下一跳节点是攻击者自身;同时,为了保证黑洞节点所返回的路径信息一定会被节点所采用,它会将这条路径的代价设置成一个比较小的极端值。如网络中存在 4 个节点 A、B、C、D,节点 B 为黑洞节点,节点 D 和 B 均在 A 的一跳范围之内,HWMP 路由协议在计算路径优劣的时候并不计算跳数(hop),而是单纯计算链路 metric 值的累加。这一点也是黑洞节点能够在自己范围内影响其中所有节点的原因之一。A 在初始状态不知道 C 节点的路径,而是通过洪泛的方式查找到 C 节点的路径。由于无线网络的广播特性,导致恶意节点 B 也能够收到 A 的 PREQ 路径查找帧。节点在更新同一条路径的时候不会因为时间先后而选择哪一条路径,所以即使 B 在 D 之后回复了 PREQ,只要保证 B 回复的 PREP 中所带的 metric 足够低,就能保证 A 在收到 D 的回复时也不会采用正确的路径信息,而是采用黑洞节点回复的虚假的路径信息。之后 A 发送的数据全部会由 B 转发,而 B 就会丢弃所有的数据包,产生路由黑洞。

2.8　本章小结

本章介绍了无线局域网的基本概念,并指出由于无线局域网传输介质的特殊性,使得信息在传输过程中具有很多的不确定性,受到比有线网络更大的安全威胁,由此引出了 WEP 协议、IEEE 802.1x 协议、WAPI 协议、IEEE 802.11i 协议、IEEE 802.11r 协议、IEEE 802.11s 协议等,并且对相关的协议原理、协议安全分析进行了详细的介绍。

思考题

1. 什么是无线局域网?它有什么特点?
2. WEP 协议是为解决何种问题而产生的?它的原理是什么?
3. 阐述 IEEE 802.1x 的工作原理。
4. 阐述 IEEE 802.11r 的快速切换过程。

参 考 文 献

[1]　马健峰.无线局域网安全体系结构[M].北京:高等教育出版社,2008.
[2]　郭渊博.无线局域网安全:设计及实现[M].北京:国防工业出版社,2010.
[3]　张牧,严军荣.802.11s 无线 Mesh 网络研究进展与挑战[J].计算机工程与应用,2010,46(22):75-79.
[4]　李东瑁,余凯,张平.基于 802.11r 的 WLAN 快速切换机制研究[J].现代电信科技,2006,16(10):21-24.
[5]　秦刘,智英建,贺磊,等.802.1x 协议研究及其安全性分析[J].计算机工程,2007,33(7):153-154.
[6]　曹利,杨凌凤,顾翔,等.IEEE 802.11i 密钥管理方案的研究与改进[J].计算机工程与设计,2010,31(22):4813-4816.

[7]　罗军,刘卫国.WEP协议安全分析[J].福建电脑,2006,5(11):60-61.

[8]　彭清泉.无线网络中密钥管理与认证方法及技术研究[D].西安:西安电子科技大学,2010.

[9]　梁峰,史杏荣,曲阜平.IEEE 802.11i中四次握手过程的安全分析和改进[J].计算机工程,2007, 33(3):149-150;179.

[10]　徐峻峰.基于802.11无线网络语音切换技术的研究[D].武汉:中国地质大学,2007.

移动通信安全

随着半导体技术、微电子技术和计算机技术的发展,移动通信在最近的几十年里得到了迅猛发展和应用。1978 年,美国芝加哥开通第一台模拟移动电话,标志着第一代移动通信的诞生;1987 年,我国首个全网通信系统技术(total access communications system, TACS)制式模拟移动电话系统建成并投入使用;1993 年,我国首个全球移动通信系统(global system for mobile communications,GSM)建成开通,标志着我国进入了第二代移动通信时代;2001 年前后,数个国家相继开通了 3G 商用网络,标志着第三代移动通信时代的到来;2014 年前后,我国各地相继开通 4G 网络服务,标志着第四代移动通信时代的到来。如今,随着世界各地 5G 网络的开通,我们的生活正在步入第五代移动通信时代。

3.1 移动通信系统概述

从移动通信的发展历史来看,移动通信的发展不是孤立的,而是建立在与其相关的技术发展和人们需求的基础上的:第一代移动通信是在超大规模模拟集成电路的发展基础和人们对移动通话的需求上发展起来的,第二代移动通信建立在超大规模数字集成电路技术和微计算机技术以及人们对通话质量的需求基础上,第三代移动通信建立在互联网技术和数据信息处理技术以及人们对移动数据业务的需求基础上,第四代移动通信建立在下一代互联网技术和多媒体技术以及人们对多媒体需求的基础上。

随着移动通信的普及,移动通信中的安全问题也受到越来越多的关注,人们对移动通信中的信息安全也提出了更高的要求。

安全威胁产生的原因来自网络协议和系统的弱点。攻击者可以利用网络协议和系统的弱点非授权访问和处理敏感数据,或是干扰、滥用网络服务,对用户和网络资源造成损失,主要威胁方式有窃听、伪装、流量分析、破坏数据的完整性、拒绝服务、否认、非授权访问服务和资源耗尽等。

第二代数字蜂窝移动通信系统(2G)只能提供语音和低速数据业务的服务。但是在信息时代,图像、语音和数据相结合的多媒体业务和高速率数据业务将会大大增加。

随着第三代移动通信(3G)网络技术的发展、移动终端功能的增强和移动业务应用内容的丰富,各种无线应用极大地丰富了人们的日常工作和生活,也为国家信息化战略提供了强大的技术支撑,网络安全问题就显得更加重要了,第三代数字蜂窝移动通信业务包括第二代蜂窝移动通信可提供的所有业务类型和移动多媒体业务。

虽然 3G 系统解决了 1G、2G 系统的弊端,但其实际速度远未达到预期值。第四代移动通信技术(4G)可称为宽带接入和分布网络,具有非对称的超过 2Mb/s 的数据传输能力,包括宽带无线固定接入、宽带无线局域网、移动宽带系统和交互式广播网络。第四代移动通信技术可以为不同的固定、无线平台和跨越不同频带的网络提供无线服务,可以在任何地方用宽带接入互联网(包括卫星通信和平流层通信),能够提供定位定时、数据采集、远程控制等综合功能。此外,第四代移动通信系统是集成多功能的宽带移动通信系统,是宽带接入 IP 系统。

第五代移动通信技术(5G)是具有高速率、低时延和大连接等特点的新一代宽带移动通信技术,是实现人机物互联的网络基础设施。5G 为移动互联网用户提供更加极致的应用体验,海量机器类通信主要面向智慧城市、智能家居、环境监测等以传感和数据采集为目标的应用需求。

3.2　GSM 系统安全

GSM 原意为移动通信特别小组(group special mobile),是欧洲邮电管理委员会(Conference of European Posts and Telecommunications,CEPT)为开发第二代数字蜂窝移动系统而在 1982 年成立的机构,主要职责是制定适用于泛欧各国的一种数字移动通信系统的技术规范。1987 年,欧洲 15 个国家的电信业务经营者在哥本哈根签署了一项关于在1991 年实现泛欧 900MHz 数字蜂窝移动通信标准的谅解备忘录(memorandum of understanding,MOU)。随着设备的开发和数字蜂窝移动通信网的建立,GSM 逐步成为欧洲数字蜂窝移动通信系统的代名词。后来,欧洲的专家们将 GSM 重新命名为 global system for mobile communications,即全球移动通信系统。

目前,宣布采用 GSM 系统并参加 MOU 的国家早就不限于欧洲了。在 1995 年年初,全世界就已有 69 个国家约 118 个经营者签字参加了 MOU。

3.2.1　GSM 系统简介

1. 系统组成

GSM 系统由交换分系统(mobile switching subsystem,MSS)、基站分系统(mobile station subsystem,BSS)、移动台(mobile station,MS)和操作与维护分系统(operation and maintenance subsystem,OMS)组成。它包括了从固定用户到移动用户(或相反)所经过的全部设备,如图 3.1 所示。

1) 交换分系统

交换分系统包括以下几个组成部分:移动交换中心(mobile service switching center,MSC)、归属位置寄存器(home location register,HLR)、拜访位置寄存器(visitor location register,VLR)、认证(鉴权)中心(authentication center,AuC)、设备标志寄存器(equipment identification register,EIR)。

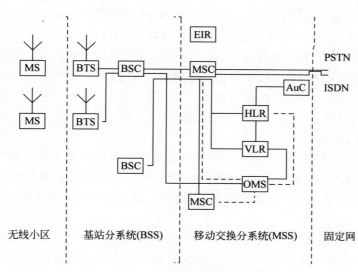

图 3.1 数字移动蜂窝网组成

（1）移动交换中心。

MSC 主要处理与协调 GSM 系统内部用户的通信接续。MSC 对位于其服务区内的移动台进行交换与控制，同时提供移动网与固定公众电信网的接口。作为交换设备，MSC 具有完成呼叫接续与控制的功能，同时还具有无线资源管理和移动性管理等功能，例如移动台位置的登记与更新、MS 的越区转接控制等。移动用户没有固定位置，要为网内用户建立通信时，路由都先接到一个关口交换局（gateway MSC，GMSC），即由固定网接到 GMSC。GMSC 的作用是查询用户的位置信息，并把路由转到移动用户当时所拜访的移动交换局（visited MSC，VMSC）。GMSC 首先根据移动用户的电话号码找到该用户所属的归属位置寄存器 HLR，然后从 HLR 中查询到该用户目前的 VMSC。GMSC 一般都与某个 MSC 合在一起，只要使 MSC 具有关口功能就可实现。MSC 通常是一个大的程控数字交换机，能控制若干个基站控制器（basic station controller，BSC）。GMSC 与固定网相接，固定网有公众电话网（public switched telephone network，PSTN）、综合业务数字网（integrated services digital network，ISDN）、分组交换公众数据网（packet switched public data network，PSPDN）和电路交换公众数据网（circuit switched public network，CSPDN）。MSC 与固定网互联需要通过一定的适配才能符合对方网络对传输的要求，称为适配功能（inter-working function，IWF）。

（2）归属位置寄存器。

HLR 是管理移动用户的数据库，作为物理设备，它是一台独立的计算机。每个移动用户必须在某个 HLR 中登记注册。在数字蜂窝网中，应包括一个或多个 HLR。HLR 所存储的信息分为两类：一类是有关用户参数的信息，例如用户类别、所提供的服务、用户的各种号码、识别码以及用户的保密参数等；另一类是用户当前的位置信息，例如移动台漫游号码、VLR 地址等，用于建立至移动台的呼叫路由。HLR 不受 MSC 的直接控制。

（3）拜访位置寄存器。

VLR 是存储用户位置信息的动态链接库。当漫游用户进入某个 MSC 区域时，必须在

MSC 相关的 VLR 中进行登记；VLR 分配给移动用户一个漫游号(mobile station roaming number,MSRN),并在 VLR 中建立用户的有关信息,其中包括移动用户识别码(mobile subscriber identity,MSI)、移动台漫游号、移动用户所在位置区的标志及向用户提供的服务等参数,而这些信息是从相关的 HLR 中传过来的。MSC 在处理入网和出网呼叫时需要查访 VLR 中的有关信息。一个 VLR 可以负责一个或多个 MSC 区域。由于 MSC 与 VLR 之间交换信息很多,所以两者的设备通常合在一起。

(4) 认证(鉴权)中心。

AuC 直接与 HLR 相连,是认证移动用户身份及产生相应认证参数的功能实体。认证参数包括随机号码 RAND、信号响应 SREC 和密钥 KC。认证中心对移动用户的身份进行认证,将用户的信息与认证中心的随机号码进行核对,合法用户才能接入网络,并得到网络的服务。

(5) 设备标志寄存器。

EIR 是存储有关移动台设备参数的数据库,用来实现对移动设备的识别、监视、闭锁等功能。EIR 只允许合法的设备使用,它与 MSC 相连接。

2) 基站分系统

BSS 包含 GSM 数字移动通信系统中无线通信部分的所有地面基础设施,通过无线接口直接与移动台实现通信连接。BSS 具有控制功能与无线传输功能,可完成无线信道的发送、接收和管理。它由基站控制器和基站收发信台两部分组成。

(1) 基站控制器。

基站控制器(base station controller,BSC)的一侧与移动交换分系统相连接,另一侧与基站收发信台(base transceiver station,BTS)相连接。一个基站分系统只有一个 BSC,而有多套 BTS。BSC 通过对 BTS 和 MS 的指令来管理无线接口,主要负责无线信道的分配、释放以及越区信道的切换管理。

(2) 基站收发信台。

BTS 负责无线传输。每个 BTS 有多部收发信机,占用多个频率点。每部收发信机占用一个频率点,每个频率点又分成 8 个时隙,这些时隙就构成了信道。BTS 是覆盖一个小区的无线电收发信设备。

BTS 还有一个重要的部件称为码型转换器(transcoder)和速率适配器(rate adaptor),简称 TRAU,其作用是将 GSM 系统中的语音编辑信号与标准 64kb/s 的 PCM 相配合。例如移动台发话时,它首先进行语音编码,变为 13kb/s 的数字流;信号经 BTS 收信机接收后,其输出仍为 13kb/s 的信号;需经 TRAU 后变为 64kb/s 的 PCM 信号,才能在有线信道上传输。同时,要传送较低速率数据信号时,也需经过 TRAU 变成标准信号。

3) 移动台

移动台靠无线接入进行通信,线路不固定,因此它必须具备用户的识别号码。GSM 系统采用用户识别模块(subscriber identity module,SIM),将模块做成信用卡的形式。SIM 卡中存有用户身份认证所需的信息,并能执行一些与安全保密有关的信息。移动设备只有插入 SIM 卡后才能进网使用。

4) 操作维护分系统

操作与维护管理的目的是使网络运营者能监视和控制整个系统,把需要监视的内容从被监视的设备传到网络管理中心,显示给管理人员;同时,管理人员在网络管理中心还应该能修改设备的配置和功能。

2. 主要特点

1) 移动台具有漫游功能

GSM 给移动台定义了三种识别码:一个是移动用户号码簿号码(directory number,DN),是在公用电话号码簿上可以查到的统一电话号码;第二个是移动台漫游号码(mobile subscriber roaming number,MSRN),是在呼叫漫游用户时使用的号码,由 VLR 临时指定,并根据此号码将呼叫接至漫游移动台;第三个是国际移动台识别码(international mobile subscriber identity,IMSI),是在无线信道上使用的号码,用于用户寻呼和识别移动台。根据上述三个识别码,可以准确无误地识别某个移动台。

漫游用户必须进行位置登记。当 A 区的移动台进入 B 区后,它会自动搜索该区基站的广播信道,从中获得位置信息;当其发现接收到的区域识别码与自己的号码不同时,漫游移动台会向当地基站发出位置更新请求;B 区的被访局收到此信号后,会通知本局的 VLR;VLR 即为漫游用户指定一个临时号码 MSRN,并将此号码通过 CCS7 号信令通知移动台所在业务区备案。这样,当固定用户呼叫漫游移动用户时,拨移动台的 DN 码;DN 码首先经公用交换网络接至最近的本地 GSM 移动业务交换中心(GSM center,GSMC);GSMC 利用DN 码访问母局位置登记器即归属位置寄存器,从中获取漫游台的 MSRN 码;GSMC 根据此码将呼叫接至被访问的移动业务交换中心(VMS center,VMSC);VMSC 接到 MSRN 号码后,证实漫游台是否仍在本区工作;经确认后,VMSC 将 MSRN 码转换成 IMSI,通过基站在无线信道上向漫游台发出呼叫,从而建立通话。

2) 可提供多种业务

除语音通话外,GSM 系统还能提供多种数据业务、三类传真、可视图文等,并能支持综合业务数字网(integrated services digital network,ISDN)终端。

3) 具有较好的保密功能

保密措施通过"认证中心"实现,认证方式是一个"询问—响应"过程。在通信过程开始时,首先由网络向移动台发出一个信号并同时启动自己的"用户认证"单元;移动台收到这个信号后,连同内部的"电子密钥"一起来启动"用户认证"单元,并将结果返回网络;网络将这两个"用户认证"单元结果相比较,只有相同才为合法。

4) 越区切换功能

在微蜂窝移动通信网络中,高频率的越区切换是不可避免的。在 GSM 中,移动台应主动参与越区切换。移动台在通话期间,不断向所在工作区基站报告本区及相邻区无线环境的详细数据。当需要越区切换时,移动台主动向本区基站发出越区切换请求。固定方(MSC 或 BSC)根据来自移动台的数据,查找是否有替补信道。如果不存在,则选择第二替补信道,直至选中一个空闲信道,使移动台切换到该信道上继续通信。

3. 业务功能

GSM 系统主要提供以下四大类业务。

1) 电话业务

紧急呼叫是由电话业务引申出来的一种特殊业务。移动台用户能通过一种简便而统一的手续接到就近的紧急业务中心(例如公安局或消防中心)。使用紧急业务不收费,也不需要认证使用者身份的合法性。

语音信箱能将话音存储起来,事后由被叫移动用户提取。

2) 数字业务

GSM 技术规范中列举了 35 种数字业务,主要是以下几类。

(1) 与公众电话通信网(PSTN)用户相连的数字业务。

PSTN 中最常用的数字业务有三类传真和可视图文(VIDEOTEX)。GSM 要与 PSTN 相连接,必须使用 MODEM。GSM 能处理 9600b/s 速率以下的全双工方式数据。

(2) 与综合业务数字网(ISDN)用户相连的数字业务。

GSM 系统中的数据速率最高为 9600b/s,而 ISDN 使用的速率是 64kb/s,因此必须采用速率转换技术。采用标准化的 ISDN 数据格式,在 64kb/s 链路上传送低速数据,这种方式可实现高于 2400b/s 的异步数据传输。

(3) GSM 用户之间的数字业务。

在大多数情况下,GSM 网内用户之间的通信会有外面的通信网参与,因为 GSM 网内交换机之间的传输都是通过公众固定网的缘故。目前,GSM 网所能提供的业务必须是 PSTN 传输网能支持的业务,GSM 用户之间的通信与 GSM 用户和 PSTN 用户间的连接是相同的。

(4) 与分组交换数据通信网(PSPDN)用户相连的数字业务。

PSPDN 是一种采用分组传输技术的通用性数据网,主要用于计算机之间的通信,同时也支持远端数据库的访问和信息处理系统。PSTN 采用的是电路传输技术,GSM 接入 PSPDN 的方式有数种。

3) 短消息业务

通过 GSM 网并设有短消息业务中心(short message service,SMS),便可实现短消息业务。短消息业务有以下两种:

(1) 点对点短消息业务。

点对点短消息业务有两种:一种是移动台接收点对点短消息(SMS-MT/PP),另一种是移动台发送点对点短消息(SMS-MO/PP)。GSM 数字移动通信网用户可以发出或接收有限长度的数字或文字消息,这就是短消息业务功能。

(2) 短消息小区广播业务。

短消息小区广播业务是向特定地区的移动台周期性地广播数据信息,移动台能连续地监测广播信息并显示给用户。

4) 补充业务

补充业务只限于电话业务,它允许用户能按自己的需要改变网络对其呼入呼出的处理,或者通过网络向用户提供某种信息,使用户能智能化地利用一些常规业务。

3.2.2　GSM 安全分析

在第一代模拟移动通信系统中,由于技术因素的限制,网络中没有采取有效的安全机制,对运营商和用户都造成了巨大的损失。有数据显示,仅 1993 年一年内由于网络安全原因导致的经济损失就超过 3 亿美元。由此,移动通信系统的安全性问题开始引起人们的关注。

为了保障 GSM 系统的安全保密性能,在设计中采用了很多安全、保密措施,主要有临时识别符、加密、鉴权、设备识别、PIN 码保护等。

1. 临时识别符

为了保护用户的隐私,防止用户位置被跟踪,GSM 中使用临时识别符(temporary mobile subscriber identity,TMSI)对用户身份进行保密。只有在网络根据 TMSI 无法识别出它所在的 HLR/AuC,或是无法到达用户所在的 HLR/AuC 时,才会使用用户的 IMSI 来识别用户,从它所在的 HLR/AuC 获取鉴权参数来对用户进行认证。在 GSM 中,TMSI 总是与一定的位置区识别符(location area identity,LAI)相关联的。当用户所在的位置区(location area,LA)发生改变时,通过位置区更新过程实现 TMSI 的重新分配。重新分配给用户的 TMSI 是在用户的认证完成并启动加密模式后,由 VLR 加密后传送用户的,从而实现了 TMSI 的保密。同时在 VLR 中保存新分配给用户的 TMSI,将旧的 TMSI 从 VLR 中删除。

2. 鉴权(用户入网认证)

GSM 系统使用鉴权三参数组(随机数 RAND、符号响应 XRES、加密密钥 K_c)实现用户鉴权。

在用户入网时,用户鉴权键 K_i 同 IMSI 一起分配给用户。在网络端,K_i 存储在用户鉴权中心 AuC(authentication center);在用户端,K_i 存储在 SIM 卡中。AuC 为每个用户准备了"鉴权三元组",存储在 HLR 中。当 MSC/VLR 需要鉴权三元组的时候,就向 HLR 提出请求并发送消息"MAP—SEND—AUTHENTICATION—INFO"给 HLR(该消息包括用户的 IMSI),HLR 的回答一般包括五个鉴权三元组。任何一个鉴权三元组使用之后将被破坏,不再重复使用。

当移动台第一次到达一个新的移动业务交换中心(mobile-service switching center,MSC)时,MSC 会向移动台发出一个随机号码 RAND 并发起一个鉴权认证过程。整个过程如图 3.2 所示。

3. 加密

网络对用户的数据进行加密,以防止窃听。加密是受鉴权过程中产生的加密密钥 K_c 控制的,加密密钥的产生过程是通过相同的输入参数 RAND 和 K_i,将两个算法合为一个来计算符号响应和加密密钥。加密密钥 K_c 不在无线接口上传送,而是在 SIM 卡和 AuC 中,由这两部分来完成相应的算法,如图 3.3 所示。

加密的过程是:将 A8 算法生成的加密密钥 K_c 和承载用户数据流的 TDMA 数据帧的帧号作为 A3 算法的输入参数,生成伪随机数据流;再将伪随机数据流和未加密的数据流作模二加运算,得到加密数据流。在网络侧实现加密是在基站收发器(BTS)中完成的,BTS 中存有 A3 加密算法,加密密钥 K_c 是在鉴权过程中由 MSC/VLR 传送给 BTS 的。具体流程如图 3.4 所示。

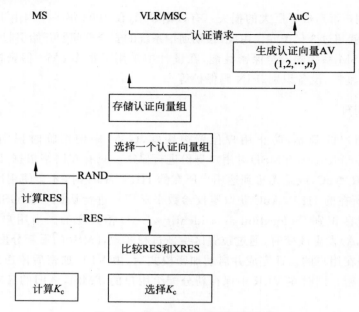

图 3.2　GSM 系统鉴权和认证过程

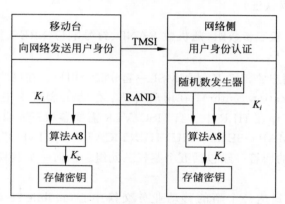

图 3.3　GSM 系统中加密密钥的产生

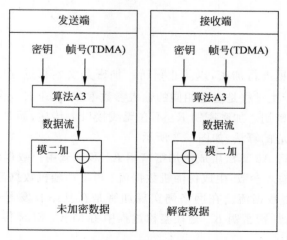

图 3.4　加解密过程

4．设备识别

设备识别是为防止盗用或非法设备入网使用的。

（1）MSC/VLR 向 MS 请求 IMEI（international mobile equipment identity，国际移动设备识别码），并将其发送给 EIR（equipment identity register，设备识别寄存器）。

（2）收到 IMEI 后，EIR 使用它所定义的三个清单。

① 白名单：包括已经分配给参加运营 GSM 各国的所有设备识别序列号。

② 黑名单：包括所有被禁止使用的设备的识别号。

③ 灰名单：由运营商决定，包括有故障的及未经型号入网认证的移动设备。

（3）将设备鉴定结果发送给 MSC/VLR，以决定是否允许入网。

3.3　GPRS 安全

通用分组无线业务（general packet radio service，GPRS）移动通信系统是在 GSM 网络基础上构建的满足分组业务服务需求的无线通信网络。由于 GPRS 网络用户无线通信和终端 IP 移动性的制约，其安全性的构建必须综合权衡 GSM 和 IP 数据网络结合的特点，以保证移动用户终端之间安全有效的信息传输。

GPRS 移动通信系统的安全策略涉及两方面的内容：一是用户信息传送的准确性；二是用户信息的保密性。这些信息包括为移动用户传送的话音、数据业务以及用户位置、识别方式等个人资料信息。通常情况下，如何正确无误地传送用户信息，由移动通信系统的信道控制技术确定，我们这里主要介绍 GPRS 信息保密方面的安全性问题。

GPRS 是一种支持 GSM 网络分组业务扩展的数据传输体制标准，它充分利用 GSM 基础设备，以 115～170kb/s 的传输速率支持端到端的分组数据交换，可以提供基于移动无线应用协议（wireless application protocol，WAP）等高层应用的互联，灵活部署电信增值服务。GPRS 网络分为无线侧和网络侧，无线侧提供空中接口的终端接入能力，GPRS 安全控制主要是网络侧的功能。网络侧的安全控制是在 GSM 的基础上通过增加服务 GPRS 支持节点（serving GPRS support node，SGSN）和网关 GPRS 支持节点（gateway GPRS support node，GGSN）核心网络实体以及重新界定实体间接口实现的。SGSN 为移动台提供移动性管理、路由选择、加密及身份认证等服务，GGSN 则用于接入外部数据网络。边界网关（border gateway，BG）主要用于陆地移动网内不同本地互联网（local internet network，LIN）构成的 GPRS 核心网的互联，并可以根据运营商之间的漫游协议进行功能扩展与定制。

GPRS 的本质是扩展的 IP 分组数据通信网络，所面临的安全隐患多于基于 NO.7 信令进行电路交换的 GSM 系统。由于 TCP/IP 协议的广泛使用和 IP 安全的脆弱性，这将不可避免地增加 GPRS 安全威胁的可能性。

GPRS 的安全性表现为网络实体的安全威胁，涉及从外部 IP 网络侵入 GPRS 系统恶意攻击 GPRS 网络实体或浏览信息，以及用户、运营商内部、ISP 对系统非经授权访问等方面内容。GPRS 安全性主要从以下 6 方面加以阐述。

1. GPRS 安全策略

GPRS 的安全策略基于以下三方面的规则，在实现上可以综合采用不同的安全措施。

（1）防止未经授权使用 GPRS 业务，即鉴权和服务请求确认。

（2）保持用户身份的机密性，使用临时身份和加密。

（3）保持用户数据的机密性，进行通信数据加密发送。

2. 用户鉴权与身份认证

GPRS 的用户鉴权与身份认证适用于网络内部的 MS 通信，与 GSM 原有的过程类似，区别在于鉴权与身份认证流程由 SGSN 发起，如图 3.5 所示。鉴权三元组存储在 SGSN，在开始加密时对所采取的加密算法进行选择。在鉴权与通信过程中，通过使用临时逻辑链路标志（temporary logical link identifier，TLLI）和临时移动台身份标识（temporary mobile station identifier，TMSI）实现用户真实身份的信息隐藏。其中，SGSN 收发用户的分组数据包，其功能包括分组路由和传输、移动管理、逻辑链路管理、认证和计费。GGSN（gateway GPRS support node）是 GPRS 网络中的关键部分，用于 GPRS 网络和外部分组交换网络（Internet，X. 25，WiMAX）之间的交互。Firewall 为防火墙，实现对进、出内部网络的服务和访问的审计和控制。

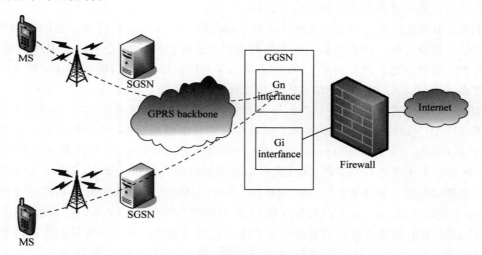

图 3.5　GPRS 网络 MS 之间的通信流程

3. 用户数据与信令机密性

GPRS 网络数据传输的数据和信令受保密加密算法（GPRS encryption algorithm，GEA）保护，加密范围在 MS 与 SGSN 之间，由逻辑链路层（logical link control，LLC）完成。为正确传送数据，GPRS 服务节点和移动终端对数据的加密和解密过程必须保持同步。

4. 安全协议

GPRS 网络之间通过分组交换数据网（packet switched data network，PSDN）或者数字

数据网(digital data network,DDN)的通信链路连接,其中专用网络链路的使用可以满足用户对服务质量和安全性能的要求。由于 GPRS 网络间的数据与信令通过 BG 进行传递,可以使用 Internet 协议安全性(Internet protocol security,IPSec)协议构建 VPN,以实现身份认证和以隧道保护为基础的数据安全性。

5. 信息容灾处理

信息容灾处理主要采用冗余可靠性工程的方法,对 GPRS 网络系统的重要节点进行设备或数据级别的周期备份,以利于系统的故障切换与数据恢复。

6. 安全防火墙技术

结合 GPRS 网络实体安全需求,GGSN 综合采用防火墙技术是保障网络安全的重要途径。从系统管理的角度而言,应加强 GPRS 设备和移动用户终端 MS 两方面的安全性,以确保 GPRS 网络本身以及存储在网络或 MS 内的信息不受外来非法攻击。图 3.5 展示了采用防火墙技术的 GPRS 与外部 IP 网络互连的结构。

(1)防火墙由 GPRS 运营商设置,支持 IP 协议应用程序运行,应限制外部 IP 网络对 GPRS 网络的访问。

(2)域名服务器可在 GPRS 侧,也可以由外部 IP 网络负责维护。

(3)GPRS 的动态 IP 地址由 GGSN 分配,也可以使用外部动态主机配置协议(dynamic host configuration protocol,DHCP)进行管理。

(4)GPRS 网络通过信息过滤检查,确保只有 MS 发起的请求能通过防火墙,来自网络外部的访问被拦截。

GGSN 防火墙可以有效地保护 MS 不受 GPRS 外部网络攻击。对于来自 GPRS 内部合法用户的安全威胁,要实现 GPRS 移动台的安全数据传输,则依赖于 SGSN 实体用户之间以双向用户鉴权与身份认证为核心的访问控制策略。

GPRS 是叠加在 GSM 网络之上的移动通信增值服务网络,其网络通信的数据安全性首先依赖于移动网络自身的安全机制。GPRS 通过综合用户鉴权、数据加密、信息容灾以及合理设置防火墙等可靠性与安全技术手段,确保移动用户安全有效的数据业务传输。在保证 GPRS 网络性能的前提下,实施基于通信协议不同层次的全方位访问控制、数据保密与信息备份策略,是提高 GPRS 网络安全性的一条可行途径。

3.4 第三代移动通信系统安全

GSM 和窄带码分多址(code division multiple access,CDMA)技术是第二代数字移动通信技术的主体技术。与前两代系统相比,第三代的主要特征是可提供移动多媒体业务,其中高速移动环境支持 144kb/s、步行慢速移动环境支持 384kb/s、室内支持 2Mb/s 的数据传输。第三代移动通信的设计目标是为了提供比第二代系统更大的系统容量、更好的通信质量,而且要能在全球范围内更好地实现无缝漫游及为用户提供包括话音、数据及多媒体等在内的多种业务,同时也要考虑与已有第二代系统的良好兼容性。与第一代模拟蜂窝移动通信相比,第二代移动通信系统具有保密性强、频谱利用率高、提供业务丰富、标准化程度高等特点。以欧洲的 GSM 系统与北美的窄带 CDMA 系统为代表的 GSM 系统具有标准化程度高、接口开放的特点，真正实现了个人移动性和终端移动性。窄带 CDMA 也称 IS-95 等，具有容量大、覆盖好、话音质量好、辐射小等优点。

3.4.1　第三代移动通信系统简介

第三代移动通信 IMT-2000（国际移动通信-2000）工作在 2000MHz 频段，最高业务速率可达 2000kb/s。它具有支持多媒体业务的能力，特别是支持 Internet 业务的能力。现有的移动通信系统主要以提供话音业务为主，随着发展一般也仅能提供 100～200kb/s 的数据业务，如 GSM 演进到最高阶段的速率能力为 384kb/s，而第三代移动通信的业务能力比第二代有明显的改进，它能支持话音分组数据及多媒体业务，能根据需要提供所需带宽。在 ITU 规定的第三代移动通信无线传输技术的最低要求中，必须满足以下三种环境的要求，即快速移动环境，最高速率达 144kb/s；室外到室内或步行环境，最高速率达 384kb/s；室内环境，最高速率达 2Mb/s。

1. 第三代移动通信的主要技术

第三代移动通信（IMT-2000）分为 CDMA 和 TDMA 两大类共五种技术，这里主要简述以下两种 CDMA 技术，即 IMT-2000 CDMA-DS（IMT-2000 直接扩频 CDMA）和 IMT-2000 CDMA-MC（IMT-2000 多载波 CDMA）。

1）IMT-2000 CDMA-DS

IMT-2000 直接扩频 CDMA 即 WCDMA，它在一个宽达 5MHz 的频带内直接对信号进行扩频。WCDMA 分为 FDD（frequency division duplexing，频分双工）和 TDD（time division duplexing，时分双工）方式两种。在 FDD 方式下，WCDMA 的码片速率为 4.096Mchip/s，能与 GSM 同时使用一个时钟，实现 WCDMA 和 GSM 双模手机。另外，使用这个速率容易实现 2Mb/s 的数据速率。WCDMA 的每个载波能放入 5MHz 的频谱带宽。如果有 15MHz 的频带，则可支持 3 个载波。为保证与其他载波间有 200kHz 以上的间隔，15MHz 内的 3 个载波间隔可在 4.2～5.0MHz 间变动。下行信道是双数据信道结构，双信道二相相移键控（B/SK）调制是 WCDMA 的重要特征之一。一路为余弦信号调制，相当于四相相移键控（quadrature phase shift keying，QPSK）调制的 I 路，是专用的物理数据信道（dedicated physical data channel，DPDCH），用于传送信息业务数据；另一路为正弦信号调制，相当于 QPSK 调制的 Q 路，是专用的物理控制信道（dedicated physical control channel，DPCCH），用于传送公共控制命令。

WCDMA 的越区切换方法也很具特色，它采用移动台发起的非同步软切换方法，基站之间不需要同步，也不需要特别的同步参考源。为实现软切换，基站要确定在什么时间、什么位置启动软切换算法。一个 WCDMA 的移动台在同一频率检测其他基站（包括本基站）的信号，确认它们之间的时间差。检测到的时间信息经由本基站到达新的候选基站，候选基站调整它的新的专用信道的发射时间，也就是在发送信息的时间上进行调整，使不同基站在这个信息比特期间的下行码道上同步。TDD 方式下扩频增益是不变的，可使用多码传输实现高速数据通信。它的最大特点是在上行链路的多用户联合检测技术，这项技术使得在同一时隙同时工作的扩频码被联合检测方法分离开，即使彼此功率有几分贝之差。这正好弥补了在 TDD 方式中信号功率不宜高精密控制的不足;同时还使用了智能动态信道分配法,该方法把信道动态分配与快速小区内切换结合起来了。

2) IMT-2000 CDMA-MC

IMT-2000 多载波 CDMA 即 CDMA 2000。这是美国提出的技术,是由多个 1.25MHz 的窄带直接扩频系统组成的一个宽带系统。

CDMA 2000 是在原 IS-95 标准的基础上进一步改进上行链路,增设导频信号实现基站的相干接收的。上行链路在极低速率(低于 8kb/s)传输时,不再使用突发方法而采用连续信号发射。下行链路也使用与上行链路相同的功率控制。高速数据传输时,使用 Turbo 纠错编码,下行发射也采用分集方式,支持先进的天线技术和波束成形技术等。CDMA 2000 采用不同射频信道带宽,可实现从 1.2kb/s 到 2Mb/s 甚至更高速率的信息数据传输,建议的射频带宽是基本信道带宽 1.25MHz 加上保护频间间隔 1.7MHz,3 个基本信道合用为 3.75MHz,加上保护频间间隔后为 5MHz。当然,还可以增加为使用 6 个、9 个、12 个基本信道。

CDMA 2000 为支持传送不同速率的信息业务,在系统协议的第 2 层增添了媒体控制层(MAC)。WCDMA 与此相似,为支持 MAC 的运行,在物理层增加了专用控制信道(dedicated control channel,DCCH)和公共控制信道,并使用可变的信包数据帧方法,帧长为 5ms 和 20ms。这种链路设计的最大优点是与 CDMA One 的 IS-95 标准兼容,带宽与 IS-95 相同,多载波信道信号与 IS-95 的信号正交,因此,CDMA 2000 可与 IS-95 共存。同时,CDMA 2000 保留了与 IS-95 相同的导频信道、同频信道和寻呼信道,使它的基站能向下兼容,提供 IS-95 的通信服务。CDMA 2000 的上行链路设有连续的导频信号,提供反相信号的相干检测,能在低信噪比下工作,降低功率控制环路的时延,并使功率控制、定时和相位跟踪与传输速率无关。语音和低速率数据使用卷积码,而高速数据准备使用 Turbo 码。

2. 第三代移动通信的关键技术

1) 高效信道编译码技术

第三代移动通信的另外一项核心技术是信道编译码技术。在第三代移动通信系统的主要提案中(包括 WCDMA 和 CDMA 2000 等),除采用与 IS-95 CDMA 系统相类似的卷积编码技术和交织技术之外,还建议采用 Turbo 编码技术及 RS-卷积级联码技术。

2) 智能天线技术

随着社会信息交流需求的急剧增加、个人移动通信的迅速普及,频谱已成为越来越宝贵的资源。智能天线采用空分复用(space division multiple access,SDMA),利用在信号传播方向上的差别,将同频率、同时隙的信号区分开来。它可以成倍地扩展通信容量,并和其他复用技术相结合,最大限度地利用有限的频谱资源。另外在移动通信中,复杂的地形、建筑物结构对电波传播的影响以及大量用户间的相互影响会产生时延扩散、瑞利衰落、多径、共信道干扰等,使通信质量受到严重影响。采用智能天线可以有效解决这个问题。

智能天线也叫自适应阵列天线,由天线阵、波束形成网络、波束形成算法三部分组成。它通过满足某种准则的算法去调节各阵元信号的加权幅度和相位,从而调节天线阵列的方向图形状,达到增强所需信号、抑制干扰信号的目的。智能天线技术适宜于 TDD 方式的 CDMA 系统,能够在较大程度上抑制多用户干扰,提高系统容量。但是由于存在多径效应,每个天线均需一个 Rake 接收机，使基带处理单元复杂度明显提高。

3）初始同步与 Rake 多径分集接收技术

CDMA 通信系统接收机的初始同步包括 PN 码同步、符号同步、帧同步和扰码同步等。CDMA 2000 系统采用与 IS-95 系统相类似的初始同步技术，即通过对导频信道的捕获建立 PN 码同步和符号同步，通过同步（Sync）信道的接收建立帧同步和扰码同步。WCDMA 系统的初始同步则需要通过"三步捕获法"进行，即通过对基本同步信道的捕获建立 PN 码同步和符号同步；通过对辅助同步信道不同扩频码的非相干接收确定扰码组号等，再通过对可能的扰码进行穷举搜索建立扰码同步。

Rake 多径分集接收技术克服了电波传播所造成的多径衰落现象。在 CDMA 移动通信系统中，由于信号带宽较宽，因而在时间上可以分辨出较细微的多径信号。对分辨出的多径信号分别进行加权调整，可使合成之后的信号得以增强。

4）多用户检测技术

在传统的 CDMA 接收机中，各个用户的接收是相互独立进行的。在多径衰落环境下，由于各个用户之间所用的扩频码通常难以保持正交，因而造成多个用户之间的相互干扰，并限制系统容量的提高。解决此问题的一个有效方法是使用多用户检测技术，通过测量各个用户扩频码之间的非正交性，用矩阵求逆方法或迭代方法消除多用户之间的相互干扰。

从理论上讲，使用多用户检测技术能够在很大程度上改善系统容量，但算法的复杂度较高，把复杂度降低到可接受的程度是多用户检测技术能否应用的关键。

5）功率控制技术

常见的 CDMA 功率控制技术可分为开环功率控制、闭环功率控制和外环功率控制三种类型。在 CDMA 系统中，由于用户共用相同的频带，且各用户的扩频码之间存在着非理想的相关特性，用户发射功率的大小将直接影响系统的总容量，从而使得功率控制技术成为 CDMA 系统中最为重要的核心技术之一。

3.4.2　第三代移动通信系统安全分析

3G 系统建立在第二代移动通信系统基础之上，2G 系统中必不可少的和行之有效的安全方法在 3G 系统中继续被采纳，2G 系统中存在的安全缺陷在 3G 系统中则被抛弃或改进。3G 移动通信系统的安全网络图如图 3.6 所示。

3G 系统为我们提供了一个全新的业务环境，除了对传统的话音与数据业务的支持外，还支持分布式业务与交互式业务。在这种环境下，3G 系统的业务呈现出新的特征，同时也要求系统提供与之相应的安全特性。

上述新业务特征和安全特性主要包括：由于需同时对不同的 SP（service provider，服务提供商）提供不同业务的并发支持以及多种新业务，3G 系统的安全特征需要综合考虑多业务条件下被攻击的可能性；3G 系统可以为固定接入提供更优越的服务，使用对方付费方式和预付款方式的用户可能会大大增加；终端的应用能力和用户的服务控制得到显著提升；对于可能出现的主动攻击，3G 系统中用户须具备相应的抗击能力；对非话音业务的需求可能超过话音业务，系统需具备更高的安全性；终端可能成为其他应用或移动商务的平台，可以支持多种智能卡的应用等。

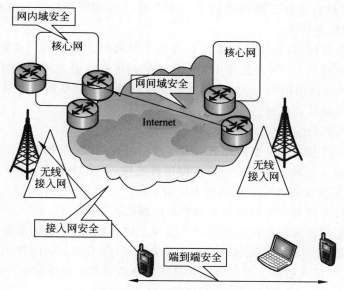

图 3.6　3G 移动通信系统的安全网络图

1．3G 系统安全体系结构

3G 系统安全体系结构如图 3.7 所示,该结构中共定义了 3 个不同层面上的 5 组安全特性。每一组安全特性都针对特定的威胁,并可以完成特定的安全目标。

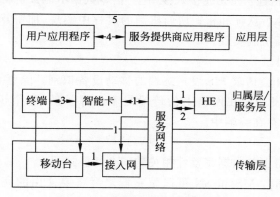

图 3.7　3G 系统安全体系结构图

三个层面由高到低分别是应用层、归属层/服务层和传输层,五组安全特性所包含的具体内容如下。

1）网络接入安全

网络接入安全主要是指提供接入 3G 服务网的安全机制,抵御对无线链路的攻击。空中接口的安全性是最重要的,因为无线链路最容易遭到攻击。这部分的功能主要有实体认证、用户识别机密性、机密性、移动设备识别和数据完整性。

（1）实体认证。

实体认证相关的安全特征有用户认证和网络认证。用户认证：服务网验证用户的身份;网络认证:用户验证自己被连接到了一个由自己的 HE 授权并为其提供服务的服务网,并保证此次授权是新的。

为了实现这些目标,假设实体认证应该在用户和网络之间的每一个连接建立时出现。实体认证包含两种机制:一种是使用由用户移动终端传递给服务网 SN 的认证向量进行认证的机制;另一种是使用用户和 SN 之间在早先执行的认证和密钥建立过程期间已经建立的完整性密钥的本地认证机制。

(2) 用户识别机密性。

用户识别机密性相关的安全特征有:用户身份机密性,即业务传递到用户的永久用户识别不能在无线接入链路上被窃听;用户位置机密性,即用户在某个特定区域内出现或到达的位置不能在无线接入链路上被窃听被获取;用户的不可追溯性,即入侵者不能在无线接入链路上通过窃听判断出不同的业务是否被传递到相同的用户。

一般可通过使用临时识别符识别用户来实现上述目标,被拜访的服务网络通过这个临时识别符来识别用户。为了实现用户的不可追溯性,用户不能长时间使用同样的临时识别符,这就要求在无线接入链路上对任何可能暴露用户识别符的信令和用户数据都进行加密。

(3) 机密性。

与网络接入链路上的数据机密性相关的安全特征如下。

- 加密算法协商:MS 和 SN 能够安全地协商它们之间将要使用的算法。
- 加密密钥协商:MS 和 SN 能就它们随后使用的加密密钥达成一致。
- 用户数据的机密性:在无线接入接口上,用户数据不能被窃听。
- 信令数据的机密性:在无线接入接口上,信令数据不能被窃听。

加密密钥协商在执行认证和密钥协商机制的过程中实现,加密算法协商通过用户和网络之间的安全模式协商机制实现。

(4) 移动设备识别。

在某些情况下,SN 会请求 MS 发送终端的移动设备识别。除紧急呼叫外,移动设备识别应在 SN 的认证后发送。在网络上的传输是不受保护的,这个识别是不安全的,所以 IMEI 应当被安全地保存在终端中。

(5) 数据完整性。

与接入链路的网络上的数据完整性相关的安全特征如下。

- 完整性算法协商:MS 和 SN 可以就它们之后将要使用的完整性算法进行安全地协商。
- 完整性密钥协商:MS 和 SN 可以就它们之后将要使用的完整性密钥进行安全地协商并达成一致。

数据完整性和信令数据的信源认证是指接收实体(MS/SN)能够查证信令数据从发送实体发出之后没有被某种未授权方式修改,且与所接收的信令数据的数据源一致。

完整性密钥协商在认证和密钥协商机制的执行过程中实现,完整性算法协商使用用户和网络之间的安全模式下的协商机制实现,其中认证和密钥分配是建立在 HE/AuC 和 USIM 共享秘密信息基础上的相互认证。

2) 网络域安全

网络域安全定义了在运营商节点间数据传输的安全特性,保证网内信令的安全传送并抵御对核心网部分的攻击。网络域安全包括以下三个层次。

第一层(密钥建立):非对称密钥对由密钥管理中心生成并进行存储;保存其他网络所生成的公开密钥;对用于加密信息的对称会话密钥进行产生、存储与分配;接收并分配来自其他网络的对称会话密钥,用于加密信息。

第二层(密钥分配):将会话密钥分配给网络中的节点。

第三层(通信安全):使用对称密钥来实现数据加密、数据源认证和数据完整性保护。

网络域的安全在 GSM 中没有提及,信令和数据在 GSM 网络实体之间是通过明文方式传输的。网络实体之间的交换信息是不受保护的,它们之间主要通过有线网络互联。依据 3G 系统的安全特性和安全要求,应该对现有有线网络的安全性进行增强,所以在 3G 系统中对网络实体之间的通信进行安全性保护。

在 3G 系统中,不同运营商之间通常是互联的。为了实现安全性保护,通常需要对安全域进行一定的划分。一般来说同一个运营商的网络实体统属一个安全域,不同的运营商之间的网络实体应设置安全网关(security gateway,SEG)。

SEG 是用于保护本地基于 IP 的协议以及处理 Za 和 Zb 接口上的通信的、位于 IP 安全域边界上的实体,进入或离开安全域之前,所有的 NDS/IP 业务都要穿过边界实体 SEG。每个安全域可能会涵盖一个或多个 SEG,每个 SEG 负责处理所有进/出安全域的、朝向明确的、可到达的 IP 安全域的一组业务。一个安全域内的 SEG 的数量由外部可到达目的地、平衡业务负载和避免单点失败的需要来决定。SEG 应该对网络之间的互操作具有加强的安全方法,这些安全包括过滤策略和防火墙等功能。由于 SEG 负责的是安全敏感的操作,在物理上我们应当对其给予保护。

在 3G 系统中,网络域之间的通信绝大部分都是基于 IP 方式的。因此网络域的安全中,IP 网络层的安全是非常重要的一方面。IPSec 方式是网络层安全的主要实现方式,3G 系统中所使用的 IPSec 是修订后的 IETF(Internet engineering task force,Internet 工作任务组)所定义的标准 IPSec,对移动通信网络的特点具有针对性。IPSec 的使用可以用来实现网络实体间的认证,保护所传送数据的完整性、机密性以及对抗重放攻击。

3) 用户域安全

用户域安全是指安全接入移动站的安全特性,主要保证对移动台的安全接入,包括用户与 USIM 智能卡间的认证、USIM 智能卡与终端间的认证以及链路的保护。

用户到 USIM 的认证是指用户接入 USIM 前必须经 USIM 认证,确保接入到 USIM 的用户为合法用户。该特征的性质是接入 USIM 是受限制的,直到 USIM 认证了用户为止,因此可确保接入 USIM 限制于一个授权用户或一些授权用户。为了实现该特征,用户和 USIM 必须共享安全存储在 USIM 中的秘密数据(例如 PIN)。只有用户证明知道该秘密数据,它才能接入 USIM。

USIM 到终端的连接是指确保只有授权的 USIM 才能接入到终端或其他用户环境。最终,USIM 和终端必须共享安全存储在 USIM 和终端中的秘密密钥。如果 USIM 未能证明它知道该秘密密钥,它将被拒绝接入终端。

4) 应用域安全

应用域安全是指用户应用程序与运营商应用程序安全交换数据的安全特性。USIM 应用程序为操作员或第三方营运商提供了创建驻留应用程序的能力,这就需要确保通过网络向 USIM 应用程序传输信息的安全性,其安全级别可由网络操作员或应用程序提供商根据需要选择。

在 USIM 和网络间的安全通信是指 USIM 应用工具包将为运营商或第三方提供者提供创建应用的能力,这些应用驻留在 USIM 上,类似于 GSM 中的 SIM 应用工具包。该功能需要用网络运营商或应用提供者选择的安全等级在网络上安全地将消息传递给 USIM 上的应用。

应用的安全性总是涉及用户终端的 USIM 卡,需要其支持来提供应用层的安全性。随着应用工具的发展,各种各样的应用业务将会出现。

5) 安全特性的可视性及可配置能力

安全特性的可视性及可配置能力是指用户能够得知操作中是否安全,以及对安全程度自行配置的安全特性,即用户能获知安全特性是否在使用以及服务提供商提供的服务是否需要以安全服务为基础。

虽然安全特征一般对用户是透明的,但对某些事件以及用户所关心的问题,应该提供更多安全特征的用户可视性,用以通知用户与安全相关的事件。

2. 3G 系统的安全功能结构

3G 系统的安全功能结构如图 3.8 所示。

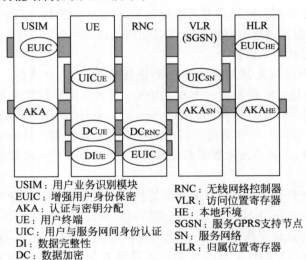

USIM:用户业务识别模块　　　　RNC:无线网络控制器
EUIC:增强用户身份保密　　　　VLR:访问位置寄存器
AKA:认证与密钥分配　　　　　HE:本地环境
UE:用户终端　　　　　　　　SGSN:服务GPRS支持节点
UIC:用户与服务网间身份认证　　SN:服务网络
DI:数据完整性　　　　　　　HLR:归属位置寄存器
DC:数据加密

图 3.8　3G 系统的安全功能结构图

图 3.8 中竖条表示 3G 系统安全结构中包括的网络单元。

(1) 用户域:包括 USIM(用户服务识别模块)和 UE(用户设备)。

(2) 服务域(SN):包括 RNC(无线网络控制器)和 VLR(访问位置寄存器)。

(3) 归属环境(HE):包括 HLR/AuC(归属位置寄存器/认证中心)。

水平线表示安全机制,安全措施分为如下 5 类。

(1) 增强用户身份保密(EUIC):通过 HE/AuC(本地环境/认证中心)对 USIM(用户业务识别模块)身份信息进行认证。

(2) 用户与服务网间的身份认证(UIC)。

（3）认证与密钥分配（AKA）：用于 USIM、VLR/SGSN（访问位置寄存器/服务 GPRS 支持节点）HLR（归属位置寄存器）间的双向认证及密钥分配。

（4）数据加密：UE（用户终端）与 RNC（无线网络控制器）间信息的加密。

（5）数据完整性：用于对交互消息的完整性、时效性及源与目的地进行认证。

3．3G 系统的安全问题

1）3G 系统面临的威胁

3G 系统的安全所面临的威胁大致可以分为如下几种。

（1）非法获取敏感数据，攻击系统的保密信息，主要方式如下。

① 伪装：攻击者伪装成合法身份，使用户或网络相信其身份是合法的，以此窃取系统的信息。

② 窃听：攻击者未经允许非法窃听通信链路用以获取信息。

③ 业务分析：攻击者通过分析链路上信息的内容和特点，来判断用户所处位置或获取正在进行的重要交易的信息。

④ 泄露：攻击者以合法身份接入进程用以获取敏感信息。

⑤ 浏览：攻击者搜索敏感信息所处的存储位置。

⑥ 试探：攻击者发送信号给系统以观察系统会做出何种反应。

（2）非法访问服务，主要方式有：攻击者伪造成用户实体或网络实体，非法访问系统服务；通过滥用访问权利网络或用户非法得到未授权的服务。

（3）非法操作敏感数据，攻击信息的完整性，主要方式有攻击者有意篡改、插入、重放或删除信息。

（4）滥用或干扰网络服务而导致的系统服务质量的降低或拒绝服务，包括如下内容。

① 资源耗尽：服务网络或用户利用特权非法获取未授权信息。

② 服务滥用：攻击者通过滥用某些特定的系统服务获取好处，或导致系统崩溃。

③ 干扰：攻击者通过阻塞用户控制数据、信令或业务使合法用户无法正常使用网络资源。

④ 误用权限：服务网络或用户通过越权使用权限以获取信息或业务。

⑤ 拒绝：网络或用户拒绝做出响应。

（5）否认，包括网络或用户对曾经发生的动作表示否认。

2）针对 3G 系统的攻击

针对 3G 的攻击方法主要包含针对系统核心网络的攻击、针对系统无线接口的攻击和针对终端的攻击三种方式。

针对系统核心网络的攻击包括如下内容。

（1）非法获取数据：指入侵者进入服务网内窃听用户数据、信令数据和控制数据，未经授权访问存储在系统网络单元内的数据，甚至进行主动或被动流量分析。

（2）数据完整性攻击：指入侵者修改、插入、删除或重放用户控制数据、信令或业务数据，或假冒通信的某一方修改通信数据，或修改网络单元内存储的数据。

（3）拒绝服务攻击：指入侵者通过干扰在物理上或协议上的控制数据、信令数据或用户数据在网络中的正确传输，来实现网络中的拒绝服务攻击；或通过假冒某一网络单元来阻止合法用户的业务数据、信令数据或控制数据,使得合法用户无法接受正常的网络服务。

(4) 否定:指入侵者冒充用户否认业务费用、数据来源或接收到的其他用户的数据;或冒充网络单元否认发出信令或控制数据,否认收到其他网络单元发出的信令或控制数据。

(5) 非法访问未授权业务:指入侵者模仿合法用户使用网络服务,或假冒服务网以利用合法用户的接入尝试获得网络服务,抑或假冒归属网以获取使他能够假冒某一方用户所需的信息。

针对 3G 系统无线接口的攻击方法主要包括如下内容。

(1) 非法获取非授权数据:指入侵者窃听无线链路上的用户数据、信令数据和控制数据,甚至被动或主动进行流量分析。

(2) 对数据完整性的攻击:指入侵者修改、插入、重放或者删除无线链路上合法用户的数据和信令数据。

(3) 拒绝服务攻击:指入侵者通过在物理上或协议上干扰用户数据、信令数据或控制数据在无线链路上的正确传输,来实现无线链路上的拒绝服务攻击。

(4) 非法访问业务的攻击:指攻击者伪装成其他合法用户身份非法访问网络,或切入用户与网络之间进行中间攻击。

(5) 捕获用户身份攻击:指攻击者伪装成服务网络,对目标用户发出身份请求,从而捕获用户明文形式的永久身份信息。

(6) 压制目标用户与攻击者之间的加密流程,使之失效。

针对终端的攻击主要是攻击 USIM 和终端,包括:使用借来的或偷窃的 USIM 或终端;篡改 USIM 或终端中的数据;窃听 USIM 或终端间的通信;伪装身份以截取 USIM 或终端间交互的信息;非法获取 USIM 或终端中存储的数据。与终端安全相关的威胁包括如下内容。

(1) 攻击者利用窃取的终端设备访问系统资源。

(2) 对系统内部工作有足够了解的攻击者可能获取更多的访问权限。

(3) 攻击者利用借来的终端超出允许的范围访问系统。

(4) 通过修改、插入或删除终端中的数据来破坏终端数据的完整性。

(5) 通过修改、插入或删除 USIM 卡中的数据来破坏 USIM 卡数据。

3.5　第四代移动通信系统安全

第四代移动通信技术(the fourth generation of mobile phone mobile communication technology standards,4G)是第三代移动通信系统的延伸,是一种用来替代 3G 蜂窝的无线蜂窝系统,在业务、功能、频带上都不同于第三代系统。

4G 通信技术具备向下相容、全球漫游、网络互联、多元终端应用等,并能从 3G 通信技术平稳过渡至 4G。4G 网络应用包括移动视频直播、移动/便携游戏、基于云计算的应用、导航等领域。

3.5.1　第四代移动通信系统简介

4G 可称为宽带接入和分布网络,具有非对称的超过 2Mb/s 的数据传输能力,包括宽带无线固定接入、宽带无线局域网、移动宽带系统和交互式广播网络。它可以在不同的固定、无线平台和跨越不同频带的网络中提供无线服务,可以在任何地方用宽带接入互联网(包括卫星通信和平流层通信),能够提供定位定时、数据采集、远程控制等综合功能。此外,第四代移动通信系统是集成多功能的宽带移动通信系统,是宽带接入 IP 系统。

1. 4G 的技术特点

(1) 高速率。对于大范围高速移动用户(250km/h),传输数据为 2Mb/s;对于中速移动用户(60km/h),数据速率为 20Mb/s;对于低速移动用户(室内或步行者),数据传输速率为 100Mb/s。

(2) 技术发展以数字宽带技术为主。在 4G 移动通信系统中,信号以毫米波为主要传输波段,蜂窝小区也会相应小很多,很大程度上提高了用户容量。

(3) 良好的兼容性,其中包括了对用户类型的兼容和对业务类型的兼容。针对不同类型的用户,4G 移动通信系统能根据动态的网络和变化的信道条件进行自适应处理,使低速的用户与高速的用户以及各种各样的用户设备能够共存与互通,从而满足系统多类型用户的需求。除此之外,4G 移动通信系统还支持丰富的移动业务,其中包括高清晰度图像业务、会议电视、虚拟现实等,使用户在任何地方都可以获得任何所需的信息服务,将个人通信、信息系统、广播和娱乐等行业结合成一个整体,更加安全方便地向用户提供更广泛的服务与应用。

(4) 先进技术的应用。4G 移动通信系统以几项突破性技术为基础,如 OFDM 多址接入方式、智能天线和空时编码技术、无线链路增强技术、软件无线电技术、高效的调制解调技术、高性能的收发信机和多用户检测技术等,这些大幅提高了无线频率的使用效率和系统可实现性。

(5) 高度自组织、自适应的网络。4G 移动通信系统是一个完全自治、自适应的网络,具有较强的灵活性、智能性和适应性,能够自适应地进行资源分配,对通信过程中不断变化的业务流的大小进行相应处理,拥有对结构的自我管理能力,以满足用户在业务和容量方面不断变化的需求。

(6) 开放的平台。4G 移动通信系统在移动终端、业务节点及移动网络机制上具有"开放性",用户能够自由地选择协议、应用和网络;利用无线接入技术提供语音、高速信息业务、广播以及娱乐等多媒体业务接入方式,让用户可在任何时间、任何地点接入到系统中。

2. 4G 网络的关键技术

1) OFDMA 技术

正交频分多址(orthogonal frequency division multiple access,OFDMA),是 OFDM 技术的演进,是将 OFDM 和 FDMA 技术结合,利用 OFDM 对信道进行子载波化后,在部分子载波上加载传输数据的传输技术。OFDMA 多址接入系统将传输带宽划分成正交的互不重叠的一系列子载波集,将不同的子载波集分配给不同的用户实现多址,可动态地把可用宽带资源分配给需要的用户,很容易实现系统资源的优化利用。OFDMA 又分为子信道 OFDMA 和跳频 OFDMA。

（1）子信道 OFDMA。

将整个 OFDM 系统的带宽分成若干子信道，每个子信道包括若干子载波，分配给每一个用户（也可一个用户占用多个子信道），如图 3.9 所示。这种分配方式相对固定，即某个用户在相当长的时长内将使用指定的子载波组。OFDM 子载波可以按照两种方式组合子信道：集中式和分布式。集中式可以降低信道估计的难度，但这种方式获得的频率分集增益较小，用户平均性能略差；分布式获得的频率分集增益较大，但是信道估计复杂，无法采用频域调度，抗频偏能力也较差。

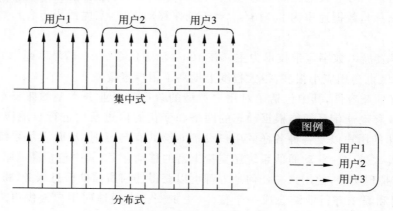

图 3.9　子信道 OFDMA 的组合模式

（2）跳频 OFDMA。

在跳频 OFDMA 系统中，分配给一个用户的子载波资源快速变化。每个时隙，此用户在所有子载波中抽取若干子载波使用；同一时隙中，各用户选用不同的子载波组，如图 3.10所示。不同的是，这种子载波的选择通常不依赖信道条件而定，而是随机抽取的。在下一个时隙，无论信道是否发生变化，各用户都跳到另一组子载波发送，但用户使用的子载波仍不冲突。这种方式的周期比子信道 OFDMA 的调度周期短得多，并且可以利用频域分集增益。使用的子载波可能冲突，但快速跳频机制可以将这些干扰在时域和频域分散开来，即可将干扰白化为噪声，大大降低干扰的危害，适用于负载不是很多的系统。

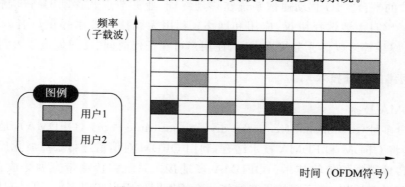

图 3.10　跳频 OFDMA 的组合模式

2）软件无线电技术

软件定义无线电（software defined radio，SDR）是一种无线电广播通信技术，它基于软件定义的无线通信协议而非通过硬连线实现。频带、空中接口协议和功能可通过软件下载和更新来升级,而不用完全更换硬件。其核心技术包括:多频段、多波束无线与宽带 RF 信号处理、宽带 A/D 变换、高速数字信号处理。软件无线电还采用了硬件平台与软件平台结合的全新体系结构,通过硬件平台来对软件进行编程和管理来实现通信功能。软件无线电的主要特点是具有很强的灵活性和开放性。

3) 智能天线技术

智能天线(smart antenna,SA)也叫自适应阵列天线,它由天线阵、波束形成网络、波束形成算法三部分组成。它通过满足某种准则的算法去调节各阵元信号的加权幅度和相位,从而调节天线阵列的方向图形状,以达到增强所需信号、抑制干扰信号的目的。

4) MIMO 技术

多入多出系统(multiple-input multiple-output,MIMO)是指同时在发射端和接收端使用多个天线的通信系统。MIMO 可在不增加带宽的情况下成倍地提高通信系统的容量和频谱利用率,同时其空间分集可显著改善无线信道的性能,提高无线系统的容量及覆盖范围。

3.5.2 第四代移动通信系统安全分析

在 LTE 时代,国际标准化组织为 4G 网络打造了比现有 3G、2G 网络和固定互联网更可靠、鲁棒性更高的安全机制。TD-LTE 网络安全沿用 3G 网络的用户身份保护机制、双向身份认证和鉴权密钥协商机制,并根据 TD-LTE 扁平化网络架构定义了新的安全特性:4G 网络安全包括接入层(access stratum,AS)安全和非接入层(non-access stratum,NAS)安全,使得无线空口和核心网络安全相互独立,从而提高了整个系统的安全性。

随着网络运营环境的不断复杂化、4G 网络的日益普及扩大化、无线网络本身的开放性特点以及网络攻击技术的不断高级和多样化,网络线路的安全性受到越来越严重的威胁。

1. 4G 网络系统的缺陷及存在的安全问题

(1) 4G 无线系统的网络层移动性管理和核心网的移动 IP 技术问题以及 4G 标准问题是 4G 网络系统投入使用的根本问题。网络层移动性往往关系到不同网络频段的漫游移动客户,这是 4G 移动性管理的关键问题。核心网的移动 IP 问题代表的是一种可升级的全球移动性的方案。

(2) 4G 通信系统缺乏定位和快速无缝切换的技术支持。因此,采用先进的网络结构系统和管理方案,使用高速有效地发送和切换协议,切实有效地解决数据对视和延迟问题是解决这个问题的根本。

(3) 无线网络容易受到干扰和攻击。除了局域网外,一般网络都处于开放的模式,因此给不法黑客提供了使用各种病毒软件威胁用户财产和人身安全的机会。

(4) 无线网络终端存在安全隐患。无线网络在实际的应用中是无法移动的,一旦被黑客窃取,便可传播各种低俗非法的言论和视频。

(5) 没有统一的标准约束。目前无线网络在全国范围内都可以进行移动通信,但是各个通信系统之间却经常出现不兼容的现象,这是因为没有统一的标准来约束,导致无法实现无缝衔接,从而给用户带来诸多麻烦。

(6) 4G 技术尚不成熟。4G 网络架构非常复杂,在实际应用中并没有那么容易实现在理论上数据传输比 3G 网络高出一个数量级。

(7) 容量有限。随着用户的增多,网络的容量有限性将限制网速,其中一个解决的办法是减少基站的覆盖半径,但是很难达到理论的速度。

2. 4G 网络安全防范措施和对策

(1) 建立透明公开的 4G 安全体系:建立一套独立于系统设备,能够独立完成数据加密的安全系统。

(2) 用户普及网络安全防范意识:移动通信网络应该面向广大用户普及网络安全意识,用户应该根据需要设置保密级别和安全参数。

(3) 移动网络与互联网网络兼容:设计并使用移动网络与互联网网络相兼容的安全防护措施,对网络入侵进行实时预防和监测,隔离和避免恶意攻击;同时,定期升级安全防护系统,以应对新的网络入侵。

(4) 应用新的密码技术:随着科学技术的不断进步,生物识别技术、量子密码技术以及椭圆曲线密码技术等高端的加密技术可以融入 4G 网络通信加密技术中来,加强了 4G 网络自身的抗攻击能力,从而保证了网络系统的安全性和可控性。

(5) 建立健全网络系统结构模式:建立适合未来网络通信系统的安全体系结构模式,保护用户的个人隐私和人身财产安全。

(6) 安装更强级别的防火墙:用户在使用无线网络以及下载文件的过程中,无可避免地会受到来自互联网的病毒的入侵,这时候就需要一道安全可靠的防火墙阻止恶意入侵,因此需要在 4G 网络中设置比 3G 网络更为强大、高级、可靠的防火墙来保证整个网络的安全。

3.6　第五代移动通信系统安全

5G 作为新一代无线移动通信网络,主要用于满足 2020 年以后的移动通信需求。在高速发展的移动互联网和不断增长的物联网业务需求的共同推动下,要求 5G 具备低成本、低能耗、安全可靠的特点,同时传输速率比 4G 提升 10~100 倍,峰值传输速率达到 10Gb/s,端到端时延达到 ms 级,连接设备密度增加 10~100 倍,流量密度提升 1000 倍,频谱效率比 4G 提升 5~10 倍,能够在 500km/h 的速度下保证用户体验。5G 使信息通信突破了时空限制,给用户带来了极佳的交互体验:极大地缩短了人与物之间的距离,并快速实现了人与万物的互通互联。

5G 网络支持虚拟现实、超清视频以及移动游戏等应用。随着物联网技术的广泛普及,智能电网、智慧城市、移动医疗、车载娱乐、运动健身等服务将广泛运用 5G 网络技术;在公共安全方面,如紧急语音通话、无人机远程监测、入侵监测、急救人员跟踪等场景,5G 通信系统需要具有零延迟、高可靠性的特点。

3.6.1 第五代移动通信系统简介

目前,5G技术已处于商用部署阶段,全世界70个国家已经有169个运营商发布了5G,算上正在投资5G的运营商,整体运营商数量已经超过400个。5G已经充分融入了人们的生活。

第五代移动通信网络基于如下关键技术实现了巨大突破。

1) 边缘计算技术

边缘计算是5G重要的应用技术之一。边缘计算是指在靠近物或数据源头的一侧,采用网络、计算、存储、应用核心能力为一体的开放平台,就近提供最近端服务。边缘计算可以为5G通信网络应用提供一个网络、计算、存储等多功能的平台,从而可以加快5G通信数据的处理速度。传统的无线网络在运行和计算时,需要将数据从基站传输到服务器进行加工处理和路由转发,数据处理时延较高。而边缘计算实现了无线数据存储的本地化,从而降低了数据处理时延,因此可以为车联网、工业控制提供技术支持。

2) 大规模MIMO技术

MIMO(multiple input multiple output,多进多出)技术在发射端和接收端分别使用多个发射天线和接收天线,使信号通过发射端与接收端的多个天线传送和接收,从而改善通信质量,在4G时代被广泛应用。而大规模MIMO技术在传统的MIMO技术基础上将8天线通道提升到了16通道、32通道和64通道,显著提升了5G网络的信息收发能力,降低了数据传输时延,从而满足车联网、工业控制网络的实时性和高可靠性。

此外,大规模MIMO技术拥有如下优点:拥有更精确的3D波束赋形,使用户始终处于小区区域内的最佳信号区域;此外其波束非常窄,可以大大减小用户间的干扰,因此可以同时传输不同用户的数据,从而提高数据吞吐量和网络容量。

3) 超密集组网技术

如今,随着5G商业部署的完善,对于流量通信的需求变得极高,为了满足这一点,超密集组网是关键技术。超密集组网是多层异构网络,物理上由不同频段、不同功率的宏基站和大量微基站组成;逻辑上由虚拟宏小区和大量微小区组成。而由于其多层异构的特点,在网络部署中的灵活度、信息速率、系统容量等方面相对于传统的单层蜂窝网络具有极大的优势,这些优势符合5G的万物互联的重要思想,满足包括智慧医疗、智能电网等典型物联网业务关于场景多样、业务量巨大的新需求。

4) 网络切片技术

随着差异化服务的需求越来越多,传统的硬交换路由器因其提前配置难以更改的缺点已不能满足需求,因此网络切片技术成为5G中至关重要的一项技术。网络切片就是把运营商的物理网络分成多个虚拟的逻辑网络,每个网络针对不同的应用场景适应不同的服务需求,通过合理的切片规划、切片部署、切片维护、切片优化来确保网络的移动性、安全性、低时延和可靠性。例如,对于移动宽带来说,其主要需求是更高的数据容量;而对于任务关键性物联网,超低时延和高可靠性是其所需。

第五代移动通信系统开启了物联网时代,截至目前已经完成了大规模的商业部署,在社会各个行业得到广泛应用,包括如下 6 个领域。

1) 政务与公共应用方面

随着第五代移动通信技术(5G)的广泛普及,5G 与云计算、物联网、大数据、人工智能等技术结合,大力发展智慧政务、智慧安防、智慧城市、智慧楼宇、智慧环保等领域,大大提升了远程政务服务能力,以及城市的安防反应速度和城市各方面管理水平。例如,广州南沙区 5G 电子政务中心目前提供材料高速上传、人脸识别、在线排队等业务,大大提高了人民群众的办事效率;雄安新区的 5G 智慧安防,采用基于 5G 网络的无人机、无人船、无人车等设备协调合作,实现海陆空全面一体化安防;千岛湖的 5G 智慧治水,借由 5G 网络并协同物联网、人工智能、大数据等技术,实现了水域科学治理的目标。

2) 工业方面

在传统模式下,制造商依靠有线技术连接应用,近年来也曾采用 WiFi、蓝牙和 WirelessHART 等无线技术,但是以上无线技术在带宽、可靠性和安全性方面存在局限。如今,随着 5G 网络的大规模部署,基于 5G 网络特性实现的远程设备操控能力使得制造业向着无线机器人云端控制这一方向迈出了历史性的一步,制造过程中的状态监控、环境监控等也变得越来越智能化,为制造业提供了一个高实时、高可移动性、高 QoS 保障的智能化产业链。例如,杭州汽轮动力集团有限公司的 5G 三维扫描建模检测系统,在传统的激光三维扫描建模系统基础上,使用 5G 技术将实时测量所得海量数据上传到云端,由云端服务器进行产品检测。对部件的检测时间从 2～3 天降低到 3～5 分钟,实现了生产力的巨大进步。

3) 农业方面

随着近年来人类社会的科技发展,农业的机械化一直处在演变之中,而随着 5G 技术的出现以及大规模普及,农业的发展渐渐转变为机械化、信息化、智慧化的跨越式融合发展。通过 5G 与相关尖端技术结合,使得农业生产过程中的流程监测、安全监控、病虫害监测等自动化、智能化。例如,淄博临淄区禾丰的 5G 智慧农场,通过 5G 网络以及人工智能等相关技术,实现农业生产自动化作业,包括无人驾驶的玉米播种机、旋耕机等,大大节省了人力物力,提高了生产力,创造了安全可靠、环保节能的农场作业。

4) 文体娱乐方面

目前,我国物质越趋丰富,精神需求渐渐加大,这也是保障人民身心健康的重要一环。5G 的一个重要商业用例就是固定无线接入(WTTx),即区别于固定线路,采用移动网络技术提供家庭互联网接入。基于这项技术提供的大带宽、8K 视频逐步上线。

5) 医疗方面

5G 网络为医院带来了远程诊断、远程手术、应急救援等智慧医疗应用,很好地解决了小城市和边远地区医疗资源不足、医疗水平较低的问题,并在应对紧急救援和突发事故以及病患难以挪动等特殊情况时提供了更多更好的选择,显著提升了医疗效率,极大地保护了人民的生命安全。早在 2019 年 7 月,北京协和医院就开展了 5G 远程眼科医疗会诊,并完成全球首例 5G 远程眼底靶向导航激光手术治疗。此次手术首次向全世界展示了 5G 网络低延时、大带宽的特点,为今后的远程诊断、远程手术等远程医疗做出了良好的示范。而基于 5G 的远程医疗技术,目前正在逐步覆盖全国各地。

6) 交通运输方面

5G 网络的实现以及商用部署,极大地推进了我们迈向 2035 年基本建成交通强国的目标。2019年,广州地铁的5G+智慧地铁示范项目正式启动,经过两年时间的运作,取得了非常不错的效果。通过分析地铁的运作模式以及其处于地下这一特殊的地理位置的情况,量身定制了5G专享网络,实现了智慧安检、高精度室内定位、高清视频监控、AI智能预警、AR辅助检修等功能,极佳地提升了客户的乘车体验,有效保障了客户的乘车安全,并显著节省了地铁运营的人力物力。

3.6.2　第五代移动通信系统安全分析

5G网络采用了新型组网方式,包括移动Ad Hoc网络、无定形小区、密集网络、异构网络融合及网络虚拟化等;多种无线和移动通信方式并存,D2D、M2M、WiFi、可见光、近场无线通信等新技术;移动业务层出不穷,移动数据流呈爆炸式增长,未来的移动终端也呈现多样化的趋势;用户周边的无线网络和终端设备显著增加,并且融合业务对网络资源的需求越来越大,因此异构无线网络及其终端之间协同为用户服务的业务提供方式势在必行。

随着5G核心技术研究的深入,未来5G网络构架主要走向两个趋势,一个是METIS(mobile and wireless communications enablers for the twenty-twenty information society),是一个由欧盟主导的5G关键技术研究项目,其目的在于保持欧洲在无线通信研究领域的领先地位;另一个是IMT-2020(5G)推进组,是由我国主导的5G技术研究和推进机构,目前已经集合了包括华为、中兴通信、大唐电信等众多国内信息和通信领域的顶级公司和研究机构。以下将选择IMT-2020(5G)推进组进行介绍,并对其安全性进行分析。

1. IMT-2020(5G)推进组的5G概念

IMT-2020(5G)推进组的5G概念由一个"标志性能力指标"和"一组关键技术"共同定义。"标志性能力指标"是指超高的用户体验速率(Gb/s级),而"一组关键技术"则包括大规模天线阵列、超密集组网、新型多址、全频谱接入和新型网络架构。IMT-2020(5G)推进组的5G概念强调用户之于网络速度的感受。

1) IMT-2020(5G)推进组的5G架构

IMT-2020(5G)推进组认为未来的5G是基于SDN、NFV和云计算技术的更加灵活、智能、高效和开放的网络系统,并通过使用三朵云(接入云、控制云和转发云)的架构来描述未来5G的结构,如图3.11所示。

接入云支持多种无线制式的接入,并分为融合集中式和分布式这两种无线接入网络架构,适应各种类型的回传链路,实现更灵活的组网部署和更高效的无线资源管理。控制云实现局部和全局的会话控制、移动性管理和服务质量保证功能,并构建面向业务的网络能力开放接口,从而满足业务的差异化需求并提升业务的部署效率。转发云则基于通用的硬件平台,在控制云高效的网络控制和资源调度下,实现海量业务数据流的高可靠、低时延、均负载的高效传输。

2. IMT-2020(5G)推进组的安全性分析

IMT-2020(5G)推进组的5G架构强调云计算、云存储等技术的运用,因此传统的云计算安全问题也应当被5G安全考虑。在5G控制云中,涉及安全访问规则的云端存储、迁移、访问等云存储安全问题;接入云涉及边缘计算、大数据分布式计算及处理等安全融合问题;

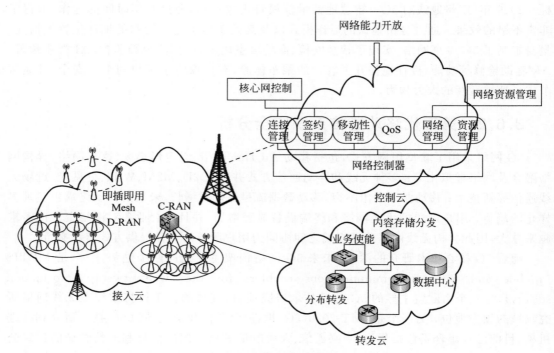

图 3.11 IMT-2020(5G)推进组的 5G 架构

转发云涉及分布式数据的私密性、完整性保密机制等安全问题都应当在 5G 环境中被进一步地讨论。

3.7 第六代移动通信安全

第六代移动通信技术(6G)是一个概念性无线网络移动通信技术,目前仍处于研发阶段,其主要促进的是物联网的发展,传输能力可能会相比 5G 提升 100 倍,同时网络延迟也可能从毫秒级降到微秒级。在峰值速率、时延、流量密度、连接数密度、移动性、频谱效率、定位能力等方面远优于 5G。

6G 网络将把卫星通信与地面无线相结合。在将来,借助 6G 的独特优势,网络信号将可以抵达世界上任意一个角落,实现全球全覆盖。一方面,这将有效解决某些偏远山区的孩子无学可上、病人无医可看的局面,让每个人都能平等地享受网络为人们生活带来的便利;另一方面,可以使与人们生活息息相关的"天气预报"进一步进化,帮助人们更加轻松地应对自然灾害,做到"不打无准备之仗"。

6G 相对于现在的 5G 网络来说,带来的将不仅是技术上的突破,在网络容量和传输速率上的进步将带来更为深远的影响,即距离智联万物这个"终极目标"的实现更进一步。

目前,实现第六代移动通信技术,要实现如下关键技术的突破。

(1) 太赫兹频段的频率相比 5G 的频率来说要高出许多倍,大概在 $100\text{GHz} \sim 10\text{THz}$。从 1G 的 0.9GHz 到 6G 的太赫兹频段,人们所使用的无线电磁波的频率不断提高。当无线电磁波的频率提高时,允许分配带宽的范围也会相应增加,因此传递数据的效率就会随之增加。

（2）在空间通信方面,太赫兹波可以作为高速宽带的通信载体。太赫兹波具有强大的穿透能力以及极强的方向性,因此适用于高宽带需求的卫星通信领域。但目前 6G 在太赫兹频段的应用上存在如何改善覆盖和减少干扰的难题。

（3）当无线电磁波的频率大于 10GHz 时,其主要的信号传播方式为反射和散射。此外,随着无线电磁波的频率升高,其传播时的损耗随之增加,覆盖范围随之减小,绕射能力随之降低,这些现象带来了网络信号覆盖上的问题。

目前,在第五代移动通信技术使用的大规模 MIMO 技术是解决以上技术难题的主要研究方向。

3.8 本章小结

本章从第二代移动通信系统开始,分别介绍了 GSM 系统、通用分组无线业务（GPRS）、UMTS、3G、4G、5G 的安全,最后简单介绍了 6G 概念和主要面临的挑战。

思考题

1. 如何保障 GSM 系统的安全保密性能？
2. 请简要介绍 GPRS 的安全防火墙技术。
3. 5G 应用包括哪些方面？
4. 简要介绍第三代移动通信的主要技术。

参 考 文 献

[1] 张方舟,叶润国,冯彦君,等.3G 接入技术中认证鉴权的安全性研究[J].微电子学与计算机,2004,21(9):33-37.
[2] 冯登国,徐静,兰晓.5G 移动通信网络安全研究[J].软件学报,2018,29(6):1813-1825.
[3] 陈航宇,毛久嶂.第三代移动通信系统安全技术解析[J].移动信息,2016,8(6):229-230.
[4] 高倩.GSM 移动通信系统概述[J].数字传媒研究,2015,32(7):42-46.
[5] 余海燕.第三代移动通信系统全网安全的研究与策略[D].青岛:中国海洋大学,2009.
[6] 赵国锋,陈婧,韩远兵,等.5G 移动通信网络关键技术综述[J].重庆邮电大学学报（自然科学版）,2015,27(4):441-452.

第4章

移动用户的安全和隐私

移动通信系统从最初的模拟系统发展到现在的第三代移动通信系统,移动用户一直都受到安全问题的困扰。无线信道开放和不稳定的物理特性,以及移动安全协议本身存在的诸多漏洞,使得移动通信系统更容易受到攻击。近年来,随着诸如短消息、WAP应用、GPRS业务等移动增值服务的迅速发展,这些数据业务比话音业务更容易受到来自安全方面的威胁。本章主要介绍现在移动系统中移动用户面临的主要安全和隐私问题。

4.1 移动用户面临的安全问题概述

当前社会,手机已经是一个无处不在的辅助工具,而且手机除了提供语音通话以及常用的短信功能之外,也经常可以连接到多种不同的网络中,使用各种各样的网络服务。无线电频率识别(radio frequency identification,RFID)也已进入我们的生活,在我们的日常应用中扮演越来越重要的角色。各种各样的电子数据设备在日常生活中越来越重要,它们不再像以前那样仅仅被某些社会的精英阶层所使用,而是已经走入寻常百姓家中,发展成为网络的一个重要部分。我们可以通过移动无线网络随时随地访问相应的网络资源或者网络服务。工程师在设计应用程序的时候,也会开始考虑无线网络的移动性等特点。根据这些设备和应用的发展趋势,我们有理由对移动无线网络的明天有更大的期望。

然而,智能手机和移动互联网的快速增长提供了一个更加开放的平台,同时也引发了各种安全隐患。为了解决多种安全问题,加密、虚拟专用网络、创建数字认证等方案被陆续提出,但这些不能解决我们面临的所有安全问题。在之前,也许是因为一些意外或者愚蠢的行为,当时允许计算机随意地进入一个网络环境中,而不需要过多的验证,导致了"冲击波"蠕虫病毒能顺利地穿越防火墙。最近发现了以PC的蠕虫病毒为蓝本的针对智能手机的蠕虫病毒。谁知道在这样一个资源丰富、功能强大的无线网络之中,还会发生什么令人不愉快的意外呢?

由于无线网络部署的增加,出现了一些有别于传统网络的新的安全挑战,如为了抵抗拒绝服务攻击,要求无线用户不能再使用和有线网络相同的控制接口;为了更好地抵抗安全威胁,需要设计适用于无线环境的安全机制。在无线环境下,用户隐私问题也会变得越来越重要。屡见不鲜的身份盗窃报道,说明隐私威胁已经渗透到了普通用户。

身份认证也是无线网络安全中一个极为重要的内容。用户在使用无线网络进行交互和通信的时候,有时候需要对对方的身份进行确认。由于无线网络的特殊性,我们无法直接面对面地确认用户的身份。在这种情况下,必须有一种方式可以使得用户能放心地进行交流。最为常见的情况就是用户在网上购物时,只有在确认卖家身份真实可靠的情况下才会进行付款。此时,需要一种健全的认证机制验证对方的合法身份。

本章主要针对移动用户的身份认证和位置隐私两大方面加以阐述。

4.2 实体认证机制

认证是指验证和确认通信方的身份,目的在于建立真实的通信,防止非法用户的接入和访问。认证可以分为数据源认证和实体认证。数据源认证是验证通信数据的来源。实体认证的目的在于证明用户、系统或应用所声明的身份,确保保密通信双方是彼此想要通信的实体,而不是攻击者。另外,为了保证后续通信的消息的机密性,认证通信需要双方进行会话密钥的协商,在实体间安全地分配后续通信的会话密钥,确认发送或接受消息的机密性、完整性和不可否认性。

在移动环境中,为保护通信双方的合法性和真实性,认证尤为重要,认证是其他安全策略的基础。传统的认证机制大部分基于静态的网络和封闭的系统,通常都有一个信任授权中心,系统中通信双方是假设事先登记注册的,认证是以用户身份为中心的。移动环境的开放性、跨域性、移动性使通信双方预先登记注册方式是不能工作的,而且用户身份可能是匿名的、经常变化的,因此无法预先定义安全链接,需要建立动态的认证机制。在移动环境下,隐私和安全是两个很重要但又相互矛盾的主体,服务提供者希望用户提供尽可能多的信息对其进行身份认证,但用户希望其身份信息尽可能得到保护,不希望提交一些敏感信息,也不希望被监听到他们所在的位置、所做的事情。

4.2.1 域内认证机制

一个典型的普适环境的域内应用框架如图4.1所示。该系统包含三个实体:服务使用者即移动用户(user:U)、服务提供者(service provider,SP)、后台认证服务器(authentication server,AS)。U 向 SP 提出服务请求,SP 需要对 U 进行认证;SP 转发对 U 的认证请求给AS,同时递交自己的认证信息;AS 对 SP 和 U 的认证通过后,双方进入密钥协商阶段,保证 U 和 SP 后续通信的机密性。

针对图4.1的应用场景,可以看出域内实体认证协议的目标如下。

(1) 匿名双向认证:移动用户和服务提供者在没有泄露自己真实身份信息的基础上,向彼此证明自己的合法性。

(2) 不可关联性:同一个用户与不同的服务提供者之间的多个通信会话没有任何关联性。也就是说,服务提供者和攻击者都不能把某个会话和某个用户关联上;服务提供者和攻击者都不能把两个不

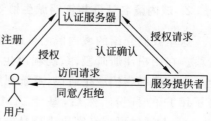

图 4.1 域内应用场景

同会话关联到同一个用户上。

(3) 安全密钥协商：用户和服务提供者之间协商建立起会话密钥,保证后续通信的机密性、完整性、不可否认性,抵抗重放攻击、在线和离线攻击。

(4) 上下文隐私：实现 MAC 地址隐藏,保证数据链路层的匿名通信,令攻击者无法确定通信双方的真实身份；无法对用户进行跟踪,保护用户上下文信息的隐私,能更好抵抗攻击者的被动攻击和 DoS 攻击。

(5) 轻量型：考虑普适设备的资源有限性,协议应该是轻量型的,计算量、存储量和通信量应该较小。

针对以上域内认证协议目标,我们先介绍 MAC 地址隐藏技术,以实现双方在数据链路层的匿名通信；之后详细介绍了一个域内认证协议,整个协议具有抗攻击性强、计算量小、处理速度快、带宽要求较低的优点,适合移动环境下资源有限的特点。

1. MAC 地址隐藏

MAC(media access control)地址也叫硬件地址或者网卡的物理地址,是在媒体接入层使用的地址。由 48b(6B)的十六进制的数字组成,烧录在网卡 EPROM 里。其中 0~23b 是生产厂家向 IEEE 申请的厂商地址,代表厂商号；24~47b 是由厂家分配的设备号,自行定义。在网络底层的物理传输过程中,通过物理地址来识别主机的身份。MAC 地址就如同人类的身份证号码,具有全球唯一性。通信双方的 MAC 地址填充在数据链路层帧头部信息里,作为数据链路层的寻址方式。无论对称加密还是非对称加密方式,只是对帧里封装的应用层数据进行加密,帧的头信息以明文形式进行传送。攻击者无法获得密钥时,不能解密应用层的数据,但 MAC 实名通信无法抵抗被动攻击。攻击者根据 MAC 帧的头信息,对用户进行跟踪,就可以快速掌握网络流量的实时状况、网内应用及不同业务在不同的时间段的使用情况。例如,攻击者对用户频繁访问的站点发起拒绝服务(DoS)攻击,从而破坏用户的正常通信。

MAC 地址的更换是无线网络中保护位置隐私的一个重要研究领域。用户或服务提供者注册后,注册服务器会给其分配一个随机的未被使用过的 MAC 地址作为初始地址。收到地址解析请求包时,服务器会用该 MAC 地址作为应答。双向认证通过后,通信双方在派生后续通信的会话密钥时,也会协商出后续通信用的 MAC 地址。因此,当一个用户与多个不同服务提供者同时通信时,该用户将同时采用多个不同的 MAC 地址,攻击者无法跟踪用户,掌握其通信状况。因此,MAC 地址的更换更好地保护了用户的位置隐私等上下文信息。

2. 域内匿名认证与密钥派生协议流程

这里我们介绍的域内匿名认证与密钥派生协议,包含注册阶段和匿名认证与密钥派生阶段。在用户注册阶段,系统利用生物加密算法生成生物密文,实现生物特征和密钥的绑定。在认证和密钥派生阶段,系统利用生物密文和用户的生物特征对密钥加以释放,从而验证了用户的身份。然后,基于 AMP(authentication and key agreement via memorable password,通过可记忆密码进行身份验证和密钥协商)协议派生了后续通信用的会话密钥和后续通信用的 MAC 地址。在整个认证和密钥派生阶段,用户均采用虚假 MAC 地址进行通信,实现了真正的数据链路层匿名机制。域内匿名认证与密钥派生协议描述中所用的参数如表 4.1 所示。

表 4.1 参数定义

符 号	意 义
ID_x	实体 X 的标识
$Bioscrypt_x$	实体 X 的生物密文
$face_x$	实体 X 的脸部特征向量
num_x	实体 X 注册时,认证服务器生成的对应整数
Key_x	实体 X 的生物密文对应的密钥
K_A , K_A^{-1}	实体 A 的公钥和私钥
$\{m\}K$	消息 m 被密钥 K 加密
$h()$	单向哈希函数
$rand_{x(n)}$	实体 X 第 n 次产生的随机数
G	椭圆曲线的基点
$X \rightarrow Y : \{m\}$	实体 X 给实体 Y 发消息 m

1) 注册阶段

注册阶段,认证服务器给用户生成如下信息。

(1) 对应的公钥和私钥对。

(2) 标识 ID_u。

(3) 使用生物加密算法,给每一个前来注册的移动用户生成生物密文 $Bioscrypt_u$。生物密文作为认证服务器颁发给用户的证书,不同证书可以对应不同的访问控制策略。认证服务器存储的是生成生物密文所用的密钥哈希值,不会出现生物模板泄漏的问题。生物特征隐私被保护的同时,又减轻了认证服务器的存储负担。

(4) 随机生成一个以前未必使用过 MAC 地址,作为首次通信的硬件地址。

当服务提供者由移动用户充当时,注册信息如上所述;当服务提供者由固定设备充当时,注册时获得如下信息。

(1) 对应的公钥和私钥对。

(2) 标识 ID_{SP}。

(3) 认证服务器将会给用户分配独一无二的随机数 num_{SP}。num_{SP} 由服务提供者安全保管,认证服务器存储 $h(num_{SP})$。

(4) 随机生成一个以前未必使用过 MAC 地址,作为首次通信的硬件地址。

2) 匿名认证与密钥派生阶段

该阶段可以细分为两个子阶段:双向匿名认证阶段和密钥派生阶段。步骤①～⑨描述了域内匿名认证和密钥派生协议的整个流程;步骤①～④属于匿名认证阶段,步骤⑤～⑨属于密钥派生阶段。在匿名认证阶段,生物加密算法保护了生物模板的隐私,在密钥派生阶段,基于 AMP 协议产生后续通信会话密钥,并在步骤⑧和⑨派生出后续通信的 MAC 地址,真正实现了数据链路层匿名。

（1）双向匿名认证。

当服务提供者不是由移动用户，而是由一些固定移动设备（如打印机）充当时，双向认证阶段流程如图 4.2 所示，具体步骤如下。

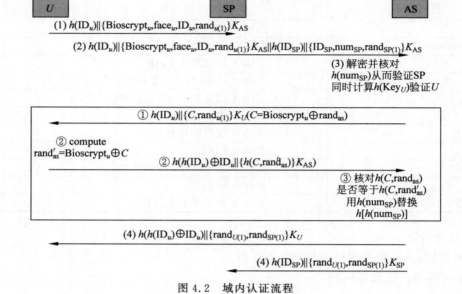

图 4.2　域内认证流程

① $U \rightarrow SP$：$h(ID_u) \parallel \{Bioscrypt_u, face_u, ID_u, rand_{u(1)}\} K_{AS}$。

② $SP \rightarrow AS$：$h(ID_u) \parallel \{Bioscrypt_u, face_u, ID_u, rand_{u(1)}\} K_{AS} \parallel h(ID_{SP}) \parallel \{ID_{SP}, num_{SP}, rand_{SP(1)}\} K_{AS}$。SP 在从①收到的消息之后附加自己的认证信息，转发给 AS。

③ 首先，AS 对消息 $\{ID_{SP}, num_{SP}, rand_{SP(1)}\} K_{AS}$ 解密得到 num_{SP}；根据 ID_{SP}，如果能找到匹配的 $h(num_{SP})$，则 SP 被 AS 证明是合法的；然后，AS 对消息 $\{Bioscrypt_u, face_u, ID_u, rand_{u(1)}\} K_{AS}$ 解密得到 $Bioscrypt_u$ 和 $face_u$，运用生物加密算法得到 Key'_u；如果 $h(Key'_u) = h(Key_u)$，则 U 被 AS 证明是合法的。

由于光照和姿势的不同，每次用户采样得到的脸部特征向量不尽相同，因此脸部识别精度无法达到 100%。当生物认证失败时，为了提高对移动用户认证的可靠性，进行如下三步措施进行补救：

第一，$AS \rightarrow U$：$h(ID_u) \parallel \{C, rand_{u(1)}\} K_U$，其中 $rand_{as}$ 为 AS 产生的随机数，$C = Bioscrypt_u \oplus rand_{as}$。

第二，如果 U 解密得到的 $rand_{u(1)}$ 正确，则证明 AS 合法。U 计算 $rand'_{as} = C \oplus Bioscrypt_u$，然后发送如下消息：$U \rightarrow AS$：$h[h(ID_u) \oplus ID_u] \parallel \{C, rand'_{as}\} K_{AS}$。

第三，AS 接收到上个步骤的消息，如果 $rand'_{as}$ 等于 $rand_{as}$，并且 $h(C, rand'_{as})$ 等于 $h(C, rand_{as})$，则 U 被证明是合法的。

④ 步骤①~③中，AS 完成了对 U 和 SP 合法身份的认证。为了抵抗重放攻击和拒绝服务攻击，AS 将 $h(num_{SP})$ 替换成 $h[h(num_{SP})]$；然后发送如下消息：$AS \rightarrow U$：$h[h(ID_u) \oplus ID_u] \parallel \{rand_{u(1)}, rand_{SP(1)}\} K_U$ 和 $AS \rightarrow SP$：$h(ID_{SP}) \parallel \{rand_{u(1)}, rand_{SP(1)}\} K_{SP}$。

在双向匿名认证过程中，AS 协助 SP 完成了对 U 的认证，减少了 SP 的工作负担。当

SP 由移动用户充当时,SP 需要提交生物特征等信息进行认证,AS 对 SP 的认证与上述流程中对 U 的认证方法相同。

(2)密钥派生。

U 和 SP 收到步骤④的信息后分别对随机数 $rand_{U(1)}$ 和 $rand_{SP(1)}$ 验证。若验证通过,则进入密钥派生阶段,处理流程如图 4.3 所示。

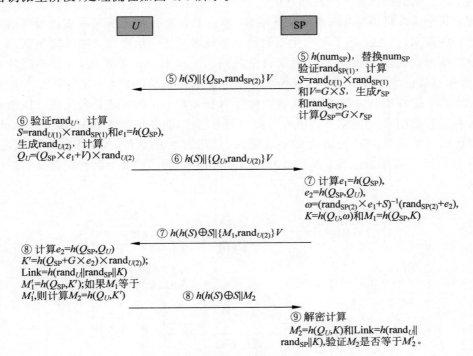

图 4.3 密钥派生阶段

⑤ SP 用 $h(num_{SP})$ 代替 num_{SP},计算 $S=rand_{U(1)}\times rand_{SP(1)}$,$V=S\times G$,$Q_{SP}=G\times r_{SP}$,其中 r_{SP} 为一随机数;然后发送 $SP\to U$:$h(S)\parallel\{Q_{SP},rand_{SP(2)}\}V$。

⑥ U 计算 $S=rand_{U(1)}\times rand_{SP(1)}$,$V=S\times G$。解密消息①得到 Q_{SP},计算 $e_1=h(Q_{SP})$ 和 $Q_U=(Q_{SP}\times e_1+V)\times rand_{U(2)}$,发送消息 $U\to SP$:$h(S)\parallel\{Q_U,rand_{U(2)}\}V$。

⑦ SP 计算出 $e_2=h(Q_{SP},Q_U)$,$\omega=(rand_{SP(2)}\times e_1+S)^{-1}(rand_{SP(2)}+e_2)$,$K=h(Q_U,\omega)$,$M_1=h(Q_{SP},K)$,发送消息 $SP\to U$:$h[h(S)\oplus S]\parallel\{M_1,rand_{U(2)}\}V$。

⑧ U 计算 $e_2=h(Q_{SP},Q_U)$,$K'=h[(Q_{SP}+G\times e_2)\times rand_{U(2)}]$,$M'_1=h(Q_{SP},K')$。如果 $M'_1=M_1$,则用户知道 $K'=K$,并计算 $M_2=h(Q_U,K')$ 发送给 SP:$U\to SP$:$h[h(S)\oplus S]\parallel M_2$。同时计算 $Link=h(rand_U\parallel rand_U\parallel K)$,其中后面 48b 作为 U 后续通信的 MAC 地址。

⑨ SP 收到后计算 $M'_2=h(Q_U,K)$;如果 $M'_2=M_2$,则 SP 知道 $K'=K$,计算 $Link=h(rand_U\parallel rand_U\parallel K)$,其中前 48b 作为自身后续通信的 MAC 地址。

4.2.2 域间认证机制

移动环境下，移动用户经常从一个区域移动到另外一个区域。假定每个用户只能去一台认证服务器注册自己的身份，该服务器所在的区域可以看成用户的本域。来源于不同本域的两个用户之间的认证属于域间认证。

假定每个医院可以看作一个认证区域，内部员工需要在自己所属单位进行注册。医生A工作在医院X，要去医院Y和医生B讨论一些技术问题。他想在去往医院Y的路上事先交换一些临床数据，这样可以节省后续讨论时间。A和B从未见过面，互相不清楚对方身份，需要相互认证才能进行通信。该场景对应图4.4，该系统包含4个实体：实体A在区域1内注册，SA是A的认证服务器，区域1称为A的本域；B在区域2内注册，SB是B的认证服务器。移动用户A向服务提供者B提出服务请求，服务提供者B向SB请求认证A，并提交自己的认证信息；SB根据A的本域向SA请求对A的认证，如果SA对A成功认证，意味着B相信了A的合法性；A和B双向认证完成后，继续协商会话密钥保证后续通信的机密性。

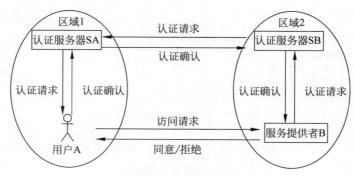

图 4.4 域间应用场景

域间实体认证协议需要满足匿名认证、不可关联性、安全密钥协商、上下文隐私、轻量级和低时延的特性。

其中低时延是指跨域认证参与的实体比较多，双方认证服务器均可能参与认证，消息流数目相比域内多，因此需要尽量降低实体与其注册服务器的交互，降低延迟。

为了实现上述要求，那么域间认证首先可以使用4.2.1节介绍的域内认证的方法分别完成各自域内实体的认证，同样采用生物加密技术进行实体认证，然后进行域间的实体认证。为了减轻移动设备的计算量，把大部分认证工作转移到认证服务器执行，增加两个区域的认证服务器的交互。设计MAC地址隐藏技术实现双方在数据链路层的匿名通信，使用签密技术派生出后续通信的会话密钥，签密技术可以在一个逻辑步骤内同时完成了加密和数字签名二者的功能。它所花费的代价、计算量、存储量要小于先签名后加密或先加密后签名方案，是实现既保密又认证的传输及存储信息的较为理想的方法，派生出的后续通信的会话密钥保证后续消息的机密性、完整性和不可否认性。

1. 域间匿名认证与密钥派生协议流程

本节介绍域间匿名认证与密钥派生协议，包含注册阶段和匿名认证与密钥派生阶段。

在用户注册阶段,利用生物加密算法生成生物密文,实现生物特征和密钥的绑定。在认证和密钥派生阶段,在 SA 和 SB 帮助下,A 和 B 完成了双向认证,然后基于签密技术派生了后续通信用的会话密钥和后续通信用的 MAC 地址。在整个认证和密钥派生阶段,用户均采用虚假 MAC 地址进行通信,实现了真正的数据链路层匿名机制。域间匿名认证与密钥派生协议描述中所用的参数和域内认证时所用参数意义相同,具体参见表 4.1。

域间认证的注册阶段和域内认证相似,都分为用户向服务器注册以及服务器由移动用户充当时两种情况,具体的注册过程可以参考前面的域内认证注册阶段。

2. 匿名认证与密钥派生阶段

该阶段可以细分为两个子阶段:双向匿名认证阶段和密钥派生阶段。步骤①~⑩描述了域间匿名认证和密钥派生协议的整个流程;步骤①~⑧属于匿名认证阶段,步骤⑨~⑩属于密钥派生阶段。在匿名认证阶段,生物加密算法保护了生物模板的隐私;在密钥派生阶段,基于签密技术产生后续通信会话密钥,并在步骤⑨和⑩派生出后续通信的 MAC 地址,真正实现了数据链路层匿名。

(1) 实体 A 和 B 认证,需要双方服务器 SA 和 SB 的协助,A 和 B 的认证以 A 和 SA 的成功认证、SA 和 SB 的成功认证、B 和 SB 的成功认证为基础,如图 4.5 所示。

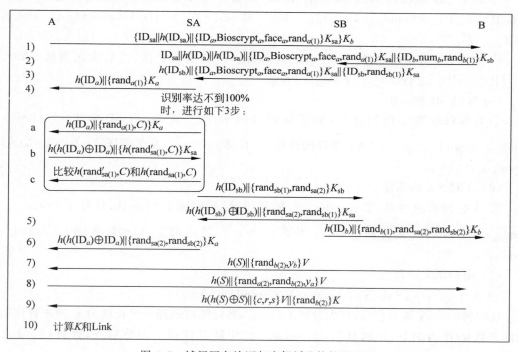

图 4.5　域间匿名认证与密钥派生协议流程 I

(2) SB 对 B 的认证。

① A→B:$\mathrm{ID}_{sa} \parallel h(\mathrm{ID}_{sa}) \parallel h(\mathrm{ID}_a) \parallel \{\mathrm{ID}_a, \mathrm{Bioscrypt}_a, \mathrm{face}_a, \mathrm{rand}_{a(1)}\} K_{SA}$。
A 向 B 发起访问请求,包括 SA 的标识符、标识符的哈希值、请求 SA 认证的消息。

② B→SB:$\mathrm{ID}_{sa} \parallel h(\mathrm{ID}_{sa}) \parallel h(\mathrm{ID}_a) \parallel \{\mathrm{ID}_a, \mathrm{Bioscrypt}_a, \mathrm{face}_a, \mathrm{rand}_{a(1)}\} K_{SA} \parallel$

$h(\text{ID}_b) \parallel \{\text{ID}_b, \text{num}_b, \text{rand}_{b(1)}\}K_{SB}$。

B 转发从 A 收到的消息,并附加自己的认证请求消息给 SB。

③ SB 收到消息②后,如果 ID_{sa} 的哈希值等于 $h(\text{ID}_{sa})$,并且 $h(\text{ID}_{sa})$ 与 $h(\text{ID}_{sb})$ 一致,则说明 A 和 B 同属于一个认证服务器,执行域内认证。

否则,执行域间认证。SB 对消息 $\{\text{ID}_b, \text{num}_b, \text{rand}_{b(1)}\}K_{SB}$ 解密得到 ID_b 和 num_b,ID_b 的哈希值等于收到消息中的 $h(\text{ID}_b)$,则消息传输中没有被篡改。如果 $h(\text{num}_b)$ 等于用户 B 在注册时产生的哈希值,则 SB 对 B 认证通过,发送消息:SB→SA:$h(\text{ID}_{sb}) \parallel \{\text{ID}_{sb}, \text{rand}_{sb(1)}\}K_{SA} \parallel \{\text{ID}_a, \text{Bioscrypt}_a, \text{face}_a, \text{rand}_{a(1)}\}K_{SA}$;如果 B 不合法,则协议结束。

(3) SA 对 A 的认证。

④ SA 对消息 $\{\text{ID}_{sb}, \text{rand}_{sb(1)}\}K_{SA}$ 进行解密,得到随机数 $\text{rand}_{sb(1)}$ 和 ID_{sb},利用 ID_{sb} 的哈希值判断消息是否被篡改,然后产生 $\text{rand}_{sa(2)}$,并发送消息 SA→SB:$h(\text{ID}_{sb}) \parallel \{\text{rand}_{sa(2)}, \text{rand}_{sb(1)}\}K_{SB}$。

SA 对消息 $\{\text{ID}_a, \text{Bioscrypt}_a, \text{face}_a, \text{rand}_{a(1)}\}K_{SA}$ 进行解密得到 Bioscrypt_a 和 face_a,利用生物加密技术对用户 A 进行认证。

(4) SA 和 SB 之间的双向认证。

⑤ 如果 SB 解密得到的 $\text{rand}_{sb(1)}$ 正确,则说明 SA 合法,然后发送消息 SB→SA:$h[h(\text{ID}_{sb}) \oplus \text{ID}_{sb}) \{\text{rand}_{sa(2)}, \text{rand}_{sb(1)}\}K_{SA}$ 和 SB→B:$h(\text{ID}_b) \parallel \{\text{rand}_{b(1)}, \text{rand}_{sa(2)}, \text{rand}_{sb(2)}\}K_B$。

⑥ 如果 SA 解密得到的 $\text{rand}_{sa(2)}$ 正确,则说明 SB 身份合法,然后发送消息 SA→A:$h[h(\text{ID}_a) \oplus \text{ID}_a] \parallel \{\text{rand}_{sa(2)}, \text{rand}_{sb(2)}\}K_A$。

(5) B 对 SB 的认证。

⑦ B 收到步骤⑤的消息后,如果解密得到 $\text{rand}_{b(1)}$ 正确,则 SB 合法;B 计算 $s = \text{rand}_{sa(2)} \times \text{rand}_{sb(2)}$,$V = s \times g$;选择随机数 x_b 计算 $y_b = g^{x_b}$,发送消息 A:B→A:$h(S) \parallel \{\text{rand}_{b(2)}, y_b\}V$。

(6) A 对 SA 的认证。

⑧ A 收到④的消息,验证 $\text{rand}_{a(1)}$,如果正确,则解密⑥的消息,计算 $s = \text{rand}_{sa(2)} \times \text{rand}_{sb(2)}$,$V = s \times g$;选择随机数 x_a 计算 $y_a = g^{x_a}$,发送消息 A→B:$h(S) \parallel \{\text{rand}_{a(2)}, \text{rand}_{b(2)}, y_a\}V$。

(7) 密钥派生阶段。

⑨ B→A:$h(h(S) \oplus S) \parallel \{c, r, s\}V \parallel \{\text{rand}_{a(2)}\}K$。

B 收到⑧中 A 的消息后,首先验证 $\text{rand}_{b(2)}$,然后随机选择一个长度为 L 的未曾使用过的随机数 m 作为消息,同时从 $[1, 2, \cdots, p-1]$ 中随机选择一个整数 x,计算 $(k_1, k_2) = h(y_a^x \bmod p)$,$r = h(k_2, m)$,$c = E_{k1}(\text{key})$,$s = \dfrac{x}{(r+xa)} \bmod q$;同时派生会话密钥 $K = h(m, \text{rand}_{a(2)} * \text{rand}_{b(2)})$,计算 $\text{Link} = h(\text{rand}_{a(2)} \parallel \text{rand}_{b(2)} \parallel K)$,前 48b 作为后续通信的硬件地址。

⑩ A 收到消息⑨后,用 V 进行解密,然后计算 $(k_1, k_2) = h((y_b \cdot g^r)^{(s \cdot xa)} \bmod p)$,及 $m' = D_{k_1}(c)$,并判断 $h(k_2, m')$ 是否等于 r;如果相等计算 $K = h(m, \text{rand}_{a(2)} * \text{rand}_{b(2)})$。

对消息 $\{\text{rand}_{a(2)}\}K$ 进行解密,如果 $\text{rand}_{a(2)}$ 正确,则双向密钥派生结束;计算 Link $=$ $h(\text{rand}_{a(2)} \| \text{rand}_{b(2)} \| K)$,后 48b 作为后续通信的硬件地址。

当服务提供者由移动用户充当时,域间认证与密钥派生协议的流程与图 4.5 类似,如图 4.6 所示,此时 B 需要提交提与 A 类似的生物认证信息。

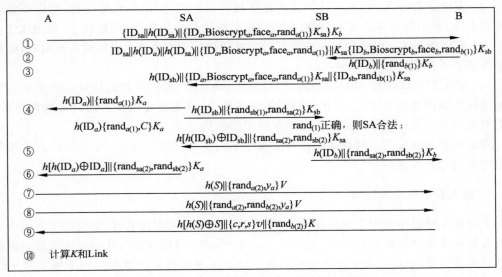

图 4.6 域间匿名认证与密钥派生协议流程 Ⅱ

4.2.3 组播认证机制

在移动环境中,组播业务也得到了广泛引用,例如网络视频会议、网络音频/视频点播、股市行情发布、多媒体远程教育等。组播是在一个发送者与多个接收者之间实现点对多点的数据传输,属于一对多的通信。即使一个发送者同时给多个接收者发送相同的数据,也只需复制一份相同的数据包。因此与单播相比,组播能有效地节省服务器资源和网络带宽,提高数据传送效率,减少传输拥塞的可能性。

组播中用组播地址来标识不同的组,用户只要获知特定业务使用的组播地址就可以申请加入该组,使用该组播提供的服务。采用明文传输的组播报文在网络上很容易被偷听、冒充和篡改,因此保护组播数据的机密性、保证组播成员的可靠性,从而建立安全的组播通信系统,是安全组播研究的主要目标。与端到端的单播情形相比,组播通信的安全问题更加复杂,将现有单播安全技术直接移植到组播应用上往往不可行或是低效的。为了保证在移动环境下组播通信的安全,首先必须对加入到组播组里的成员进行认证。移动环境的开放性和跨域性决定了服务提供者与组成员之间的认证包括域内认证和域间认证两种。其次,必须保证消息的机密性,防止攻击者对消息的破解,对组播消息加密的密钥称为组密钥,该密钥只有通过身份认证的组成员才可以知道。普适环境的移动性造成了组的高度变化,不断有新成员的加入或旧成员的离开。伴随着成员的加入或者离开,组密钥应该不断更新。确保新加入的成员不能获得旧的组播密钥,从而无法解密以前的组播消息;离开的旧用户,不能获得新的组播密钥,从而无法解密他离开之后的组播消息。最后,在设计移动环境下的组播密钥管理协议时,还需要考虑移动设备的资源有效性。

根据上面场景分析,可以看到组播群实体认证和密钥协商协议的目标如下。

(1)密钥树结构:根据普适环境下不同移动用户可能属于不同本域的实际情况,设计高效组密钥管理结构。

(2)安全密钥协商:组成员之间协商建立起会话密钥,密钥具有独立性,能保证前向和后向安全性,能抵抗合谋攻击和猜测攻击,保证后续通信的机密性、完整性、不可否认性。

(3)密钥树平衡:组成员加入或离开时对密钥进行动态更新;密钥树不平衡时,密钥更新能保证系统性能。

(4)轻量型和低时延:协议应该是轻量型的,计算量、存储量和通信量应该较小。密钥更新过程传输的消息要尽量少,涉及的实体要尽量少,避免更新报文占用过多的网络带宽。密钥更新时要使所有组成员都能及时地获得新的密钥。

考虑到移动环境下不同移动用户可能属于不同本域的实际情况,对组播成员采用分层分组的密钥管理方式。

1. 极大最小距离分组码

下面在介绍组播密钥管理协议中,当用户离开或者加入组播组时,密钥的更新操作采用了极大最小距离分组码的机制,避免了移动设备的加密和解密操作,从而减少了移动设备的计算量和通信量,以适应普适设备资源的有限性。这里我们先简单介绍一下极大最小距离分组码的机制。

纠错码是指在传输过程中发生错误后在接收端能自行发现或纠正的码。仅用来发现错误的码一般常称为检错码,纠错码既能检错又能纠错,需对原码字增加多余的码元,以扩大码字之间的差别,即把原码字按某种规则变成有一定剩余度的码字,并使每个码字的码之间有一定的关系。这个过程称为编码。码字到达接收端后,根据编码规则是否满足来判定有无错误。当不能满足时,按一定规则确定错误所在位置并予以纠正,纠错并恢复原码字的过程称为译码。在构造纠错码时,将输入信息分成 k 位一组以进行编码;若编出的校验位仅与本组的信息位有关,则称这样的码为分组码;若不仅与本组的 k 个信息位有关,而且与前若干组的信息位有关,则称为格码。

分组码是一类重要的纠错码,它把信源待发的信息序列按固定的 k 位一组划分成消息组,再将每一消息组独立变换成长为 $n(n>k)$ 的二进制数字组,称为码字。如果消息组的数目为 M,由此所获得的 M 个码字的全体便称为码长为 n、信息数目为 M 的分组码,记为$[n, M]$。分组码就其构成方式可分为线性分组码与非线性分组码两种。

线性分组码是指分组码中的 M 个码字之间具有一定的线性约束关系,即这些码字总体构成了 n 维线性空间的一个 K 维子空间,称此 K 维子空间为(n,k)线性分组码,n 为码长,k 为信息位,此处 $M=2k$。线性格码在运算时为卷积运算,所以叫卷积码。非线性分组码是指 M 个码字之间不存在线性约束关系的分组码。

对定义在伽罗华域 GF(q) 上的(n,k)线性分组码 V,如果其最小距离 $d(V)$ 满足不等式 $d(V) \leqslant n-k+1$,则称为该分组码满足新格尔顿限,称最小距离达到新格尔顿上限的分组码为极大最小距离(maximum distance separable)分组码。最小距离直接反映了分组码的纠错能力,RS(reed-solomon)码是具有极大最小距离的码,属于非二进制的 MDS 码。$q=2$ 的 MDS 码,即二进制 MDS 码是不存在的。

对于(n,k)MDS 码,存在编码函数 $E(\ )$,能够实现有线域 $GF(q)^k$ 到 $GF(q)^n$ 的映射: $E(m)=c$,$m=m_1m_2m_3\cdots m_k$ 是原始消息块,$c=c_1c_2c_3\cdots c_n$ 是编码后的消息块,$k\leqslant n$。如果解码函数 $D(\ )$存在,$D(c_{i_1}c_{i_2}\cdots c_{i_k},i_1,i_2,\cdots,i_k)=m$,$1\leqslant i_j\leqslant n$,$1\leqslant j\leqslant k$。从解码函数可以看出,根据收到的任意 k 个码字,运用该函数可以得到原始的 k 个源码,通常 $q=2^m$。

2. 组播密钥管理结构

组播密钥管理结构如图 4.7 所示,组播源为服务提供者 SP,本域为 D_1,该域的认证服务器为 S_1;用户 $U_1,U_2,\cdots,U_n$ 为组播用户,需要使用 SP 提供的组播服务。$U_1\sim U_8$ 在域 D_2,其认证服务器为 S_2;其他情况类似,每个用户分别在各自的本域内。组中最后一个子树中的用户 U_{n-3}、U_{n-2}、U_{n-1}、U_n 和服务提供者 SP 在同一个区域 D_1 内。采用分层分组的方式来进行组播密钥的管理,SP 的认证服务器 S_1 充当组播组的树根,其他各自域的认证服务器充当子组的组长;被 S_1 所管理;所有认证服务器构成了密钥管理框架的第 I 层,组播成员 U_1、到 U_n 构成了密钥管理框架的第 II 层;第 I 层最后一个元素为 T_4,它作为用户 U_{n-3}、U_{n-2}、U_{n-1}、U_n 的组长;U_{n-3}、U_{n-2}、U_{n-1}、U_n 和 SP 均在 D_1 里,所以可以由 S_1 充当组长对该树进行管理,管理方法同其他区域类似;T_4 的真实身份为 S_1,这里 T_4 只是一个逻辑节点而已。当本域不属于 D_1 的用户想使用组播服务之前,需进行域间认证。域间认证成功后,该域的认证服务器会加入第 I 层中,第 I 层的成员关系变化较小。第 II 层中,组成员可能随时加入或者离开该组,因此成员的关系变化频繁。维护子树的平衡,减少密钥更新时的通信量,从而减轻移动设备的计算负担显得尤为重要。两层实体共同构成一棵不规则的树,第 II 层中的成员按照 2～3 树的方式组织。当用户离开或者加入组播组时,密钥的更新操作采用极大最小距离分组码的机制,可以避免移动设备的加密和解密操作,从而减少了移动设备的计算量和通信量。协议中涉及域内和域间认证的处理分别采用前两节提出的协议完成认证。

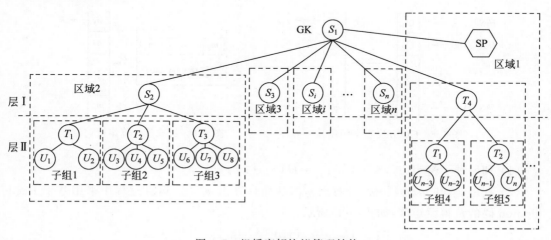

图 4.7　组播密钥协议管理结构

3. 组的初始化

用户在享用组播服务之前,需要和组播服务提供者 SP 进行认证,认证采用前面两节介绍的域内和域间实体认证协议。双向认证通过后，认证服务器为自己本域内的用户 U_i 分配一个随机数 j_i，对于同一个域内两个用户 U_i 和 U_k，满足 $j_i \neq j_k$。S_i 是一个随机的哈希值，对于移动用户 U_i，$S_i = h(\text{key}_i)$。(j_i, S_i) 可以看作用户 U_i 的密钥种子，记作 Seed_i，被认证服务器安全保管，并通过安全通道告诉域内用户。SP 的认证服务器也会为 $S_2, S_3, \cdots$，S_n 分配密钥种子，U_{n-3}、U_{n-2}、U_{n-1}、U_n 与 SP 均属于同一个区域，因此由 S_1 分配密钥种子给四个用户。如图 4.7 所示，S_2 维护一个深度为 3 的 2-3 树，其中叶子节点 $U_1 \sim U_8$ 为组播用户，中间节点 T_1、T_2、T_3 为构造这棵树而生成的逻辑上节点。S_2 需要为逻辑树上的每个节点分配一个不同的位置号，j_i 可以理解成用户 U_i 在这棵树上的位置号。整个这颗逻辑树的密钥采取底层到上层的方法进行计算，通过 S_2 依次计算出 K_{T_1}、K_{T_2}、K_{T_3} 和 K_{S_2}，其他区域采用相同方法计算各个节点的密钥，最后再由 S_1 计算出 K_{S_1}，即整个组播组的密钥。

S_2 计算 K_{T_1} 方法如图 4.8 所示，T_1 下面的叶子节点用 n 表示，n 等于 2 或者 3，计算步骤如下：

（1）S_2 随机选择一个未被使用过的有线域内元素 r。

（2）S_2 为每一个叶子节点进行如下计算：$GF(q)$：$c_{j_i} = H(S_i \| r)$，$i = 1, 2, \cdots, n$。

（3）利用步骤（2）计算出来的 n 个 c_{j_i} 构造 (L, n) MDS 码，令码字的第 j_i 个符号为 c_{j_i}，构造的 (L, n) MDS 码其对应的源码由 MDS 码的 n 个元素决定，因此找到恰当的解码函数，即可以计算出相应的 n 个消息 $m_1 m_2 m_3 \cdots m_n$。

（4）S_2 令消息 m_1 为该组的组密钥，即 K_{T_1}。

（5）S_2 组播 r 和 $m_2 m_3 \cdots m_n$。如果最初用户没有初始的组密钥，则 S_2 单播 r 和 $m_2 m_3 \cdots m_n$ 给每一个成员。

当用户 U_i 接收到 r 和 $m_2 m_3 \cdots m_n$ 时，每个用户进行如下操作，得到对应的子组密钥，如图 4.9 所示。

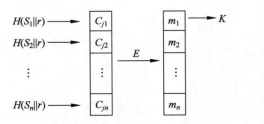

图 4.8　GC 分发组密钥流程

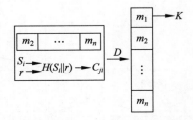

图 4.9　组成员计算组密钥流程

（1）利用种子密钥 (j_i, S_i) 计算 $c_{j_i} = H(S_i \| r)$。

（2）利用 c_{j_i} 和 $m_2 m_3 \cdots m_n$ 计算出 m_1，从而计算出 K_{T_1}。运算过程中采用基于 Reed-solomon 码的范得蒙矩阵，如式（4-1）所示。

$$
\begin{pmatrix}
1 & j_1 & \cdots & (j_1)^{n-1} \\
1 & j_2 & \cdots & (j_2)^{n-1} \\
\vdots & \vdots & & \vdots \\
1 & j_n & \cdots & (j_n)^{n-1}
\end{pmatrix}
\begin{pmatrix}
m_1 \\
m_2 \\
\vdots \\
m_n
\end{pmatrix}
=
\begin{pmatrix}
c_{j_1} \\
c_{j_2} \\
\vdots \\
c_{j_n}
\end{pmatrix}
\tag{4-1}
$$

通过上述方法,利用用户 $U_3 \sim U_8$ 的种子密钥,S_2 计算出 K_{T_2} 和 K_{T_3}。为了节省存储量,S_2 不给中间节点分配种子密钥,中间某个节点的 S_T 可以定义成以该节点为根的所有用户 S_i 的异或值,如 $S_{T_1} = S_1 \oplus S_2$ 和 $S_{T_2} = S_3 \oplus S_4 \oplus S_5$。$S_2$ 把自己看作根,中间节点 T_1、T_2 和 T_3 看作叶子节点,按照同样过程计算出 K_{S_2}。同理,S_1 把 $S_2, S_3, \cdots, S_n, T_4$ 看成叶子,S_1 计算出 K_{S_1},即组密钥。组密钥计算出后,自上向下,经过中间节点把组密钥传给组播成员。例如在域 2 内,$\{K_{S_1}\} K_{S_2}$ 被传给 T_1、T_2 和 T_3,$\{K_{S_1}\} K_{S_2}$ 表示 K_{S_1} 被 K_{S_2} 加密传输。中间节点解密得到组密钥后,分别发送 $\{K_{S_1}\} K_{T_1}$、$\{K_{S_1}\} K_{T_2}$ 和 $\{K_{S_1}\} K_{T_3}$ 给叶子节点,叶子节点解密后得到组密钥 K_{S_1}。S_1 传送 $\{K_{S_1}\} K_{SP}$ 给组播业务提供者,整个组初始化过程结束。

当组播成员发生变化时,树的结构会发生变化,需要调整其平衡性。论述之前进行如下定义:节点 i 的权值 w_i 定义为从节点 i 到树根路径上所有节点的度的和。对于树根 r,其权值 $w_r = 0$。当 $i \neq r$ 时,令 p 为 i 的父亲,$\deg(p)$ 为节点 p 的度,则 $w_r = w_p + \deg(p)$。节点 i 的权值 w_i 代表当节点 i 被移动时,从树上消失的边数。为了衡量改变树结构时的通信代价,树的权值 $W(T)$ 定义为该树中具有最大权值的某个节点的权值,例如 T_1 作为树根时,$W(T_1) = 2$;类似地,有 $W(T_2) = W(T_3) = 3$,$W(S_2) = 6$,$W(U_1) = W(U_2) = 0$。本文中节点的权值定义为以该节点为根的树的权值,当其左右子树的权值差超过 1,该树变得不平衡需要重新调节。

4. 密钥更新——单个用户加入

当某个用户想使用组播业务时,如果与服务提供者属于同一本域,则进行域内实体认证;如果位于不同区域内,则进行域间实体认证。在第Ⅱ层采用树状结构,为了满足后向安全性,从加入节点到根 S_1 的路径上的所有节点的密钥均要发生改变。为了减少通信量并维护树的平衡性,令密钥树的性能达到最优,把单个加入的用户插入到非叶子的权值最小的节点。密钥发生变化的节点,均要将新的密钥值通告其子孙。

(1)$W_{T_1} = 2$ 是权值最小的树,因此 S_2 把新加入用户 U_9 插入到分支 T_1 下,并为其分配密钥种子。U_9 所在树的路径上一串节点密钥均需要更新。

(2)利用域内认证算法,S_2 为 U_1、U_2 和 U_9 重新生成子组密钥 K'_{T_1}。

(3)S_2 为 T_1、T_2 和 T_3 重新生成 K'_{S_2}。

(4)S_1 为 $S_2, S_3, \cdots, S_n, T_4$ 计算出新的组密钥 K'_{S_1}。

(5)$\{K'_{S_1}\} K_{S_1}$ 代表新的 K'_{S_1} 被旧的组密钥 K_{S_1} 加密,发送给树中所有成员。

(6)$\{K'_{S_2}\} K_{S_1}$ 代表新的 K'_{S_2} 被旧的组密钥 K_{S_1} 加密,发送给域 2 中所有成员。

(7)用 U_9 公钥加密 $\{K'_{S_1}, K'_{S_2}\}$ 发送给 U_9。

图 4.10 说明了密钥更新的过程。

因为插入一个节点时,需要选择一棵具有最小树权值的子树作为插入位置,即该子树和以他兄弟节点为根的子树,权值之差不超过 1。经过对于单个用户的插入树归纳总结,可以看到根的权值只增加 1,不会导致整棵树的不平衡现象。比如,对于某个区域只有一个组播成员时加入一个成员,则直接将该成员连接到根节点上,作为根节点的子节点,树的权值加 1。对于复杂点的情况如图 4.11 所示,一样只需要在根节点添加一个成员来解决这样的情

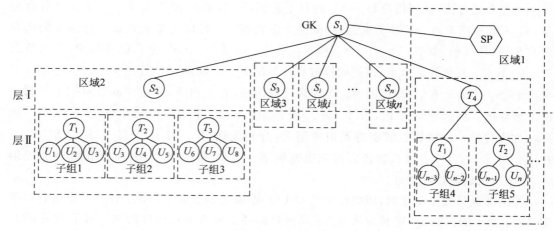

图 4.10　成员加入

况,保证树的平衡。有时候,我们也会在某个区域中添加一些伪节点,这是为了当树结构发生变化时,为了减少调节代价而令树满足平衡性,临时加入一些的虚拟节点(伪节点)。当用户离开时会导致树的不平衡,伪节点才会起作用。

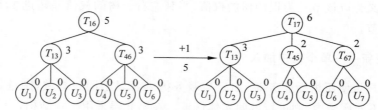

图 4.11　单个加入时调整实例

5. 密钥更新——单个用户离开

在组播通信过程中,如果某个域内有用户要离开,就需要把该用户对应的节点从树上删除。该节点被删除之后,树可能变得不平衡。不平衡的树结构,会导致后续的加入或者删除操作消耗更多的代价,因此需要调整树结构,令左右子树权值差不超过 1。树结构平衡后,为了满足前向安全性,从变动节点到根的路径上的所有节点密钥均需要更新。在节点删除操作时,引入了大量的虚拟节点,目的在于确保树结构尽可能不发生大的变化,从而减少需要改变的密钥并降低代价。对于单个节点删除的位置,主要就存在图 4.12 所示的三种情况。

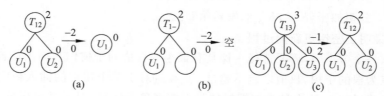

图 4.12　单个用户删除情况

单个节点的删除会导致树的不平衡。以往调节树平衡时,往往通过旋转、调整节点位置等操作进行树的调整,这些操作会导致树结构改变较大,需要更新较多的密钥,带来较高的计算复杂度。本节中,当发生不平衡现象时,在树的叶子位置引入了虚拟节点,即伪节点。伪节点的引入可以令树结构尽可能少的改变,从而尽量减少需要更新的密钥,降低删除操作对应的复杂度。树结构的平衡调整分为两部分:底层调整和中间层调整。伪节点只能在底层调整中出现。对于底层的调节,只需要保证树的平衡。当有不平衡时,适当加入伪节点即可,很容易理解,这里不做过多讨论。对于中间层调整,主要应该注意对有多个子节点的节点进行分裂,或者子节点的迁移。如图 4.13 所示的情况,可以直接将中间有两个子树的节点删除,将其子节点添加到根节点上。其中箭头左边代表某个用户离开后对应的树结构,箭头右边代表调整后的树结构,箭头上方表示树权值的变化,箭头下方表示改变密钥所对应的通信量。

下面举例说明以上规则的使用及其密钥的更新过程。如图 4.14 所示,当删除用户 U_4 时,可以引入伪节点,此时 $W(T_1)$ 保持不变,因此不需要对以 S_2 为根的树进行中间层调节。U_4 的离开导致节点 T_1、S_2 和 S_1 对应的密钥均发生改变。因为 U_3 的兄弟是伪节点,其父亲 T_{12} 只有 U_3 一个真实的孩子,因此认为节点 T_1 直接对 U_3 进行管理,不考虑节点 T_{12} 的密钥更新,整个密钥更新过程如下。

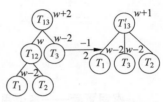

图 4.13 单个删除的中间
不平衡调节

(1) 利用上面介绍的组的初始化方法为 U_1、U_2 和 U_3 生成 $m_1 m_2 m_3$,令消息 m_1 为节点 T_1 的新密钥 K'_{T_1}。

(2) 利用上面介绍的方法计算出 S_2 节点所对应的新的密钥 K'_{S_2}。

(3) 利用上面介绍的方法计算出 S_1 节点所对应的新的密钥 K'_{S_1}。

(4) 在 S_2 所在域内分别采用 K'_{T_1}、K_{T_2} 和 K_{T_3} 对 K'_{S_2} 和 K'_{S_1} 进行加密传输,因此该域内所有用户均可以获得改变的密钥。

(5) 在其他域内,为了满足前向安全性,分别采用节点 $S_3, S_4, \cdots, S_n$ 对应的密钥加密 K'_{S_1},并组播给各个域内用户。

6. 密钥更新——多个用户加入

类似单个用户的加入,当多个用户想使用组播业务时,需要与服务提供者进行域内或者域间认证。服务器 S_i 将该区域内将要加入的多个用户组织成一棵具有小权值的 2-3 树。如果多个新加入用户组成的树权值小于 S_i 原来成员组成的旧树的权值,则将这棵新树加入到旧树中;反之,旧树加入到新树中,即让权值较小的树加入到较大的树中,在权值大的子树中能找到一个节点,该节点权值与权值较小子树的权值其差不超过 3。在树的调整过程中,可能导致上层节点权值不平衡,这时可以采用上面介绍的方法进行调整。

树结构的变化会导致某些节点的密钥发生变化,密钥的更新原理与单个用户加入或者离开时密钥的更新过程类似。多个用户加入会引起较多节点发生变化,因此复杂度较高。在某些特殊情况,如若干个用户在很短时间内陆续加入时,可以设置一个时间阈值,把在该时间段内请求加入的用户构建成一棵树集体进行加入,从而实现密钥更新过程的批处理。

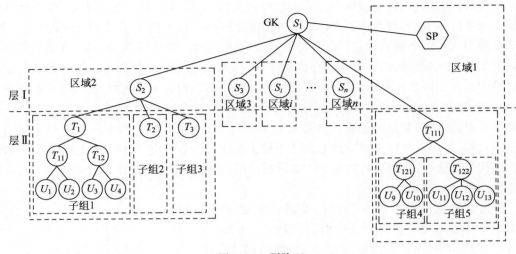

图 4.14   删除 U_4

7. 密钥更新——多个用户删除

当某个域内同时有多个用户需要离开组时,该域的服务器 S_i 依据单个用户删除的原则逐一删除节点。全部节点删除完后再调整树的结构,并更新密钥。树的平衡调节从下向上,直到整棵树中所有的子树都平衡。当以某个节点为根的树的左右孩子的权值之差小于3时,对于底层调节,一部分情况按照单个用户删除时的规则进行调整,主要也是分为底层的调整和中间层的调整。对于中间层调节,注意当以某个节点为根的树的左右孩子的权值之差大于3时,应按照多个用户加入的规则进行调整,把左右子树看作原子树和新加入的子树,再按照上面介绍的方法进行调整。密钥更新原理和前面所说的相同。

8. 密钥更新——服务器的加入和删除

服务器层采用集中式的管理机制,由 S_1 对全组进行管理。当非第一个区域内成员想享受组播服务时,需要进行域间认证,将该区域的认证服务器 S_i 加入到该组播组($i \neq 1$)。S_1 也会对 S_i 分配一个密钥种子(j_i, s_i),密钥种子可以采取公钥机制进行传输。此时,由于新成员加入,组播密钥发生改变。密钥生成采用上面介绍的方法,所有成员均需要更新组播密钥。当单个用户或者多个用户离开某个区域时,会导致某个区域不再有组播成员,此时对应服务器 S_i 将离开该组($i \neq 1$),组密钥重新更新。当服务器加入或删除时,由于服务器的数量相对较少,S_1 采用单播方式将种子密钥发送给其他的服务器。

9. 安全性和隐私分析

每次组成员加入时,均会采取域内或域间匿名认证机制与组播源进行认证,因此具有如下安全特性:可靠双向认证、多重的/可撤销的标识符、数据的机密性和完整性,可以抵抗重放攻击、在线攻击、离线攻击、DoS 攻击,这些安全特性已经在第3章详细论述过。这里主要针对组密钥额外进行如下安全分析。

1) 猜测攻击

如前所述,组密钥通过服务器生成的随机数 r 和 n 个成员的密钥种子而计算出来,随机数 r 和 $n-1$ 条消息以明文形式传输给所有组员。明文传输的信息可以被攻击者截获,会话密钥的安全性依赖于合法用户 i 所计算的 c_{j_i}。c_{j_i} 的安全性依赖于密钥种子,因为等式 GF(q): $c_{j_i}=H(s_i \parallel r)$ 成立。攻击者只能通过下面三种途径获得密钥。

(1) 暴力攻击,需要花费的时间更长一些,穷举所有数字的组合从而获得密钥。

(2) 猜测到某个用户的 c_{j_i}。

(3) 猜测到某个用户的密钥种子。

攻击者猜测到密钥的复杂度依赖于有线域 GF(2^m) 的大小,t、l_r 和 l 越长,越难猜测到 s_i 和 c_{j_i},该机制越安全。当 $m=t=l_r=l$ 时,攻击者猜测出密钥的难度不少于蛮力攻击的难度。

针对上述三种途径,有:

(1) 随机组密钥 k 包含的信息熵为 $H(k)=\log_2 k=l$。

(2) c_{j_i} 的熵为 $H(c_{j_i})=\log_2 2^m=m=l$。若攻击者选择猜测 c_{j_i} 从而获得密钥,首先攻击者必须知道对应的位置信息 j_i 才能进一步猜测到对应的 c_{j_i}。本文中构造的为(L,n) MDS 码,因此 $n \leqslant j_i \leqslant L$。

(3) s_i 的熵为 $H(s_j)=\log_2 2^t=t=m=l$。密钥种子 S_i 由 s_i 和 j_i 组成,因此 $H(S_i)=H(s_i)+H(j_i)=l+\log_2 L$。攻击者在已知 r 和 c_{j_i} 的前提下推知 s_i,此时 $H(s_i|r,c_{j_i})=H(s_i)=l$。

通过以上分析可知,当 $m=t=l_r=l$ 时,用户想通过上述三种途径获得密钥 k 的代价不少于穷举攻击的代价。

2) 密钥独立性

组密钥的新鲜性依赖于随机数 r,所以新旧组密钥相互独立,没有任何相关性。l_r 决定了随机数 r 可以支持的会话次数,即 2^{l_r} 次。

3) 前向安全性

组密钥的生成与随机数 r 有关。当用户离开时,随机数 r 发生变化,因此前后组密钥相互独立;当成员离开时,离开成员已分配的密钥种子没有参与到组密钥的更新中,因此离开的成员无法获知更新后的组密钥,从而无法对后续的组播消息进行解密,保证了前向安全性。

4) 后向安全性

当有新成员加入组时,组密钥会立刻得到更新,前后组密钥相互独立,因此新加入的成员无法解密之前的组播消息,保证了后向安全性。

5) 抗合谋攻击

合谋攻击是指多个离开的成员互相合作,破解出当前的组密钥。一个可能的破解方法是通过旧的密钥计算出当前某个成员的密钥种子。根据旧的组密钥和公式,攻击者很容易计算出现存某个用户的 c_{j_i},但根据 $c_{j_i}=H(s_i \parallel r)$ 推算出 s_i,从计算角度来讲不可行。本章中提出的组密钥管理协议可以更好地抵抗住合谋攻击,当前成员推测其他组成员的密钥种子的情况和上面类似。

6) 匿名性和隐私性

组成员采取域内认证或者域间认证的机制、MAC 地址保护机制和生物特征隐私保护机制方式,因此 MAC 的隐私性分析和前面所讲的相同。

4.3 信任管理机制

4.3.1 信任和信任管理

1. 信任概述

信任是人类生活过程中极为重要的一个自然属性,它有着极为悠久的历史,同时它的概念也已经渗入到包括计算机科学在内的多个学科中。尽管信任的概念已经体现在我们日常生活的方方面面,但是,实际上人们依旧没有办法通过宏观且定量的手段来衡量信任这一概念。不同的人会因为其自身的教育背景、个人经历、学识程度以及分析问题的角度等不同而对信任这一概念产生不同的理解。但通常情况下,信任可以被理解成是对另外一个实体行为在主观上的期望。

2000 年版的 x.509 标准中,信任被定义为"如果一个实体认为另外一个实体会绝对地按照自己所设想的方式去行动,那么就可以说这个实体信任另外一个实体"。从这个定义中可以看出,信任是两个实体间的一种关系,而且这个关系也只是一种主观上的概念。

在无线网络这一领域中,对于信任这一概念,依旧没有一个准确且可以被广泛接受和认可的定义。但是,很大一部分学者都倾向于认为信任是一种主观上的感觉,是非理性的。它不仅拥有具体的内容而且还应该有不同层次的划分。例如,相比网站 W_1,用户 A 更加信任网站 W_2 的内容,说明用户 A 对于网站 W_2 的信任程度更深。

在本书中,我们将信任这一概念划分成两个重要部分:第一,证书与相应的用户身份信息进行绑定,证书用来代表用户的身份信息,通过验证证书合法性来判断用户身份的合法性,这样的信任模式被称为身份信任。第二,根据过去一段时间内实体在各方面的表现来综合判断实体的可靠性,这种信任方式被称为行为信任。身份信任和行为信任虽然规定的内容不同,但是二者是相辅相成的,身份信任保证了行为信任的各种安全性以及评估准确度;与此同时,行为信任也反过来为身份信任关系的更新提供了根本的安全保障,如图 4.15 所示。

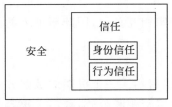

图 4.15 安全与信任的关系

2. 信任关系

简单地说,信任关系主要包含两个实体:信任关系发起方和被信任的实体。信任关系包括的主要属性内容如下。

(1)相对性。这个属性主要表明信任关系并不是绝对的,它和信任发起时所处的时间、地点以及当时的环境等都有很大的关系。可能在一种情况下 A 信任 B,但是在另外一种情况下,A 和 B 之间却不存在这样的信任关系。

（2）信任的可度量。信任的这一属性表明，两个实体间的关系除了可以分为信任和不信任，还可以使用在一定范围之内的数据来表示信任程度。比如用区间[0,100]来表示信任程度，A 对 B 的信任程度是 90，对 C 的信任程度是 91，那么，在这种情况下，我们可以认为，相对于 B 来说，A 更加信任 C。

（3）易受多方影响性。信任这个属性表明，信任关系会受到多种关系的影响，而不仅仅是某一方面来对信任程度产生影响。

（4）单向性。这是信任关系中很重要的一个属性，很好理解，A 信任 B，但是 B 并不一定信任 A。

（5）信任关系的动态性。这一属性说明信任关系不是一成不变的。随着时间或者实体行为等因素的改变，这个实体的信任关系也会发生改变。当对一个实体进行信任度评价时，我们应该详细分析这个实体当前的信任情况。

3．相关概念

由于信任是一种主观上的期望，所以很难被明确地定义。为了后文说明方便，这里我们将可能涉及的概念详细介绍一下，方便读者在后面的阅读中理解这部分概念。

1）信任证书

一段信息被特定的用户打上自己的标签之后所形成的文件被称为信任证书（credential），也可以称为凭证。信任证书可以简单地使用< key-info, policies, signature, validity-time >这样一个四元组来表示，其中 key-info 表示实体的公钥信息，policies 表示策略信息，signature 是颁发者的实体签名，而 validity-time 表示的是证书的有效时间。由于信任证书表示一个实体对另外一个实体的证明关系，所以信任证书必须具有可证实性以及不可伪造性。

根据证书使用用途的不同，可以将证书简单划分成为对于身份的信任证书以及对实体属性的信任证书两个种类。身份信任证书主要用来证明一个用户身份的可信任性，它主要用于对安全级别要求比较高的信任系统中，比如机密的电子邮件系统，其中基于 PKI 身份认证的 x.509 认证体系是身份认证证书最为主要的代表。属性信任证书则主要用于对系统的用户体验进行扩展，使系统操作更加方便，更易于用户使用。最常见的就是在用户信息管理系统这样的管理系统中，这一类信任证书的主要代表有 SPKI/SDSI。

2）满足性检查算法

满足性检查算法（compliance checking algorithm，CCA）是信任管理系统的核心部分之一，主要用于统一的授权决策引擎。信任管理系统的授权模型语义由 CCA 实现。怎么样构造一个高效率的 CCA 算法以及如何在 CCA 计算的复杂程度和完善的语言表达能力之间寻找到最佳的平衡点应该是信任管理系统需要考虑处理的核心问题。

3）授权

授权（authorization）就是根据用户所持有的证书或者信任凭证，为用户分配相应的访问网络资源和服务权限。用户在网络中使用的所有资源以及所享受的所有服务都体现了授权的过程。在根据身份认证的信任管理系统中，对用户进行授权的过程实际上就是为用户赋予相应的资源和服务访问权限的过程。UNIX 系统就是这一类授权的代表。在 UNIX 操作系统中，用户的 Uid 以及 Gid 都直接对应了用户所有拥有的权限，Root 用户具有最高的权限,在系统中可以进行任何操作。而对于基于属性的认证信任管理系统来说,对于用户的授权过程则仅仅是将用户在系统中的角色激活。比如,在 Oracle 数据库系统中,每一个用户都对应相应的角色。每当一个用户连接数据库的时候,Oracle 数据库系统都会根据其属性来激活相应的角色,然后赋予一定的权限。

4) 委托

委托(delegation)实际上是一种安全策略。在信息系统中的委托过程和实际生活中的委托过程完全一样,就是某个在系统中的实体主动将自己的权限赋予另外一个实体,使得后者可以以前者的身份来完成一些工作,对系统进行一些操作。当然,委托不是长久的,它是一种临时性的操作过程。简单来说,就是被委托用户只能在一定时间内使用委托人的身份来进行操作。一旦超过了有效的时间,委托关系将不再存在。在处理委托相关问题的时候,最关键也最复杂的一个问题是委托过程中的权限传播问题。为了方便系统管理且同时保证系统的安全性能,对这样的权限传播必须进行必要的限制。

5) 访问控制策略

访问控制策略(access control policy)主要用来保证非法的用户是不能访问一些特定的合法资源的。这样的访问控制策略决定了在自动信任协商中暴露哪些证书以及这些证书的先后顺序。根据描述的复杂程度,访问控制策略可分为简单策略(元策略)与复合策略。简单策略是组成复合策略的基本元素,它们的关系类似于元数据与数据的关系。

6) 信任协商模型

信任协商模型(trust negotiation model)是协商双方在建立信任关系中所采取的暴露证书和访问控制策略的方式。信任协商模型的选择决定了协商双方将采用什么样的方式来释放证书和访问控制策略信息,对敏感信息以及个人隐私保护具有极大的影响。

4. 信任管理

1) 信任管理概述

信任管理问题是网络安全中一个极为重要的组成部分。信任管理包括公式化安全策略以及安全凭证这两个主要方面,决定一个特定的凭证集合是否满足相关的安全策略,以及对第三方的信任验证。1996 年,M. Blaze 等在提出信任管理概念的同时,还提出了一种基于信任管理引擎构建的信任管理系统,整个系统的架构如图 4.16 所示。

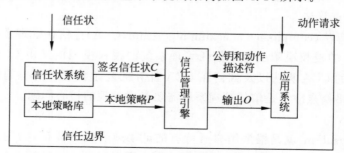

图 4.16　M. Blaze 等提出的信任管理模型

可以看到,在图 4.16 所示的信任管理模型中,整个系统的核心部分应该是信任管理引擎,在信任管理引擎中主要实现了一种具有通用性且可以独立使用的身份证明算法。根据图中信息可以知道,实际上信任管理系统所需要做的处理就是依靠证书集合 C 来判断身份证明请求是不是符合当前策略集合 P 的要求。在信任管理系统的设计中,主要应该解决的问题包括两方面的内容:第一个方面是证书的收集,主要用于完善系统的证书集合 C;另外一方面是如何制定用户的信任决策。信任模型是信任管理的基础,信任管理所解决的问题是在一定的信任模型基础上,以评估和决策制定为目的,对网络应用中信任关系的完整性、安全性或者可靠性等相关证据进行收集、编码、分析和表示的行为。

2) 信任管理方法设计原则

对于一个信任管理方法的设计,主要基于以下四个原则。

(1) 统一的机制。策略、凭证以及信任关系在一种"安全"的程序设计语言中体现为一种程序(或者程序的一部分)。当前存在的系统都是将这些概念分开之后分别处理的。我们为策略、凭证以及信任关系提供一种共同的语言,通过这种方式,使网络应用可以以一种全面的、持续的以及透明的方式来处理安全问题。

(2) 灵活性。系统丰富的内容完全足够支持复杂的信任关系,这主要是为了支持当前开发的大规模网络应用。同时,简单且标准的策略、凭证以及信任关系也可以被简洁全面地支持。特别的,对于 PGP 和 x.509 认证,只需要做一些简单的修改就可以应用在我们的架构中。

(3) 控制位置。网络的每一个部分都可以决定在各种情况下是否接受来自第二方或者第三方授予的凭证。通过支持信任关系的本地控制,我们可以不再需要全球统一的知名认证机构。这样的层次结构在规模上没有超过单个的"communities of interest"。在这种结构中,信任可以被无条件地从上往下定义。

(4) 策略的分离机制。验证凭据的机制不依赖于自己的凭据或使用它们的应用程序语义,这使得许多策略需求差别较大的不同应用可以共享一个单一的证书验证基础设施。

5. 信任管理技术

目前的信任管理研究主要有两方面。①基于策略和信任证书的信任管理,对应的是理性信任或者客观信任关系的管理;②基于信誉的信任管理,对应的是一种主观或感性信任关系的管理。下面两小节将分别介绍这两种信任管理技术的相关情况。在详细介绍信任模型之前,我们先介绍两个最有名的证书系统——PGP 和 x.509,因为在后面介绍的信任模型中或多或少地都使用到了这两个证书系统所提供的认证证书。

1) PGD 系统

在 PGP 系统中,一个用户产生一个(公钥,私钥)对,这个(公钥,私钥)对关联着他自己唯一的 ID。通常情况下,ID 的形式为(名字,E-mail 地址)。密钥被保存在密钥记录中。公共(或私有)密钥记录包含一个 ID、一个公共(或私有)密钥以及密钥对创建的时间戳。公钥存储在公钥环中,私钥存储在私钥环中。每个用户都必须存储和管理一对密钥圈。

如果用户 A 有用户 B 的一个公钥记录副本,例如一个他很确信在 B 生成之后就没有被修改过的副本(不管什么原因),现在 A 要为这个副本签名,并将其传递给 C,那么 A 就相当于将 B 介绍给 C。A 签署(sign)的密钥记录(由 A 签名的密钥记录)被称为一个密钥验证,我们有时也用验证来替代签署这个词。每一个用户必须将他的介绍人通知给 PGP 系统,并且通过介绍人的私钥来验证介绍人的公钥记录。此外,用户的介绍人必须为该用户指定其相应的信任等级,包括未知的、不可信的、轻微可信的以及完全可信的。

　　每个用户将他的信任信息存储在它的密钥环上并且使其和 PGP 系统保持一致,这使得 PGP 可以把一个有效的分数分配给每一个在密钥环上的验证,只有当这个分数在一定范围之内才可以使用密钥。例如,一个持怀疑态度的用户可能需要两个完全受信任签名的公钥记录来判断它的有效性,而少数怀疑用户可能只需要一个完全信任的签名或两个轻微信任的签名来证明其有效性。重要的是我们要注意到,PGP 系统中有一个隐含的假设——只有安全策略的概念,安全策略需要支持验证消息发送者的 ID。密钥环以及信任程度允许每一个用户设计他们自己的策略,尽管这种策略非常有限。这种狭隘的策略定义非常适合 PGP 系统,PGP 系统是专门用来为个人提供安全电子邮件的。但是,对于目前正在设计和实施的更加广泛的网络服务来说,这种方式是不够的。

　　应该注意到,在 B 的公钥记录上的 A 的签名并不应该被解释成 A 相信 B 的个人诚信,而正确的解释应该是 A 相信在记录中和 B 身份绑定的密钥是正确的。另外,应该注意到,信任是不可以被传递的。事实上,A 充分相信 B 作为一个介绍人,并且 B 充分相信 C,但这并不意味着 A 会完全相信 C。

　　由于 PGP 已经越来越流行,分散的"信任网"已经出现。每一个个体有责任获取他们需要的公钥验证,并且为他们的介绍人分配信任程度。类似地,每一个个体也应该创建他们自己的密钥对然后对外宣告他们自己的公钥。这种类似于"草根"的方式拒绝使用官方的验证机构来验证个人(或者其他相关验证机构)的公钥以及作为对这些密钥使用者的信任服务器。因而,为了这些密钥使用者,只能自己扮演信任服务器的角色。

　　2).509 系统

　　.509 验证架构和 PGP 的介绍人机制相同,都是为了解决需要找到通信对方一个合适的、可信赖的公钥副本的问题。PGP 和.509 证书签署的记录和用户的 ID 以及他们的加密密钥是相关联的。.509 证书包含的信息比 PGP 证书包含的信息要更多。比如,用于创建它们签名方案的名称以及他们有效的时间范围,但是他们的基本目的都是简单地将用户信息和密钥绑定。然而,.509 和 PGP 的主要不同表现在它们的信息集中程度上。在 PGP 系统中,虽然任何人都可以签署公钥记录并作为介绍人,但是在.509 架构中,假设每个人都会从一个官方的认证机构(CA)中获得证书。当用户 A 创建一个(公钥,私钥)对时,他需要有由一个或多个 CA 验证的需求信息并且注册有一个官方证书目录服务;之后,如果 A 想要和 B 安全地通信,他需要从目录服务器中获得 B 的证书。如果 A 和 B 是通过同一个 CA 验证的,那么目录服务器只需要直接将 B 的证书发给 A,A 可以通过他们公有的 CA 来验证公钥的有效性;如果 A 和 B 没有被同一个 CA 直接认证,那么目录服务必须创建一条从 A 到 B 的验证路径,验证路径的形式为 $CA_1, cert_1, CA_2, cert_2, \cdots, CA_n, cert_n$,其中,$cert_i (1 \leqslant i \leqslant n)$ 是 CA_{i+1} 的证书,它由 CA_i 签署,$cert_n$ 是 B 的证书。为了通过这条路径来获得 B 的公钥,A 必须首先知道 CA_1 的公钥。

　　因此,.509 框架建立在这样一个假设之上:假设 CA 被组织成一个包含所有证书的"权威验证树",且所有具有"共同利益"的用户都拥有一种类似的密钥,这些密钥都曾经被树中具有相同祖先的 CA 签名过。

4.3.2 基于身份策略的信任管理

基于策略的信任管理技术主要依赖当前已经存在的安全性机制来保证整个信任管理系统的安全性,最为常见的情况就是依靠签名证书,因为签名证书是由第三方权威机构颁发的,依赖签名证书也就是间接地依赖于第三方权威机构的安全性保障。这种信任管理技术的前提是必须拥有完善的语义定义机制,并通过这种完善的机制来为认证证书的使用、访问、决策提供强有力的验证和分析支持。

在本节中,我们主要讨论了 PolicyMaker/KeyNote、SPKI/SDSI 以及 REFEREE 三种基于身份策略的信任管理模型。

1. PolicyMaker/KeyNote

PolicyMaker 的出现是很有意义的事情,因为它是世界上第一个基于策略的信任管理系统,是由信任管理概念的提出者 M. Blaze 等依据自己提出的概念理论进行分析设计的,这个信任管理系统从侧面反映了这几个人信任管理的思想。

PolicyMaker 架构最为核心的部分为授权查询引擎,也就是我们在图 4.16 中表示的信任管理引擎。这一授权查询引擎的输入采用固定的三元组输入,三元组输入的模式主要为 $<O,P,C>$,其中 O 是用户申请进行的相应操作,P 表示是相应的安全策略,C 表示用户所持有的安全信任证书。对于用户提交的这样一个查询问题,PolicyMaker 信任管理系统可以简单地返回一个信任/不信任的结果,当然也可以根据用户提交的身份认证信息来返回一个更加详细的授权内容。根据 M. Blaze 等的定义,PolicyMaker 信任管理系统的查询语法主要形式为

```
(Issuer,Subject,Authority,Delegation,ValidityDates)
(Issuer,Name,Subject,ValidityDates)
key₁,key₂,…,keyₙ REQUESTS ActionString
```

其中,提交的字段 ActionString 主要是用来表示用户所期望进行的相关操作;key_1,key_2,…,key_n 是操作申请用户所持有的公共密钥序列。PolicyMaker 的策略和凭证主要是通过断言来描绘的,断言是一种数据结构,它主要描述了各个实体间授权委派所需要的一些数据内容。断言的具体形式为

```
Source ASSERTS AuthorityStruct WHERE Filter
```

其中,Source 是断言的权威源。Source 的值主要分为两种情况:一种情况是,当 Source 的值是 POLICY(关键字)时,表示此时的断言是一种策略;另外一种情况是,当 Source 是公共密钥的时候,表示此时的断言表示的是一种凭证。信任管理引擎在本地保存了相应的安全策略,当然,相应的安全策略也可以采用分布式的存储形式来保存。AuthorityStruct 字段主要存储了需要被授权的实体序列,这个实体可以是一个公共密钥也可以是一种门限结构。Filter 主要确定的是进行这些用户申请操作所必须要满足的一些条件,这一部分可以使用如 JAVA 这样解释执行的程序语言来编写。

KeyNote 语言是以 PolicyMaker 为基础发展而来的。它在 1999 年的时候正式被 IEEE 编入 RFC2704 标准。KeyNote 所采用的断言语法,不论是策略断言还是凭证断言,都更加

简洁明了。例如,想要使 Alice 用户拥有 Library 域中所有的权限内容,那么可以使用下面的语句。

```
Comment: Library delegates all the rights of Library to Alice
Authorizer: POLICY
Licensees: "DSA: 5601EF88" # Alice's key
Conditions: app - domain = "Library"
```

其中,Authorizer 字段和 Licensees 字段同 PolicyMaker 中的 Source 和 AuthorityStruct 功能相似,主要用来描述断言的权威源以及存储需要被授权的实体序列。而在 KeyNote 中,Conditions 字段和 PolicyMaker 中的 Filter 相比,则做了很大一部分简化工作,Conditions 字段使用了一种更加简洁的语言来描述所申请的操作的相关属性。KeyNote 使用的证书中的 Authorizer 字段包含的是公钥,另外在 KeyNote 中还增加了 Signature 字段,主要用来保存 Authorizer 对当前断言情况的签名。

```
KeyNote - Version: "2"
Local - Constants: Bob = "DSA: 4401FF92" # Bob's key
Carol = "RSA: d1234f" # Carol's key
Comment: Alice delegates the read action on computer articles to Bob and Carol
Authorizer: "DSA: 5601ef88\" # Alice's key
Licensees: Bob ‖ Carol
Coditions: app - domain == "Library"&&action == "read"&&cat == "Computer"
Signature: < signature of the private key of Alice>
```

KeyNote 的查询主要包括了操作申请者的公共密钥、操作的必要属性、满足性值以及策略与凭证集合四个基本内容。满足性值主要为应用程序提供参考,应用程序将根据满足性值的内容来进行相应的授权决策。KeyNote 的查询评价语义主要对 PolicyMaker 的查询评价语义进行了相应的一些精简,递归地定义了查询满足性值的计算原理,基本思想是寻找一条从 Policy 到请求方公钥的委派链。

2. SPKI/SDSI

SPKI(simple public key infrastructure,简单公共密钥基础结构)和 SDSI(simple distributed security infrastructure,简单分布式安全基础结构)最初是两个独立的研究项目,其初衷分别是构建不依赖于.509 全局命名体系的授权和认证设施。两者的互补性使之合并为 IETF 的 RFC 标准,一般称为 SPKI 或 SPKI/SDSI。

SPKI 继承了 SDSI 的局部名字,局部名字由主体和标识符序列组成,SPKI 的主体表示为公钥。例如,局部名字 KeyAlice's Bob 是指公钥 KeyAlice 定义的名字空间中的 Bob,而 KeyAlice's Bob's friend 表示该 Bob 定义的名字空间中的 friend。局部名字不依赖于全局命名体系,通过各局部命名空间的信任关系实现更大范围内的命名体系,具有很大的灵活性和可伸缩性。

SPKI 证书包括授权证书(authorization certificate)和名字证书(name certificate)。授权证书可以表示为五元组:

(Issuer, Subject, Authority, Delegation, ValidityDates)

表示 Issuer 将 Authority 字段描述的特权委派给 Subject；Delegation 决定是否允许 Subject 将 Authority 进一步委派给其他主体；ValidityDates 是证书的有效时段。

SPKI 的名字证书表示为四元组：

(Issuer,Name,Subject,ValidityDates)

名字证书表达了一种名字的蕴涵机制：Subject 代表所有公钥都具有 Issuer 定义的名字 Name；ValidityDates 是证书的有效时段。根据名字证书定义的"名字链"可以判定一个公钥是否具有一个局部名字，或者一个局部名字可以解析为哪些公钥。

3. REFEREE

REFEREE 是为了解决 Web 浏览安全问题而开发的信任管理系统，也是基于策略和凭证的信任模型。

REFEREE 采用了与 PolicyMaker 类似的、完全可编程的方式描述安全策略和安全凭证。在 REFEREE 系统中，安全策略和安全凭证均被表达为一段程序，但程序必须采用 REFEREE 约定的格式来描述。REFEREE 的一致性证明验证过程比较复杂，整个验证过程由安全策略或安全凭证程序之间的调用完成，程序甚至能根据具体需求自主地收集、验证和调用相关的安全凭证。另外，REFEREE 能够验证非单调的安全策略和安全凭证，即能够处理一些否定安全凭证。REFEREE 灵活的一致性证明验证机制一方面使其具有较强的处理能力，另一方面也导致其实现代价较高。

另外，必须看到 REFEREE 的验证结果可能会出现未知的情况。REFEREE 比 PolicyMaker 和 KeyNote 更加灵活，尤其是处理一致性证明验证的能力较强，程序可以自动收集并验证安全凭证的可靠性，这大大减轻了应用程序的压力，有利于该信任管理系统的使用，但是也要注意到它的实现代价较高，而且允许安全策略和安全凭证程序间的自主调用，也可能造成安全隐患。

4.3.3　基于行为信誉的信任管理

基于信誉的信任管理依赖于用"软安全"（soft security）方法来解决信任问题。在这种情况下，信任通常基于自身经验和网络中其他实体提供的反馈（该实体使用过提供者提供的服务）。

信誉与行为信任相对应，它与信任并不等价。信任是一个个性化的主观信念，它取决于很多因素或证据，而信誉只是其中一种因素。信任与信誉之间的关系可以看成是：利用建立在社群基础之上的关于实体以往行为的反馈，信誉系统提供了一种通过社会控制方式创建信任的途径，从而有助于对事务的质量和可靠性进行推荐和判断。

本节主要介绍信任的信息收集技术和信誉的数学模型。

1. 信息收集技术

为了实现信任评价，节点需要收集被评价节点的信任信息，也就是有关被评价节点的信誉推荐（反馈）。推荐信息的创建涉及把存储的经验信息以标准的形式提交给推荐请求节点。推荐信息可以包含所有的经验信息或者一个聚合的观点。PeerTrust、ManagingTrust、

FuzzyTrust 等著名的信誉系统使用前一种方法,而 NICE、REGRET、EigenTrust 使用后一种方法。采用聚合观点的方法可节约带宽,具有更好的可扩展性,但是会以减少透明性为代价。

现有信誉系统的信任信息收集方式通常可以分为两类。一些信誉系统使用局部化的信任信息查找过程。它假设每个节点具有几个邻居节点,如果节点 A 希望对节点 B 进行信任评价,那么节点 A 就会向其邻居发送信任信息查询请求,并规定查询转发的深度 TTL。收到查询请求的节点根据自身的经验数据库进行如下处理:①如果有关于节点 B 的信任信息,那么产生关于节点 B 的推荐信息传输给节点 A。②检查 TTL,如果 TTL 大于 0,则把请求转发给邻居节点,并且 TTL 减 1;如果等于 0,则不作处理。可以发现,采用局部化查找方法的信誉系统,其信任评价基于信任信息图的子图。因此,这类信誉系统称为基于局部信任信息的信誉系统。基于局部信任信息的信誉系统通常对系统中节点的信任信息存储方式没有特别的要求。

另外一些信誉系统假设每个实体都可以访问到所有的事务或者观点信息。换句话说,信任评价基于完整的信任信息图。这类信誉系统可被称为基于全局信誉信息的信誉系统。在基于全局信誉信息的信誉系统中,同一时刻系统中所有节点获取相同的信誉信息,即完整的信誉信息。采用这种信誉信息收集方式的信誉系统通常对系统中节点的信誉信息的存储方式有较高的要求,需要能够让所有节点安全高效地获得所需要的信誉信息。

通过上面的介绍,可以发现两种信任信息收集方法都有优缺点。基于局部信任信息的信誉系统具有更好的可扩展性。然而,基于全局信任信息的信誉系统能够访问到完整的信任信息图,可以在网络中建立一致的全局信任信息视图,因此准确性、客观性比较高,还可以避免绝大多数攻击手段造成的危害。通信负载过大是全局计算方式面临的最大问题,这可能导致模型的可用性降低。

2. 信誉的数学模型

1) 基于局部信任信息的信任模型

基于局部信任信息的信任模型指节点根据局部信任信息实现的信誉评价,信息来源包括直接交互经验和其他节点提供的推荐信息。总体而言,局部信誉模型相对简单,需要的信息量较少,信誉计算的代价因此也较小。然而由于信誉信息来源较少,其信誉评价的准确性较差,并且在识别欺骗行为的能力上也存在一定的不足。典型的基于局部信任信息的信任模型有 P2PRep、DevelopTrust、Limited Reputation 等。

P2PRep 是针对 Gnutella 提出的一个信誉共享协议,每个节点跟踪和共享其他节点的信誉。该模型使用提供者信誉和资源信誉相结合的方法,来减少在下载使用资源过程中潜在的风险,并提出一种分布式的投票算法来管理信誉,即假设系统中大多数节点都是诚实推荐节点。这种假设在开放的环境中并不总是成立,在某些情况下推荐可能很少,且大多数的推荐是不诚实的。此外,提供不诚实的恶意节点会通过提交大量的不诚实推荐成为主流观点,产生不正确的信任评价。

DevelopTrust 是一个基于社会网络的模型,它定义了信任信息收集算法,每个节点维护一个熟人集合,和节点发生过交互的节点称之为熟人;为每个熟人维护一个熟人模型,包含熟人的服务可信度和推荐可信度;然后基于此节点选择一部分可信的熟人节点作为邻居节点。此外,节点可以基于上述评价自适应更新邻居节点,通常是相隔一定的时间间隔。DevelopTrust 还定义了一个信任信息收集算法,即通过邻居节点相互引荐的方法来发现证人节点(和目标评价节点发生过直接交互的节点),进而获得证人节点的推荐;使用指数均值信任计算方法增强信任模型的动态适应能力,有效处理节点的行为改变,并且讨论了不同的欺骗模型,提出了权重大多数算法(weighted majority algorithm,WMA)来应对不诚实节点的不诚实反馈。WMA 算法的思想是对不同推荐者的推荐分配不同的权重,根据权重来聚合相应的推荐,并根据交互的结果来动态调整相应权重。但这种方法面临这样一个问题:如果节点的推荐只是基于少量的交互或者(并且)服务的质量变化很大,那么诚实的推荐节点可能被错误地划分为不诚实节点。

Limited Reputation 是针对 P2P 文件共享提出的信誉机制。在该机制中,每个节点维护一定数量的、具有较高信任度的朋友节点,信任信息的收集采用朋友节点之间信任信息的交换来实现。采用推荐信任度等同于采用服务信任的方法来进行信任信息的聚合,具有和DevelopTrust 同样的问题。

2) 基于全局信任信息的信任模型

全局信誉模型依靠所有节点之间的相互推荐构造基于全局信息的信誉评价,在此基础上建立全局一致的信誉视图。eBay 使用集中信誉信息存储的方法,它采用最简单的信誉值计算方法:分别对正面的事务评价和负面的事务评价进行简单相加,然后用正面的评价减去负面的评价作为整体信誉评价。该方法比较原始,不能有效刻画节点的信誉。Epinions 和 Amazon 略微改进了这种算法,对所有的事务评价取平均值。

EigenTrust、PeerTrust 和 ManagingTrust 采用分布存储设施进行信任信息的存储和收集。这种存储方法使用分布式哈希表(distributed hash table,DHT)来为系统中的每个节点分配一个信任信息监管节点来存储系统中其他节点对它的评价,使用不同的哈希函数可以实现信誉信息的备份。EigenTrust 是斯坦福大学针对 P2P 文件共享提出的信誉管理系统,用来抑止非法有害文件的传播。在该系统中,每个节点对应一个全局信任值,该信任值反映了网络中所有节点对该节点的评价。每次交易都会导致信任值在全网络范围内的迭代,因此,该模型在大规模网络环境中缺乏工程上的可行性。采用预信任节点和推荐可信度等同于采用服务信任度的方法来处理合伙欺骗的不诚实推荐行为,具有一定的局限性,不能有效处理既提供良好服务也提供不诚实推荐的恶意节点。

PeerTrust 是一个基于信任的信任支持框架,采用自适应信任模型来度量和比较节点的信任度。为了计算节点的信任度,PeerTrust 定义了三个基本的参数和两个自适应的信任因子,即从其他节点接受的反馈、节点完成的事务总数、反馈源的可信度以及事务上下文因子和社群上下文因子。事务上下文因子基于大小、类别和时间戳来区分事务,社群上下文因子可帮助缓解反馈激励问题,并提出了用基于自适应时间窗口的动态信任计算方法来处理恶意节点的动态策略性行为改变,但提出的方法不能有效检测和惩罚反复建立信任然后进行攻击的摇摆行为节点。PeerTrust 使用个人相似度度量的方法来计算节点的推荐可信度及处理不诚实推荐,但基于反馈相似度的方法会面临公共交互节点集合很小的问题,影响信任评价的准确性。

TrustGuard 在 PeerTrust 的基础上进行了更深入的研究,并借鉴了控制系统中 PID 控制器思想,提出了一个可靠的动态信任计算模型,但该方法仍然未能有效地检测和惩罚反复建立信任然后进行攻击的摇摆行为节点。ManagingTrust 假设网络中的节点在大多数情况下是诚实的，系统中的信誉使用抱怨来表达，节点获得的抱怨越多，越不可信。ManagingTrust 使用 P. Grid 完成分布式信任信息管理。另外，信任模型依赖于节点提供的信任信息的数量和质量。而理性自私的节点由于以下原因不愿意积极提供诚实的信任信息：提供反馈会增加被评价节点的信誉，而此节点能会成为潜在的竞争者；节点担心提供诚实的负面反馈会遭到报复；提供诚实反馈只对其他节点有利。

相对于局部信誉，全局信誉能够更加全面地反映系统整体对节点行为的看法，因此其准确性、客观性比较高，有利于节点不良行为的识别。从基于信誉实现激励的角度，全局信誉作为与节点绑定的唯一信誉评价，相对于局部信誉，它更有利于利用网络拓扑的不对称性和节点能力的差异提供全局一致的激励。全局信誉模型的主要问题在于，由于使用了全局的信任信息，全局信誉的计算通常会产生较高的网络计算代价。信誉全局迭代产生的消息负载是全局信誉计算面临的最大问题，例如 EigenRep 模型中所采用的全局迭代的信誉求解算法，其复杂度高达 $O(n^2)$（n 为系统的规模），这在很大程度上限制了模型的可行性；另一方面，通常情况下，全局信誉模型的求解算法收敛速度也较局部信誉模型慢。

4.4　位置服务中的位置隐私

基于位置的服务（location-based service，LBS）是指通过无线通信和定位技术获得移动终端的位置信息（如经纬度的坐标数据），并将此信息提供给移动用户本人、他人或系统，以实现各种与当前用户位置相关的服务。

人们享受各种位置服务的同时，移动对象个人信息泄露的隐私威胁也渐渐成为一个严重的问题，如曾经有报道某人利用 GPS 跟踪前女友、公司利用带有 GPS 的手机追踪监视本公司雇员行踪等案例。越来越多的事实说明了移动对象在移动环境下使用位置服务可能导致自己随时随地被人跟踪，被人获知曾经去过哪里、做过什么或者即将去哪里、正在做什么，换句话说，人们的隐私安全受到了威胁。位置隐私是一种特殊的信息隐私。信息隐私是由个人、组织或机构定义的何时、何地、用何种方式与他人共享信息以及共享信息的内容。而位置隐私则指的是防止其他人以任何方式获知对象过去、现在的位置。在基于位置的服务中，敏感数据可以是有关用户的时空信息，可以是查询请求内容中涉及医疗或金融的信息，可以是推断出的用户的运动模式（如经常走的道路以及经过频率）、用户的兴趣爱好（如喜欢去哪个商店、哪种俱乐部、哪个诊所等）等的个人隐私信息。而位置隐私威胁是指攻击者在未经授权的情况下，通过定位传输设备、窃听位置信息传输通道等方式访问到原始的位置数据，并计算推理获取的与位置信息相关的个人隐私信息。比如，通过获取的位置信息可以向用户散播恶意广告，获知用户的医疗条件、生活方式或是政治观点；也可以通过用户访问过的地点推知用户去过哪所医院看病、在哪个娱乐中心消遣等。

位置隐私泄露的途径有三种：一是直接交流（direct communication），指攻击者从位置设备或者从位置服务器中直接获取用户的位置信息；二是观察（observation），指攻击者通过观察被攻击者行为直接获取位置信息；三是连接泄露（link attack），指攻击者可以通过"位置"连接外部的数据源（或者背景知识）从而确定在该位置或者发送该消息的用户。

在移动环境中，由于位置信息的特殊性及移动对象对高质量位置服务的需求，位置隐私保护技术面临的主要挑战为：

（1）保护位置隐私与享受服务彼此矛盾。移动环境下用户使用基于位置的服务时，需要发送自己当前的位置信息，位置信息越精确，服务质量越高，隐私度却越低，位置隐私和服务质量之间的平衡是一个难处理却又必须考虑的问题。这里考虑的服务质量包含响应时间、通信代价等，与具体的环境有关。

（2）位置信息的多维性特点。在移动环境下，移动对象的位置信息是多维的，每一维之间互相影响，无法单独处理。这时采用的隐私保护技术必须把位置信息看作一个整体，在一个多维的空间中处理每一个位置信息，其中处理包括存储、索引、查询处理等技术。

（3）位置匿名的即时性特点。在移动环境下，通常处理器面临着大量移动对象连续的服务请求以及连续改变的位置信息，这使得匿名处理的数据量巨大而且频繁变化。在这种在线（online）环境下，处理器的性能即匿名处理的效率是一个重要的影响因素，响应时间也是用户满意度的一个重要衡量标准。位置隐私还要考虑对用户连续位置进行保护的问题，或者说对用户的轨迹提供保护，而不仅仅处理当前的单一位置信息，因为攻击者有可能通过积累用户的历史信息来分析用户的隐私。

（4）基于位置匿名的查询处理。在移动环境中，用户常常提出基于位置的服务请求。每一个移动对象不但关注个人位置隐私是否受到保护，还关心服务请求的查询响应质量。服务提供商根据用户提供的位置信息进行查询处理并把结果返回给用户。经过匿名处理的位置信息通常是对精确位置点进行模糊化处理后的位置区域。这样的位置信息传送给服务提供商进行查询处理时，得到的查询结果与精确位置点的查询结果是不一样的。如何找到合适的查询结果集，使真实的查询结果被包含在里面，同时还不浪费通信代价和计算代价，是匿名成功之后需要处理的主要问题。

（5）位置隐私需求个性化。隐私保护的程度问题并不是一个技术问题，而是属于个人事件。不同的用户具有不同的隐私需求，相同的用户处在不同的时间和地点，隐私需求也不同。例如用户在休闲娱乐时（如逛街），隐私度要求比较低；但是在看病或参与政治金融相关的活动时，隐私度要求就比较高。所以，技术不能迫使社会大众共同接受一个最小的隐私标准。

4.4.1 位置隐私保护

在位置隐私保护中主要有两方面的工作：一是位置匿名（location anonymization）。匿名指的是一种状态。在这种状态下，很多对象组成一个集合。从集合外向集合里看，组成集合的各个对象无法区别，这个集合称为匿名集。位置匿名是指系统能够保证无法将某一个位置信息通过推理攻击的方式与确切的个人、组织和机构相匹配。在 LBS 中，位置匿名处理要求经过某种手段处理用户的位置，使个体位置无法被识别，从而起到保护用户位置的目的。二是查询处理。在感知位置隐私的 LBS 系统中，位置信息经过匿名处理后不再是用户的真实位置，可能是多个位置的集合，也可能是一个模糊化（obfuscation）的位置。所以，在位置服务器端，查询处理器的处理无法继续采用传统移动对象数据库中的查询处理方式，因为后者的技术均以确切的位置信息为基础。因此，可以在原有技术的基础上进行改进和修改，从而使其适应新的查询处理要求。

1. 系统结构

在对移动对象的基于位置的服务请求进行响应时,必须首先确定所采用的系统结构。位置匿名系统的结构有三种:独立结构(non-cooperative architecture)、中心服务器结构(centralized architecture)和分布式点对点结构(peer-to-peer architecture)。在独立结构中,用户仅利用自己的知识,由客户端自身完成位置匿名的工作,从而达到保护位置隐私的目的。中心服务器结构在独立结构的基础上,增加了一个可信的第三方中间件,由可信的中间件负责收集位置信息、对位置更新做出响应,并负责为每个用户提供位置匿名保护。分布式点对点系统结构是移动用户与位置服务器的两端结构,移动用户之间需要相互信任协作,从而寻找合适的匿名空间。现在大部分的工作集中在中心服务器结构和分布式点对点结构。

1) 独立结构

独立结构是仅有客户端(或者移动用户)与位置数据库服务器的 C/S 结构。该系统结构假设移动用户拥有能够自定位并具有强大的计算能力和存储能力的设备,如 PDA。移动用户能根据自身的隐私需求,利用自己的位置完成位置匿名。

在此结构中,一个查询请求的处理流程是:将匿名后的位置连带查询一起发送给位置数据库服务器;位置服务器根据匿名的位置进行查询处理,给出候选结果集返回给用户;用户知道自身的真实位置,再根据真实位置挑选出真正的结果。换句话说,由用户自身完成查询结果的求精。总之,客户端需要自己完成位置匿名和查询结果求精的工作。

独立结构的优点是简单且容易与其他技术结合,缺点是对客户端的要求比较高,并且只能利用自身的知识进行匿名,无法利用周边环境中其他用户的位置等信息,所以比较容易受到攻击者的攻击。例如,客户端通过降低空间粒度生成了一个满足用户需求的匿名框,但不幸的是,如果在此匿名框中只有移动用户自身,那么任何从此匿名框处提出的查询都可以推断是由此移动用户提出的,查询内容与用户标识容易实现匹配,造成查询隐私泄露。

2) 中心服务器结构

中心服务器结构除包含用户和基于位置的数据库服务器外,还加入了第三方可信中间件,称之为位置匿名服务器,其作用是:

(1) 接收位置信息。收集移动用户确切的位置信息,并响应每一个移动用户的位置更新。

(2) 匿名处理。将确切的位置信息转换为匿名区域。

(3) 查询结果求精。从位置数据库服务器返回的候选结果中,选择正确的查询结果返回给相应的移动用户。

之所以在用户与位置服务器之间加入可信的中间件,是因为我们无法确定位置数据库服务器是可信的,所以称其为半可信的。不可信是因为会有一些不负责任的服务提供商出于商业目的将他所收集的位置记录卖给第三方。这样,攻击者可以锁定一些攻击对象,通过买来的数据获取这些对象历史所到之处,并推断未来的位置。而半可信是指位置服务器会按照匿名框或者用户的真实位置确切无误地计算出查询结果。

在中心服务器结构中,一个查询请求的处理过程如下。

(1) 发送请求。用户发送包含精确位置的查询请求给位置匿名服务器。

(2) 匿名。匿名服务器使用某种匿名算法完成位置匿名后,将匿名后的请求发送给提供位置服务的数据库服务器。

（3）查询。基于位置的数据库服务器根据匿名区域进行查询处理,并将查询结果的候选集返回给位置匿名服务器。

（4）求精。位置匿名服务器从候选结果集中挑出真正的结果返回给移动用户。

中心服务器结构的优点在于降低了客户端的负担,在保证高质量服务的情况下提供符合用户隐私需求的匿名服务,但是其缺点也很明显,例如:

第一,位置匿名服务器是系统的处理瓶颈。移动用户位置频繁的发生变化,位置匿名服务器需要负责所有用户的位置收集、匿名处理以及查询结果求精,所以它的处理速度将直接影响到整个系统。如果位置匿名服务器出现问题,则将会导致整个系统瘫痪。

第二,当位置匿名服务器也变得不再可信的时候(如受到攻击者的攻击),因为它掌握了移动用户的所有知识,所以将会导致极其严重的隐私泄露。

3）分布式点对点结构

分布式点对点系统结构由两部分组成:移动用户和位置数据库服务器。每个移动用户都具有计算能力和存储能力,它们之间相互信任合作。位置数据库服务器与其他两种系统结构中的作用一样,都负责提供基于位置的服务。

分布式点对点结构与中心服务器结构的区别在于中心服务器结构中的第三方可信中间件需要负责位置匿名和查询结果求精等工作,而分布式点对点结构中每个节点都可以完成该工作,节点之间具有平等性,所以避免了中心服务器结构中位置匿名服务器是处理瓶颈和易受攻击等缺点。与独立结构相比,表面上看两者都是两端结构,但是不同点在于独立结构中,移动用户仅利用自己的位置做匿名,并不考虑其他移动用户的信息。在分布式结构中,移动用户根据匿名算法找到其他一些移动用户组成一个匿名组(group),利用组中的成员位置进行位置匿名。匿名处理过程可以由提出查询的用户本身完成,也可以由从组中选出的头节点完成。查询结果返回给头节点,头节点可以选择出真实结果发送给提出查询的用户;也可以将查询结果的候选集发送给用户,由用户自己挑选出真实的结果。所以在分布式点对点结构中,除与其他两种结构相同的位置匿名处理和查询处理任务外,另一个重要任务就是选择头节点(head),平衡网络负载。

2. 位置隐私保护模型

在所有系统结构下,位置隐私保护技术都需要定义一个合适的位置匿名模型,使该模型既能保证用户的隐私需求,又能最好地响应应用户的服务请求。

迄今为止,在位置匿名处理中,使用最多的模型是位置 k-匿名模型(location K-Anonymity model)。k-匿名模型由美国 Carnegie Mellon 大学的 Latanya Sweeney 提出,最早使用在关系数据库的数据发布隐私保护中,它指一条数据表示的个人信息和至少其他 $k-1$ 条数据不能区分,其主要目的是解决如何在保证数据可用的前提下,发布带有隐私信息的数据,使每一条记录无法与确定的个人匹配。

Marco Gruteser 最先将 k-匿名的概念应用到位置隐私上来,提出位置 k-匿名:当一个移动用户的位置无法与其他 $k-1$ 个用户的位置相区别时,称此位置满足位置 k-匿名。通常采用的技术是把用户的真实位置点扩大为一个模糊的位置范围,使该范围覆盖 k 个用户的位置,从而隐藏真实用户的位置。形象化来说,每一个用户的位置可以用一个三元组

$([x_1,x_2],[y_1,y_2],[t_1,t_2])$表示,其中$([x_1,x_2],[y_1,y_2])$描述了对象所在的二维空间区域,$[t_1,t_2]$表示一个时间段,$([x_1,x_2],[y_1,y_2],[t_1,t_2])$表示用户在这个时间段的某一个时间点出现在$([x_1,x_2],[y_1,y_2])$所表示的二维空间中的某一点。除此用户外,还有其他至少$k-1$个用户也在此时间段内的某个时间出现在$([x_1,x_2],[y_1,y_2])$所表示的二维空间的某一点,这样的用户集合满足位置k-匿名。图4.17是一个$k=4$的位置k-匿名的例子(为了叙述的方便,这里省掉了时间域)。A、B、C 和 D 在经过位置匿名后,均用$([x_{bl},x_{ur}],[y_{bl},y_{ur}])$表示,如表4.2所示,其中$(x_{bl},y_{bl})$是匿名矩形框的左下角坐标,$(x_{ur},y_{ur})$是匿名矩形框的右上角坐标。这样,攻击者只知道在此区域中有四个用户,具体哪个用户在哪个位置他无法确定,因为用户在匿名框中任何一个位置出现的概率相同。所以在位置k-匿名模型中,匿名集由在一个匿名框中出现的所有用户组成,所以图4.17的匿名集为{A、B、C、D}。一般情况下,k值越大,匿名度越高,所以可以匿名集的大小表示匿名度。

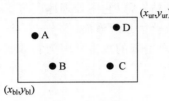

图 4.17　位置匿名

表 4.2　位置匿名

用　　　户	真 实 位 置	匿名后位置
A	(x_A,y_A)	$([x_{bl},x_{ur}],[y_{bl},y_{ur}])$
B	(x_B,y_B)	$([x_{bl},x_{ur}],[y_{bl},y_{ur}])$
C	(x_C,y_C)	$([x_{bl},x_{ur}],[y_{bl},y_{ur}])$
D	(x_D,y_D)	$([x_{bl},x_{ur}],[y_{bl},y_{ur}])$

　　一般情况下,k值越大,匿名框也越大,但是这也与用户提出服务的所在位置的周围环境有关。假设提出查询请求的用户要求$k=100$的匿名度,如果此时用户正在一个招聘会上,一个很小的空间即可满足用户的需求;但如果用户此时在沙漠中,则返回的匿名空间可能非常大。

　　这里的k和匿名框的大小都是衡量隐私保护性能的参数,也是用户用于表达自己对隐私保护和服务质量的要求。通常,移动对象的位置隐私需求可以用四个参数表示。

　　k:即k-匿名,用户要求返回的匿名集中至少包含的用户数。

　　A_{min}:匿名空间的最小值,即返回的匿名空间必须要超过此值,可以是面积或半径等。A_{min}的作用是为了防止在用户密集区,很小的空间区域即可满足用户k值的需求。极端情况下,在一个位置L上有k个用户,虽然满足k值的需求,但是位置还是暴露了。

　　A_{max}:匿名空间的最大值,即返回的匿名空间必须不能超过此值,也可以是面积或半径等。

　　T_{max}:可容忍的最长匿名延迟时间,即从用户提出请求的时刻起需要在T_{max}的时间范围内完成用户的匿名。

　　k和A_{min}是用户的位置匿名限制(location anonymization constraints),反映的是匿名质量的最小值;A_{max}和T_{max}是位置服务质量限制(location service quality constraints),反映的是最差服务质量。

3. 位置匿名技术

1) 位置匿名算法

在位置隐私保护模型下,需要找到一个高效的位置匿名算法,使其既满足用户隐私需求又能保证服务质量。首先,位置服务中的查询请求可以表示为(id,loc,query)。其中,id 表示提出位置服务请求的用户标识,loc 表示提出位置服务时用户所在的位置坐标(x,y),query 表示查询内容。举例而言,张某利用自己带有 GPS 的手机提出"寻找距离我现在所在位置最近的中国银行",则 id="张某",loc="张某所在位置",query="距离我最近的中国银行"。

位置隐私保护的主要目的是防止或减少在服务提供系统中位置信息的可识别性。最早的方法是使用假名,即将此查询先提交给一个匿名服务器,将真实的唯一标识用户的 id 隐藏,换成假名 id′,这样攻击者就无法知道在此位置上的用户是谁,此查询是由谁提出的,此时查询三元组变为(id′,loc,query),其中 id′是用户的假名。

然而,不幸的是即使使用假名技术,位置信息 loc 也有可能导致位置隐私泄露。众所周知,Web 服务器会记录请求服务的 URL 和提出请求的 IP 地址。与 Web 服务器类似,位置服务器也以日志的形式记录自己收集到的所有服务请求,所以日志中包含的位置信息为攻击者提供了一扇方便之门。我们将以位置作为媒介实现消息内容与用户匹配的隐私威胁分为两类:第一类是受限空间识别(restricted space identification),第二类是观察识别(observation identification)。例如,一个对象发送消息 M,其中包含位置 L。攻击者 A 得到了此条消息,则他可以通过位置信息 L 确定消息 M 的发送者。受限空间识别是指如果攻击者 A 知道地点 L 是专属于用户 S 的,则任何从 L 发送的查询一定是由 S 发出的。比如,某别墅的主人在其家中发送了某条消息,可以通过消息中确切的位置(x,y)利用外部知识确定此别墅的主人,这样,攻击者即可确定这个用户发送了哪些查询。观察识别是通过一些外部观察知识实现用户标识和查询内容的匹配。如攻击者 A 之前被告知(或通过观察获知)在 t 时刻,对象 S 在位置 L 上,又发现在 t 时刻从位置 L 发出的查询都来自同一人,则可以认为任何从 L 发送的消息 M 都是由 A 发出的。例如,一个对象在上一个消息中揭示了其标识与位置,那么在同一个位置上即使匿名了后面的消息,攻击者仍然可以通过消息中的位置识别出后来消息的来源。

2) 位置匿名的基本思想

由此可见,仅仅隐藏用户标识是不够的,需要将用户的位置也作一定的匿名处理,从而保护位置隐私,这正是近年来位置匿名研究的焦点。随着对位置匿名研究的逐渐深入,出现了一系列新的具有代表性的方法。迄今为止,广泛使用的位置匿名基本思想有三种。

第一,发布假位置,即不发布真实服务请求的位置,而是发布假位置,即哑元(dummy)。如图 4.18 所示,圆点是查询点,方块是被查询对象。其中黑色的点是真实的位置点,为了保护用户的位置,发送给位置数据库服务器的是白色的假位置。由此可见,位置隐私就通过报告假位置而获得了保护,攻击者并不知道用户的真实位置。隐私保护程度和服务质量与假位置和真实位置的距离有关。假位置距离真实位置越远,服务的质量越差,但隐私保护程度越高;相反地,距离越近,服务的质量就越好,隐私保护程度就越低。

第二,空间匿名(spatial cloaking)。空间匿名本质上是降低对象的空间粒度,即用一个空间区域来表示用户的真实精确位置。区域的形状不限,可以是任意形状的凸多边形,现在普遍使用的是圆和矩形。我们称这个匿名区域为匿名框，如图 4.19 所示。

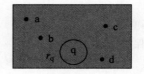

图 4.18　假位置示意图　　　　图 4.19　空间匿名示意图

用户 q 真实位置点的坐标是 (x,y)。空间匿名的思想是将此点扩充为一个区域，如图 4.19 中的虚线圆 r_q，即用这个区域表示一个位置，并且用户在此区域内每一个位置出现的概率相同。这样攻击者仅能知道用户在该空间区域内，却无法确定是在整个区域内的哪个具体位置。

第三，时空匿名（spatio-temporal cloaking）。时空匿名是指在空间匿名的基础上，增加一个时间轴，在扩大位置区域的同时，延迟响应时间，如图 4.20 所示。通过延迟响应时间，可以在这段时间中出现更多的用户、提出更多的查询，隐私匿名度更高。与空间匿名相同，在时空匿名区域中，对象在任何位置出现的概率相同。

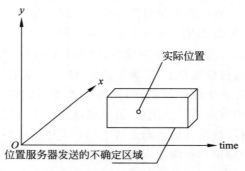

图 4.20　时空匿名示意图

注意，无论是空间匿名还是时空匿名，匿名框的大小从一个侧面表示了匿名程度。匿名框越大，可能覆盖的用户数就越多，匿名的效果可能就越好，但是查询处理代价就越高，同时服务质量就越低；相反地，匿名框越小，匿名的程度可能就越低，服务质量就越高。极端情况下匿名框缩小为一个确切的点，则位置隐私泄露。以空间匿名为例。如图 4.19 所示，用户查询"距离我最近的点"，传统的最近邻查询使用真实的位置点 q，返回给用户真实的查询结果 b。但是，在匿名的情况下，位置服务器只能返回距离此查询区域 r_q 最近的对象集合 {b、c、d}。此集合是查询结果的候选集，也就是说，位置服务器在不知道用户真实位置的情况下，此集合中的任何一个对象都有可能成为真实的查询结果，它们是距离此匿名区域中某一个点最近的对象。所以，此后需要根据用户的真实位置对候选结果集求精，这个工作可以由用户完成，也可以由匿名服务器完成，这取决于系统结构。但可以确定的是，匿名区域越大，候选集就越大，求精处理和传输代价就越高。所以，匿名区域的建立需要在隐私保护与服务质量之间寻求一个平衡点，故空间/时空匿名算法最大的挑战就是在满足用户隐私需求的前提下，如何高效地寻找最优的空间/时空匿名框。

4.4.2 基于分簇的位置隐私保护方案

本节将介绍一个基于簇结构的位置隐私保护算法,简称为 ClusterProtection 算法。该算法首先选出响应时间两两有交集的用户群,按照用户指定的 k 值,通过递归建立簇结构的方法将移动用户所在的整个区域划分成若干小区域,在区域之中选择包含 k 个用户的簇,并不断调整簇中心。但是响应时间不能无限延长,因为用户所能容忍的时间范围有限。当用户加入或者离开时,簇需要重新调整,可能被拆分、合并或保持原状态。ClusterProtection 算法用到的参数如表 4.3 所示。

表 4.3 参数列表

符 号	意 义
S	用户发送的消息集
T	TTP 发送的消息集
m_s	S 集合中的一条消息
m_t	T 集合中的一条消息
u_{id}	用户 ID
m_{id}	消息 ID
K	匿名级别
c_x, c_y	每个簇中心点坐标
x_i, y_j	单个用户 j 的坐标
t_s, t_e	每个簇的开始和结束时间
t	单个用户发出请求的时间
dt	单个用户请求的容忍时间
MBR	匿名处理后的最小边界矩形
x, y	MBR 的坐标矩形
H_{MBR}	MBR 的高度
W_{MBR}	MBR 的宽度
C	消息的内容

当移动用户请求 LBS 时,会发送消息 m_s 给 TTP。

$$m_s \in S: \{u_{id}, m_{id}, (x, y, t), K, dt, C\} \tag{4-2}$$

(u_{id}, m_{id}) 用来唯一确定 S 中的一个消息,相同用户发出的消息有相同的用户 ID,但是它们的消息 ID 是不同的。(x, y, t) 表示三维时空坐标点,(x, y) 表示移动用户在二维空间中的位置,t 表示移动用户出现在 (x, y) 位置上发送消息的时间。dt 表示用户指定的时间容忍长度,即最后生成的匿名框在 t 轴上的映射与 t 的距离应该不超过 dt。同时,dt 也定义了该用户的截止时间,即应该在 $(m_s.t, m_s.t + m_s.dt)$ 时间内完成匿名。如果超时,表示匿名失败,放弃该消息的处理。

一旦接收到消息 m_s,TTP 运行 ClusterProtection 算法,并将其加入到消息队列 Q_m 中,找到与其有时间交集的用户群,将这个区域分成若干簇。m_s 中的精确位置信息 (x, y) 被用户所在簇的时空匿名框所代替,以实现 k-匿名。之后,TTP 发送消息 m_t 到 LBS 服务器。令 $\varphi(t, s) = [t-s, t+s]$,设 t 为数值变量,s 为一个范围,那么 m_t 定义如下。

$$m_t \in T : \{u_{\mathrm{id}}, n_{\mathrm{id}}, X : \phi\left(cx, \frac{1}{2}W_{\mathrm{MBR}}\right), Y : \phi\left(cy, \frac{1}{2}H_{\mathrm{MBR}}\right), I(t_s, t_e), C\} \tag{4-3}$$

1. 簇结构的建立

建立簇结构之前，先进行如下定义。

（1）簇域：以簇中心为圆心，以簇中距其最远的点到簇中心的距离为半径的一个圆。

（2）邻居簇：指两个簇之间相切或相割。

（3）P_{built}：表示在当前簇中任意去掉一个点而导致簇被重建的概率。

（4）N_{ex}：表示簇内去掉多余节点仍能够保证鲁棒性。

簇域和邻居域在簇的融合中使用，P_{built} 和 N_{ex} 用于判断簇是否需要划分。当 P_{built} 等于 0 或者 N_{ex} 大于或等于 1 时，不需要被划分。

初始中心的选择对于簇结构建立的复杂度有很大影响，这里介绍四种方法：

方法 1：选择 MBR 中水平或竖直方向上最近的点。

方法 2：随机选择一个点，选择距其最近的作为另一个点。

方法 3：两个点均随机选择。

方法 4：将所有的点在水平方向分成两个集合，分别在每个集合中随机选择一点作为各自的中心。

选择好簇中心后，接下来进行分簇。根据每个点到其各簇中心的距离，将其分配到距其最近的簇中；然后重新计算每个簇的中心，重新将各点分配到距离其最近的簇中；上述过程不断重复，直到每个点到簇中心的距离总和（cluster distance sum，CDS）不再改变。簇 C_i 中心点 (c_x, c_y) 的计算方法如式（4-4）和式（4-5）所示，CDS 的计算如式（4-6）所示，其中 $\|C_i\|$ 表示该簇中节点的个数。

$$c_x = \frac{1}{\|C_i\|}\sum_{j \in C_i} x_j \tag{4-4}$$

$$c_y = \frac{1}{\|C_i\|}\sum_{j \in C_i} y_j \tag{4-5}$$

$$\mathrm{CDS} = \sum_{j \in C_i} \sqrt{(x_i - c_x)^2 + (y_i - c_y)^2} \tag{4-6}$$

簇的建立过程如下所述，其中用到的数据结构定义如下：

（1）c_m：记录每个簇的信息，包括簇编号、簇内节点编号、簇的大小（节点个数）、簇的中心、簇内最远节点距离、CDS、MBR、P_{built}、N_{ex}、t-needs、divided。divided 为局部布尔型变量，其值与 P_{built} 和 N_{ex} 有关。当 $P_{\mathrm{built}} = 0$ 或者 $N_{\mathrm{ex}} \geqslant 1$ 时，不需要被划分，divided 值取 1；否则，当 divided 值为 0 时，簇需要划分。

（2）Q_m：一个先进先出（first in first out）队列，收集移动用户发来的消息，按照收到消息的顺序排序。

算法主要分成 4 步：

（1）队列 Q_m 初始化。TTP 按照用户发送消息的时间顺序排序，形成 Q_m。

（2）簇的初始化。初始化每个簇时，必须满足如下两个条件：①簇中节点个数满足簇内用户的最大 k 需求；②除了第一个用户，k 个用户的最小截止时间要大于或等于 k 个用户的最大开始时间,保证簇内用户时间两两相交。

簇的初始化过程如下:①定义链表 c_{temp} 用来存储用户信息,从 Q_m 中弹出第一个元素 e_1,将其加入到 c_{temp} 中,并在 Q_m 中删除;②按序遍历 Q_m 中剩余的所有元素,如果 $\min\{c_{\text{temp}} \cdot t + dt\} \geqslant \max\{c_{\text{temp}} \cdot t\}$ 成立,则将该用户加入到 c_{temp} 中。③遍历到最后一个元素时,如果用户个数大于或等于该链表中元素的最大 k 值需求,此时簇 c_0 建立;否则,按照上述步骤从队列 Q_m 中弹出第一个元素(即原队列中第二个元素)重新建立簇。

(3)每个簇建立后,分别按照前面介绍的四种方法选取簇的中心点进行分簇。

(4)递归调用上述算法进行分簇,成功后,c_m 会进行调整。此时不需要再检查是否满足时间要求,因为每两个用户之间都是时间相交的,至此,簇结构建立完成。

2. 簇结构调整

在移动通信环境中,移动用户会从一个区域移动到另一个区域。当簇不能满足用户的 k-匿名需求时,簇结构需要调整。当用户从一个区域到另一个区域中,如果还在原来的簇内,则簇不需要调整;若用户离开原始簇,则会被分派到距其最近的簇中。当一个或多个用户加入到一个新簇中时,则将其加入到距其最近的簇中。

1)单用户加入

当一个或多个用户加入到一个新簇中时,将新用户加入到距其最近的簇中,并将其加入的这个簇分解成两个簇。若两个簇都不能满足 k-匿名的要求,簇调整就会失败。此时,只有重新计算 P_{need} 和 N_{ex},用户才可以获得更高的隐私级别,因为新用户的加入使得该簇节点数大于用户 k-匿名的要求。最后,对整个 c_m 进行更新。多个用户的加入可以看成多个单用户同时加入,依次按上述步骤执行即可。

2)单用户离开

用户的离开会导致其原始簇无法满足其他用户的 k-匿名级别,则原始簇会与距其最近的簇合并,并重新分配其中两个簇中的元素。因此,簇被重建的唯一原因就是无法满足用户的 k-匿名要求。假定某个簇 C 中有 m 个节点,将它们的 k 值按照升序排列为 $k_1, k_2, \cdots,$ k_m, k_m 定义为最大的匿名级别。当一个用户离开其原始簇的时候,会产生下述 4 种情况。

(1)若 $m > k_m$,则说明在簇内部即使去掉一个点,仍然能够保证 $m-1 > k_m$,即该簇具有鲁棒性,此时重新计算 P_{need} 和 N_{ex},簇结构不需要重建。

(2)当 $m = k_m$ 且 $k_m > k_{m-1}$ 时,若离开的节点的匿名级别是 k_m,则此时簇内部节点的个数为 $m-1$。由于 $k_1 \leqslant k_2 \leqslant \cdots \leqslant k_{m-1} \leqslant m-1$,因此簇内部每个节点的匿名级别均能够得到保障,无须重新建簇。

(3)当 $m = k_m$,去掉的节点匿名级别为 k_i,且 $k_i \neq k_m$,节点个数为 $m-1$,$m-1 < k_m$,此时需要对簇进行合并,可以使用下面介绍的方法。由(2)、(3)可得 $P_{\text{need}} = \dfrac{m-1}{m}$。

(4)若 $m = k_m$ 且 $k_m = k_{m-1}$,在簇中随机去掉一个节点,簇中的节点个数为 $m-1$,此时 k_m 或 k_{m-1} 不能被满足,也需要根据下面介绍的方法对簇进行合并重建,得到结论 $P_{\text{need}} = 1$。

3)簇合并

当单用户退出造成 k-匿名级别不能满足时,该簇会和其 MBR 最小的邻居簇合并。首先,TTP 查找 c_i 的 MBR 最小的邻居簇 c_j,c_i 中的所有节点会添加到其邻居簇 c_j 中;然后

c_i 会从 c_m 中删除;最后,使用上面介绍的建立簇的方法将 c_j 拆分成更小的簇。

4.5　位置数据发布隐私

4.5.1　数据发布中常用的匿名技术

本节首先介绍轨迹数据的数据结构,然后针对结构化数据介绍常用的匿名方法。

1. 数据类型

数据分为结构化数据、非结构化数据和半结构化数据。结构化数据是指具有显著性边界的数据,通常用关系型数据库存储,并能表示成二维形式的数据,如表 4.4 所示。结构化数据一般包括如下四种属性:显式标识符、准标识符、敏感属性以及非敏感属性;非结构化数据指的是无边界的数据,不对数据的格式加以限制,导致数据长短不一,混杂而多样。典型的非结构化数据为流数据(视频、音频、字符流)等。在现实中,非结构化数据可以根据其中的语义逻辑划定边界转为结构化数据。

表 4.4　标签轨迹数据

ID	轨　　迹	疾　　病	…
1	a1→ d2 → b3 → e4 → f6 → e8	HIV	…
2	d2→ c5 → f6 → c7 → e9	Flu	…
3	b3→ f6 → c7 → e8	SARS	…
4	b3→ e4 → f6 → e8	Fever	…
5	a1→ d2 → c5 → f6 → c7	Flu	…
6	c5→ f6 → e9	SARS	…
7	f6→ c7 → e8	Fever	…
8	a1→ c2 → b3 → c7 → e9	SARS	…
9	e4→ f6 → e8	Fever	…

半结构化数据指的是有模糊边界的数据,介于结构化数据与非结构化数据之间。半结构化数据有一定的格式以帮助表达语义逻辑,但在特定的部分中也呈现出如同非结构化数据一样的无限制的混杂。典型的半结构化数据包括 XML、HTML、图片(picture)、图(graph)。

非结构化数据因为无边界,表现出来的是无穷大的数据,如自然界中无限延展的图像以及永不停止传输的流数据皆属于此。而当非结构化数据进入到存储中,由于采集、存储、系统等原因,使得数据之间有了模糊的边界,变成了半结构化或结构化数据,如以图片方式存储的图像是有边界的,属于半结构化数据。

下面针对结构化数据进行详细介绍。

(1) 标识符(EI):用于唯一标识一条记录,如姓名、身份证号码等。一般来说,这种属性会在公布的数据表中被删除,改由 ID 表示。

(2) 准标识符(QI):一般来说,一个准标识符不能从数据库中标识特定的一条记录,然而几个 QI 组合起来就可以标识出特定的记录。在轨迹数据当中,轨迹作为由许多时空点组成的一种 QI,很可能识别出一条记录或者泄露其他信息。轨迹序列由一个或多个轨迹点组成。序列中的每个轨迹点由两部分组成,位置信息(由字母表示,如 d)和时间戳(由数字表示,如 2)。例如,虽然单个点 b3 不能推断出特定的个体,但序列 d2→b3 可推断出特定的记录。很多轨迹数据也包含很多隐私信息。

(3) 隐私属性或隐私标签(SA):是用户需要保护的属性。例如,表 4.4 中的疾病就是隐私属性。

(4) 非隐私属性:不会造成隐私泄露的属性,在具体的匿名化算法中不予考虑。

仅删除诸如身份证号码之类的标识符通常不足以防止隐私泄露,准标识符和隐私属性可能会造成隐私泄露。攻击者可以从很多途径获得各种类型的背景知识来推断用户的敏感信息。

轨迹 T 是以时间升序排列的时空点序列。每个点都是 $[(x,y),t]$ 的一般形式,其中经度 x 和纬度 y 构成位置 1(如餐馆、学校、医院等),t 表示用户到达该位置时的时间戳。

2. 常用匿名方法

一般来说,如果直接发布包含用户轨迹的移动数据,会造成个人位置隐私信息的泄露,造成发布数据隐私泄露的主要原因在于数据发布前缺少严格的匿名化操作(也称数据脱敏),导致攻击者把收集到的背景知识与发布的数据相结合,获取或推测出数据中包含的隐私信息。数据匿名化目的是对敏感数据应用特定脱敏算法(规则)进行转换,以降低数据的敏感程度,扩大数据可共享和被使用的范围。目前常见的数据发布匿名化方法有泛化、抑制、分表分组以及扰动。另外,目前的研究热点差分隐私也会在本节之中进行介绍。

1) 泛化和抑制

泛化和抑制都会将原始数据中的部分内容或细节进行隐藏。泛化是使用类别内的更广泛的值对原始值进行替换,隐藏细节内容。对于可分类的属性,泛化将建立该属性相关的分类树,进而使用父节点或更加往上的祖先节点来代替具体的每个属性值,实现对具体信息的隐藏。对于一般数值型数据,将准确的值换为大概的范围就可以隐藏部分内容。这样的泛化操作会使得相比原始数据精度下降,但仍可显示数据的大概情况。类似地,抑制使用一些符号(比如 * 或者 #)来隐藏数据中的部分内容或是删除数据中的一部分内容,表示原始数据中的部分内容并不显示。

例如,在表 4.5 所示的轨迹数据中,隐私标签 SA 部分可以构建 SA 分类树并使用泛化进行隐私保护。根据不同记录的隐私保护需求,使用分类树中的父节点甚至更上层的节点对原 SA 进行替换,也就是对隐私标签 SA 进行泛化。

表 4.5　SA 泛化和轨迹抑制示例

ID	轨　　　迹	疾　　　病
1	a1→ d2 → b3 → e4 → f6 → e8	Infectious Disease
2	d2→ c5 → f6 → c7 → e9	Lung Infection

续表

ID	轨　迹	疾　病
3	b3 → f6 → c7 → e8	Pulmonary Disease
4	b3 → e4 → f6 → e8	Fever
5	a1 → d2 → c5 → f6 → c7	Flu
6	c5 → f6 → e9	Pulmonary Disease
7	f6 → c7 → e8	Fever
8	a1 → c2 → b3 → c7 → e9	Any Illness
9	e4 → f6 → e8	Fever

　　另外,轨迹部分也可以使用泛化的方法进行隐私保护,根据轨迹中各位置的坐标,使用聚类等方法对轨迹点进行分类,由此使用更大范围的值来代替精确位置坐标,达到对数据部分内容进行隐藏。轨迹部分也可以使用抑制实现匿名化,轨迹抑制方法分为局部抑制和全局抑制。局部抑制就是如果某一序列不符合隐私需求,把该序列在数据集中匹配出的记录中删去一点使得该序列消失,从而不会造成隐私泄露。但是局部抑制可能会造成新的不满足隐私需求的序列,需额外的检查。全局抑制则是如果某一序列不符合隐私需求,就把轨迹数据中的所有序列消去一点,造成整个数据中不含该序列,使其无法造成隐私泄露。图 4.21所示是 SA 的分类树图,表 4.5 是由表 4.4 进行 SA 泛化和轨迹抑制的示例。

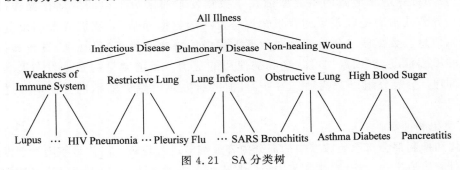

图 4.21　SA 分类树

　　2) 分表分组

　　与泛化和抑制不同,分组分表并不修改原始数据中的值的内容,而是着手于通过分成不同的表和设置不同的组 ID(GroupID)来切断 QI 与 SA 之间的关系或者不同 QI 属性之间的关系。比如,如果想切断 QI 和 SA 之间的关系,就可以把整个表分为 QI 和 SA 两个不同的表,使用组 ID 将 QI 和 SA 进行关联,从而打破原有的关联关系。设置组 ID 时,可以将拥有相同 QI 的记录分为同一组 ID,同一个组 ID 中会有多种隐私标签,因此攻击者使用某些 QI 作为背景知识进行攻击时,能够推测出用户可能拥有的隐私标签是多样的。假设每组至少有 L 条记录,那么攻击者推测出用户具有某一种特定 SA 的概率为 $1/L$。但是如果数据之中不同属性之间的关系已经断裂,那么很多数据挖掘方法,就很难实现了,如分类、聚类等。对于连续发布的不同版本的数据,很难将不同的方法用在不同版本之中,因此这一方法不太适合连续数据发布的环境中。泛化等方法不会遇到同样的问题,因为所有属性都在同一个表中发布。

　　表 4.6 是将表 4.4 进行分组分表的示例,其中轨迹数据可以进一步分拆,这取决于具体

的隐私需求。

表 4.6 分组分表示例

(a) 轨迹分表

GroupID	轨 迹
1	a1→ d2 → b3 → e4 → f6 → e8
1	d2→ c5 → f6 → c7 → e9
2	b3→ f6 → c7 → e8
2	b3→ e4 → f6 → e8
3	a1→ d2 → c5 → f6 → c7
3	c5→ f6 → e9
4	f6→ c7 → e8
4	a1→ c2 → b3 → c7 → e9
4	e4→ f6 → e8

(b) SA 分表

GroupID	疾 病
1	HIV
1	Flu
2	SARS
2	Fever
3	Flu
3	SARS
4	Fever
4	SARS
4	Fever

3）扰动

扰动在统计公开控制方面有着很多应用，它的优点是简单、效率高而且对于数据中的一些宏观统计信息保护很好。扰动的一般操作是将一些虚假的数据添加到原数据中，起到混淆的作用；或者是交换原数据中一些值的位置，但是总体的统计信息却得以保留。添加的数据不会对应实际的用户，因此不会造成隐私泄露，而且添加数据使原始数据中某些 QI 对应的记录变多，使得攻击者获取到对应隐私信息的概率减小，由此满足隐私模型要求。

扰动方法中会有一些内容是虚假的、人造的。这些内容和显示的对象是没有对应关系的，这些数据也是没有实际意义的，但是可以保护对象的隐私及保证数据的整体统计信息。相比之前的方法，泛化和抑制对数据的部分内容进行隐藏，损失了一定的精确度，而留下的数据都是准确的，不是虚假的。目前，扰动的几种具体方法主要包括加噪声、数据交换和合成数据生成。

加噪声是最常见的扰动方法。通常对于数值型数据，可假设原始数据为 a，使用 $a+n$来替换原始值 a，其中 n 是噪声生成算法中得到的噪声；而对于轨迹这种数据，可以使用添加时空点的方式。数据交换一般的操作为将记录中各个敏感标签或 QI 数据进行交换，这样不会改变原始数据中各个值的数量，保留了原始数据的统计属性。合成数据也是常用的扰动方法，这种方法同样也可以保留原始数据中的统计信息，一般的想法是在原始数据当中建立统计模型，然后在模型中选取采样点，这些采样点形成数据发布的合成数据而不是原始数据。表 4.7 是扰动的示例，在轨迹这一列中，通过加入部分时空点满足一定的隐私需求。

表 4.7 扰动示例

ID	轨 迹	疾 病
1	a1→ d2 → b3 → e4 → f6 → e8	HIV
2	d2→ c5 → f6 → c7 → e9	Flu
3	d2→ b3 → f6 → c7 → e8	SARS
4	a1→ c2 → b3 → e4 → f6 → e8	Fever
5	a1→ d2 → c5 → f6 → c7	Flu
6	c5→ f6 → e9	SARS

ID	轨　　　迹	疾　　病
7	f6→ c7 → e8	Fever
8	a1→ c2 → b3 → c7 → e9	SARS
9	e4→ f6 → e8	Fever

4）差分隐私

差分隐私是源于统计公开控制领域的相对较新的隐私模型。通常，差分隐私要求删除或添加单个数据库记录不会显著影响基于数据库的任何分析结果。因此，对于记录所有者而言，任何隐私泄露都不会是参与数据库的结果，因为从是否包含他记录的两个邻居数据库中查询得到的结果有很高的概率是相同的。由于其敏感的个人信息与系统的输出几乎完全不相关，因此用户可以确信处理其数据的组织或个人不会侵犯他们的隐私。

差分隐私已广泛用于保护个人隐私，同时能够保证保持一定的统计信息。它旨在确保数据库查询的结果不会随着数据库中任何记录的删除或添加而发生很大变化。此外，无论攻击者的背景知识如何，差分隐私都可以提供可证明的隐私保证。差分隐私有着严谨的数学（统计）模型作支撑，这从根本上方便了对隐私保护水平做定量评估分析与证明。差分隐私的相关定义和性质介绍如下：

（1）差分隐私定义。

当且仅当对于任何两个最多只有一条记录不同的数据库 D_1 和 D_2 且对于任何可能的匿名查询结果 $O \in \mathrm{Range}(K)$ 时，隐私机制 K 满足差分隐私。

$$\Pr[K(D_1 \in O)] \leqslant e^{\varepsilon} \times \Pr[K(D_2 \in O)] \tag{4-7}$$

其中概率 $\Pr$ 受 K 的随机性影响；隐私预算 ε 反映了通过控制在两个只差一条记录的数据库 D_1 和 D_2 上收到相同查询结果的概率的差异而提供的隐私保护程度。

差分隐私定义中的 ε 并没有给出如何确定或给出合适的取值。因此，在每个实际的问题之中如何确定合适的 ε 取值是一个重要的问题。对此，可通过添加噪声的方式实现 ε-差分隐私。假设查询函数为 f 并且查询的数据库是 D，则查询结果是 $f(D)$。隐私机制 K 旨在通过向 $f(D)$ 添加适当选择的随机噪声来保护 $f(D)$ 的隐私。

（2）灵敏度定义。

对于查询函数 $f: D \rightarrow R^d$，f 的灵敏度如式（4-8）所示。

$$\Delta f = \max_{D_1, D_2} \| f(D_1) - f(D_2) \|_1 \tag{4-8}$$

对于任意两个数据库 D_1 和 D_2，其最多只有一个元素不同。灵敏度基本上反映了在 D_1 和 D_2 上查询 f 的返回值之间的差异，也就是必须被噪声隐藏的差异值。

（3）拉普拉斯机制和指数机制。

拉普拉斯机制和指数机制是实现差分隐私的两种最常用的机制。

① 拉普拉斯机制。

拉普拉斯机制旨在通过添加噪声来掩盖 Δf 的值，添加的噪声由查询函数的灵敏度和隐私预算 ε 决定。而指数机制利用属于所有响应集合 R 的某一个数据库查询响应 r 和用于测量输出响应的可用性函数，从 R 中选择某一个 r，并且选择的各个 r 的概率与从可用性函数计算的结果成指数比例。对于数值数据，如果 R 是有界集，则加噪后的响应通常以真实值为轴并与其成比例,且接近真实值的概率更高。

拉普拉斯机制可以实现数值型数据的隐私保护,将噪声加到原始数值上,以实现 ε-差分隐私。在拉普拉斯分布 $\mathrm{Lap}(\lambda)$ 之后产生噪声,对应的概率密度函数 $p(x\,|\,\lambda) = \dfrac{1}{2\lambda}\mathrm{e}^{-\frac{|x|}{\lambda}}$,其中 $\lambda = \dfrac{\Delta f}{\varepsilon}$ 由灵敏度 Δf 和隐私预算 ε 一起确定。

对于任何函数 $f: D \rightarrow R^d$,为每个输出的响应增加 $\mathrm{Lap}(\lambda)$ 的独立噪声的机制 K 满足 ε-差分隐私。

② 指数机制。

指数机制定义了效用函数 u,并且灵敏度为 $\Delta u = \max\limits_{D_1,D_2} |u(D_1,r) - u(D_2,r)|$,其中 D_1 和 D_2 为两个数据集,且两个数据集最多只差一个元素;从域 R 中选择查询输出 r 的概率满足指数分布 $\mathrm{e}^{\frac{\varepsilon u(D,r)}{2\Delta u}}$。如果 r 根据 u 的计算结果可以使数据获取到更好的可用性,则在指数机制中选择该输出 r 的概率更大。

对于任何可用性函数 $u: D \rightarrow R^d$,如果隐私保护机制 K 选择输出 $r \in R$ 时,且其概率与 $\mathrm{e}^{\frac{\varepsilon u(D,r)}{2\Delta u}}$ 成比例,则 K 可以保证 ε-差分隐私。

(4) 差分隐私的性质。

差分隐私有顺序组合和并行组合两个性质。

顺序组合表示在对整个数据进行多次计算之后仍然可以满足差分隐私,并且在这些计算期间累积隐私预算 ε。并行组合表示如果在对不相交数据进行计算之后整个数据满足差分隐私,则隐私预算 ε 是所有计算中的最大预算。

对于顺序组合,假设 K_i 满足 ε-差分隐私,则在完整数据集 D 上的 $K_i(D)$ 序列提供 $\sum \varepsilon$-差分隐私,也就是差分隐私的顺序组合性质。

对于并行组合,假设 K_i 满足 ε_i-差分隐私,则在一组不相交的数据集 D_i 上的 $K_i(D_i)$ 序列提供 $\max\varepsilon_i$-差分隐私,其中 $\max\varepsilon_i$ 表示这些数据集的所有隐私预算中的最大值,也就是差分隐私的并行组合性质。

4.5.2 基于 *l*-多样性的敏感轨迹数据发布方案

本节主要针对三种轨隐私攻击——记录链接攻击、属性链接攻击和相似性攻击,介绍 (l, α, β)-隐私模型,以实现数据安全发布,抵御三种攻击。该隐私模型主要提出基于扰动的隐私保护机制——DPPP,根据定义的可用性函数来选择加点或减点操作和序列顺序,由此提高发布数据的可用性。

1. 攻击模型与隐私模型

1) 攻击模型

如前文所述,仅删除标识符这样的简单匿名不足以防止隐私泄露。本文考虑了三种轨迹数据发布中常见的隐私泄露,即身份泄露、属性泄露和相似性泄露。身份泄露是指从轨迹的一些背景知识中识别出目标用户。当某些 QI 值可以高概率链接到特定 SA 值时,会发生属性泄露。相似性泄露是指一些类似的 QI 值可以以高概率链接到一组语义相关的 SA 值。以下是对三种攻击的具体定义。

（1）记录链接攻击。

如果攻击者知道受害者具有在原始表中不经常发生的特定轨迹序列,攻击者能够从发布的数据中识别受害者的记录并获取到隐私信息。例如,如果对手知道 Tom 有一个轨迹序列 d2→e4 并且 Tom 的记录在表 4.4 中,由于在表 4.4 中只有一个记录(id=1)与此序列匹配,因此攻击者可以推断 Tom 具有敏感属性值 HIV。

（2）属性链接攻击。

攻击者可能无法准确识别到具体的某一个受害者的记录,但可以根据轨迹序列从已发布的数据中推断出他的隐私信息。例如,假定攻击者知道 Tom 有一个轨迹序列 e9。由于只有第 2、第 6 和第 8 个记录包含 e9,他可以推断 Tom 可能分别以 2/3 和 1/3 的概率患上 SARS 或 Flu。

（3）相似性攻击。

攻击者可能无法准确识别到具体的某一个受害者的记录,但可以根据 SA 值之间的语义相关性从发布的数据中推断出他的隐私信息。例如,假定攻击者知道 Tom 有一个轨迹序列 c7。根据表 4.4,他可以推断 Tom 可能患有 Flu、Fever 或 SARS。通过排除 Fever,他可以根据图 4.21 推测 Tom 有 4/5 可能患有 Lung Infection(Flu 或 SARS)。

2）隐私模型

为了抵御上述所有攻击,我们在本章中定义了一个 (l,α,β)-隐私模型,它是 l-多样性模型的一种推广形式。给定轨迹数据集 D 和来自数据所有者的三个隐私参数 l、α、β,目标是如果 D^* 中的每个 SA 值同时满足 l-多样性、α-敏感关联和 β-相似性关联,则由 D 匿名化成的 D^* 满足 (l,α,β)-隐私模型。l-多样性、α-敏感关联和 β-相似性关联的定义如下所示:

（1）l-多样性。如果 $\forall q \in D^*$,ASA(q) 中不同 SA 值的数量都满足 $|\text{ASA}(q)| \geqslant 1$,则 D^* 满足 l-多样性。其中 q 表示 D^* 中的轨迹序列并且 ASA(q) 表示与 q 相关的所有 SA 值,即使用 q 在整个数据库中可以匹配出所有记录中的所有 SA 值。

（2）α-敏感关联。如果 $\forall q \in D^*$ 并且 $\forall t_j \in \text{ASA}(q)$,推断受害者拥有 t_j 的概率满足 $\Pr[\text{SA}=t_j | D(q)|] \leqslant \alpha (0 < \alpha < 1)$,则 D^* 满足 α-敏感关联。其中 t_j 表示 ASA(q) 中的一个 SA 值,$D(q)$ 表示 D 中包括 q 的记录。

（3）β-相似性关联。所有 SA 值根据其属性可分为几个类别,如 $G = \{g_1, g_2, g_3, \cdots, g_z\}$,其中 G 就是不同的类别集合,g_j 是不同的类别。如果 $\forall q \in D^*$ 并且 $\forall g_j \in G$,推断受害者在 g_j 中具有某个特定 SA 的概率满足 $\Pr[\text{SA}=g_j | D(q)|] \leqslant \beta$,则对于 $0 < \beta < 1$,D^* 满足 β-相似性关联。

2. DPPP 概述

本书的主要研究目标是保护 SA 和轨迹数据中的隐私信息,同时尽可能保护发布数据中的数据可用性。本节首先介绍基于扰动的方法实现 (l,α,β)-隐私模型的隐私保护方案(DPPP)的基本框架,然后详细说明 DPPP 的细节。表 4.8 中列出了本节中使用的主要符号。

表 4.8 主要符号

符 号	含 义
m	攻击者背景知识的最大长度
QNL	不满足 l-多样性的序列集合
QNAB	不满足 α 或 β 需求的序列集合
$D(q)$	D 中包含序列 q 的记录集合
$ASA(q)$	D 中包含序列 q 的记录中包含的 SA 值集合
SU/AD	需要使用减点/加点的序列集合
$\max_{\alpha}$	需要满足 α 需求构建 q 的记录数量
$\max_{\beta}$	需要满足 β 需求构建 q 的记录数量
$PriGain(q)$	处理序列 q 的隐私和可用性损失的权衡度量

DPPP 方案包括两个过程：①确定给定长度(m)的轨迹数据中的关键序列；②执行匿名化操作。本文中的关键序列指的是轨迹的一部分，并且满足预定长度但匹配的 SA 值不满足(l,α,β)-隐私模型。匿名化操作旨在通过在每个序列中添加或删除移动点来使每个 SA 值满足(l,α,β)-隐私模型。DPPP 的大体步骤如图 4.22 所示。

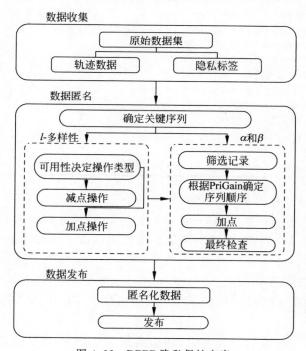

图 4.22 DPPP 隐私保护方案

（1）从原始表中删除姓名、身份证号等唯一标识一条记录的标识符（EI），而用 ID 作为标识符来标识每一行数据。

（2）假设攻击者已知长度为 m 的轨迹序列，为了确定关键序列，首先在轨迹数据中找到长度为 m 的所有可能序列。如果其中的序列在数据库中的 SA 值不满足(l,α,β)-隐私模型，则该序列为关键序列。

（3）根据可用性的考虑，通过在从步骤（2）中获得的每个不满足 l-多样性的序列中选择加点或减点操作,使该序列的相应 SA 值满足 l-多样性或消除该序列。

(4) 通过在步骤(2)获得的每个不满足 α 或 β 需求的序列中寻找一定数量的记录添加轨迹点构造该序列,使每个序列的相应 SA 值满足 α-敏感关联和 β-相似关联。类似地,我们通过添加点使得长度小于 m 的所有序列满足 α-敏感关联或 β-相似关联。

3. DPPP 的详细算法

下面给出了 DPPP 隐私保护方案中每个步骤的详细算法:

1) 确定关键序列

回想一下,m 是攻击者对轨迹序列的背景知识的上界,这一步的目标是识别 T 中长度为 m 的所有关键序列。如表 4.9 所示,我们采用以下算法确定关键序列:

表 4.9　确定关键序列

输入:原始数据集 D
输出:关键序列 CS

```
1: CS,QNL,QNAB ← Null
2: for each trajectory t ∈ D do
3:      Q ← Null ▷ set of sequences of length m
4:      add all the sequences q of length m in t to Q
5:      for each sequence q ∈ Q do
6:          if |ASA(q)|⩽1 then
7:              add q to QNL
8:          else if α or β is not satisfied then
9:              add q to QNAB
10:         end if
11:     end for
12: end for
13: return CS ← QNL ∪ QNAB
```

(1) 从 T 中获得所有长度为 m 的序列。

(2) 对于每个序列 q,如果 $|ASA(q)|\geqslant1$ 不成立,则将 q 加到集合 QNL 中,也就是不满足 l-多样性序列集合;否则,如果不满足 α-敏感关联或 β-相似关联,则将 q 添加到集合 QNAB 中。

2) l-多样性的匿名化

对于 QNL 中的每个序列 q,我们采用加法来满足 l-多样性,或减法运算以消除该关键序列 q。

(1) 首先确定应该采取的操作类型,即加点或减点操作,以使其满足 l-多样性或消除它。将需要减点操作的序列放入集合 SU 中,将需要加点操作的序列放入集合 AD 中。更具体地,如果 $|D(q)|\leqslant(1-|ASA(q)|)\times|q|$ 成立,则 q 将被添加到 SU 中;否则,q 将被添加到 AD 中。在上述条件中,$|D(q)|$ 表示整个数据库中包含 q 的记录数,$ASA(q)$ 表示与 q 相关的所有 SA 值,$|q|$ 表示 q 的长度,也就是序列中包含的时空点的数量。

针对所有需要减法以满足 l-多样性的序列,我们会删除 $D(q)$ 的每个记录中的一个时空点,使序列 q 不存在于数据库中,也就不会造成隐私泄露。所以,上文提到的判断选择加点还是减点操作的条件的左侧表示减法操作中需要消除的点的数量。$1-|ASA(q)|$ 表示

满足 l-多样性所需增加的 SA 值的数量。由于每条记录都包含一个 SA 值,至少需要在额外的 $l-|ASA(q)|$ 条记录中构建序列 q。因此,条件的右侧部分表示加点操作时需要添加的最大点数。为了减少时空点变化的量来保护数据可用性,应根据时空点变化数量作为判断条件,以确定应该采取减点操作还是加点操作。

（2）针对 SU 中的序列,我们的目标是应用减点来消除这些关键序列,而不会产生任何新的关键序列。对于 SU 中的每个序列 q,如果在不创建任何新的关键序列的情况下,从 $D(q)$ 的每个记录中删除的相同点 p 可以满足 l-多样性,则执行此操作并从 SU 中删除 q;否则,当减去 q 的任何点 p 使得除 q 之外的一些序列不满足我们的隐私模型时,q 将被添加到 AD 中,使用加点操作处理。

（3）在这一步中,我们的目标是在一定数量的记录上应用加点操作,使 AD 中的每个序列满足 l-多样性。

首先,我们选择 SA 值不属于 $ASA(q)$ 的记录。如表 4.10 所示,每个时空点具有两个基本组件,即位置和时间戳,这表示对象在给定时间点的位置。轨迹数据基于时间顺序发布。为了在指定的记录中插入时空点,我们必须确保所选记录中的要加入的时空点的对应时间戳上不存在已有时空点,因为一个移动对象不能在同一时刻出现在两个不同的位置。

表 4.10　l-多样性的匿名化

输入:原始数据集 D;不满足 l-多样性的序列 QNL
输出:满足 l-多样性的数据集 D^l

```
1: SU, AD ← Null
2: for each sequence q ∈ QNL do
3:     if |D(q)| ≤ (1 - |ASA(q)|) × |q| then
4:         add q to SU
5:     else
6:         add q to AD
7: end for
8: for each sequence q ∈ SU do
9:     subtract same point p from T(q) without generating any new critical sequence
10:     if subtract any point p lead to new critical sequence then
11:         add q to AD
12:     end if
13: end for
14: for each sequence q ∈ AD do
15:     choose the records whose SA values ∉ ASA(q)
16:     sort the chosen records in descending order of LCS
17:     choose the first 1 - |ASA(q)| to construct q
18: end for
19: return D^l ← D
```

然后,我们按照最长公共子序列(longest common subsequence,LCS)的降序对所选记录进行排序。LCS 是 q 和选择记录共有的一系列点,例如,序列 a1→d2→b3 和记录 a1→d2→c5→f6→c7 中共有的点是 a1→d2。我们选择前 $l-|ASA(q)|$ 条记录来添加相对于序列 q 中 LCS 不存在的点来构建序列 q。

（4）如果该序列 q 不满足 α-敏感关联或 β-相似关联,则将 q 添加到 QNAB 中。

3) α-敏感关联和 β-相似关联的匿名化

在发表匿名后数据 D^* 之前,加点操作使得各序列满足 α-敏感关联和 β-相似关联。

(1) 对于 QNAB 中的每个 q,我们首先选取一些记录用于加点操作。为了满足 α-敏感关联和 β-相似关联,将选择满足以下两个条件的记录:①其 SA 值与 $T(q)$ 中具有最大记录数 $\max_\alpha$ 不相同;它不属于拥有 $D(q)$ 中最大记录数 $\max_{\alpha\beta}$ 的类别。这两个条件确保最坏情况符合 α-敏感关联和 β-相似关联。例如,序列 f6→e8 在表 4.4 中有五个相应的记录,即第 1、3、4、7 和第 9 条记录,相应的 SA 值是 HIV、SARS、Fever、Fever 和 Fever。Fever 在 $D(q)$ 中拥有最多数量的记录。如果 α 设置为 50%,我们应该选择另外的记录,例如第二个记录来构造 q,以减少推断 Fever 的概率。在第 2 条记录中添加时空点 e8 后,概率降为 50%,也就满足了 α 的要求。同样道理,我们会选择那些 SA 不属于拥有最大记录数的类别的记录。

类似于 l-多样性的匿名化中的步骤(3),为了在现有轨迹中插入时空点,我们选择在该时间点上没有出现过空间信息的记录,并且其点添加不会导致任何新的关键序列。此外,所有选择的记录将按照 q 与其自身之间的 LCS 降序排序。

(2) 对于每个 q,需要计算 num_p、num_g。对于 num_p,需要加点以满足 α-敏感关联的记录数;num_g 则是为满足 β-相似关联而添加的记录数。我们使用 $\max(\text{num}_p,\text{num}_g)$ 来表示 num_p 和 num_g 的最大值。

根据前一步中排序靠前的 $\max(\text{num}_p,\text{num}_g)$ 条记录,我们计算度量 PriGain,以在隐私保护和可用性损失之间取得平衡。PriGain(q) 定义如下:

$$\text{PriGain}(q) = \frac{\lambda \Delta H^s(q) + (1-\lambda)\Delta H^c(q)}{W(q)} (\lambda \in [0,1])$$

$$\Delta H^s(q) = H^s_{D^*}(q) - H^s_D(q)$$

$$= \sum_{i=1}^{|\text{ASA}(q)|} p_i \log p_i - \sum_{i=1}^{|\text{ASA}(q)|} p_i^* \log p_i^*$$

$$\Delta H^c(q) = H^c_{D^*}(q) - H^c_D(q)$$

$$= \sum_{i=1}^{k} p_i \log p_i - \sum_{i=1}^{k} p_i^* \log p_i^* \tag{4-9}$$

其中 $H^s_{D^*}(q)$ 和 $H^s_D(q)$ 分别表示 $D^*(q)$ 和 $D(q)$ 中 SA 值的熵;$\Delta H^s(q)$ 表示熵差;$H^c_{D^*}(q)$ 和 $H^c_D(q)$ 分别表示 $D^*(q)$ 和 $D(q)$ 中类别的熵;$\Delta H^c(q)$ 表示类别熵的差;k 是类别的数量;λ 表示 $\Delta H^s(q)$ 的影响因子的权重常数;$\lambda \Delta H^s(q) + (1-\lambda)\Delta H^c(q)$ 表示此时可以提供更好的隐私保护;匿名化后的可用性损失 $W(q)$ 定义如下:

$$W(q) = \sum_{i=1}^{|q|} w_i \text{num}_i \tag{4-10}$$

其中,num_i 表示需要添加第 i 个时空点的数量;w_i 是第 i 个时空点的权重值;w_i 定义为 QNAB 所有关键序列中第 i 个时空点的数量的倒数。如果更频繁地出现一个点,则意味着需要有更多序列需要加点以满足其隐私要求。因此,它的添加可能使更多序列受益,由此只需要添加更少的总点数就可以使表满足隐私要求。

举例来说,我们有 a1→b3、a1→c5 和 a1→e4 三个序列。为了处理第一个序列,可以将 a1 添加到几个记录中,这可能会使一些记录包含 a1→c5 或 a1→e4,避免查找并修改其他新的记录。因此,添加 a1 可以带来更多的可用性并导致更低的可用性损失。

最后,q 被放入一个列表中,其中列表元素按各序列 PriGain 值的降序排序。

(3) 在这一步中,我们的目标是在上面选择的记录中添加点,以实现 α-敏感关联和 β-相似关联。我们从步骤(1)中生成的列表中选择一个序列,将点添加到记录中并构建出 q,直到处理了 $\max(\text{num}_p,\text{num}_g)$ 条记录。然后将 q 从 QNAB 移动。在此过程中,如果具有相同 SA 值的记录数达到 $\max_\alpha$ 或与类别关联的记录数达到 $\max_\beta$,我们将不会向具有此 SA 值的记录加点构造 q。如果该记录中不能构建出目标序列,则将从相应序列的候选记录列表中删除它,并且选择新候选记录。

(4) 检查所有长度小于 m 的序列,这些序列不满足 α-敏感关联和 β-相似关联。通过向它们添加点,使序列满足 α-敏感关联和 β-相似关联。

(5) 最终,我们得到满足 (l,α,β)-隐私模型的匿名数据 D^*。

4. 隐私分析

下面证明我们公布的轨迹数据 D^* 满足 (l,α,β)-隐私模型。

1) l-多样性隐私证明

对于不满足 l-多样性的每个长度为 m 的序列,我们执行加法使其满足 l-多样性或减法以消除它。添加不会影响那些满足 l-多样性的序列。

对于任何长度小于 m 的序列 q,我们假设 q 是 n 个父序列 $q_1,q_2,q_3,\cdots,q_n$ 的子序列,q_i 是长度为 m 的序列,则有

$$\text{ASA}(q)=\text{ASA}(q_1)\bigcup\text{ASA}(q_2)\bigcup\cdots\bigcup\text{ASA}(q_n)$$

$$\mid\text{ASA}(q)\mid=\mid\text{ASA}(q_1)\bigcup\text{ASA}(q_2)\bigcup\cdots\bigcup\text{ASA}(q_n)\mid\geqslant\mid\text{ASA}(q_i)\mid\geqslant l \qquad (4\text{-}11)$$

因此,我们可以证明 T^* 中所有长度不超过 m 的序列都可以满足 l-多样性并抵抗记录链接攻击。

2) α-敏感关联和 β-相似关联

为了满足 α-敏感关联和 β-相似关联,我们根据定义对包括长度小于 m 的 q 的 num_p 和 num_g 记录执行加法。为了简化算法,选择 $\max(\text{num}_p,\text{num}_g)$ 条记录来构造 q。因为 $\max_\alpha$ 和 $\max_\beta$ 是常数,所以下面的等式将成立:

$$\frac{\max_\alpha}{\mid D(q)\mid+\max(\text{num}_p,\text{num}_g)}\leqslant\frac{\max_\alpha}{\mid D(q)\mid+\text{num}_p}\leqslant\alpha \qquad (4\text{-}12)$$

$$\frac{\max_\beta}{\mid D(q)\mid+\max(\text{num}_p,\text{num}_g)}\leqslant\frac{\max_\beta}{\mid D(q)\mid+\text{num}_g}\leqslant\beta \qquad (4\text{-}13)$$

在我们的算法中,我们只选择记录来执行加法运算,而不会带来任何新的关键序列,这在前面已经讨论过了。因此,我们可以得出结论:D^* 中长度不超过 m 的所有关键序列都可以满足 α-敏感关联和 β-相似关联,从而抵抗属性连锁攻击和相似性攻击。

4.6　本章小结

　　本章详细讲解了移动通信系统中的实体认证机制，包括域内认证、域间认证以及组播认证；然后讲解了移动通信中常见的两种信任管理机制，即基于身份的信任管理和基于声誉的信任管理；最后介绍了基于位置服务的移动用户的位置隐私保护机制以及轨迹数据发布中的隐私保护机制。

思考题

1. 设计一种数据链路层的匿名认证机制。
2. 阐述生物加密概念。
3. 组成员发生变化时，如何保障密钥的安全性？
4. 阐述基于位置服务中保护用户位置隐私的必要性。
5. 数据发布中常用的匿名方法有哪些？

参 考 文 献

[1]　范庆娜.普适计算中的实体认证与密钥设计协议[D].大连：大连理工大学，2010.
[2]　姚琳.普适计算中实体认证与隐私保护的研究[D].大连：大连理工大学，2011.
[3]　刘炳.面向体域网的轻量型组播密钥协商协议[D].大连：大连理工大学，2012.
[4]　王璐，孟小峰.位置大数据隐私保护研究综述[J].软件学报，2014，25(4)：693-712.
[5]　王新雨.隐私标签轨迹数据发布中隐私保护机制的研究[D].大连：大连理工大学，2019.
[6]　潘晓，肖珍，孟小峰.位置隐私研究综述[J].计算机科学与探索，2007，1(3)：268-281.

第5章 无线传感器网络安全

目前,传感器网络在各个领域得到了广泛使用,经常用来采集一些敏感性数据或在敌对无人值守环境下工作。针对具体应用,在传感网的系统设计初期就应解决它的安全问题。然而传感网的资源有限,如有限的带宽资源、有限的存储能力和计算能力以及有限的能量,给传感器网络的安全带来了不同的挑战,传统的安全技术不能用于解决传感器网络的安全问题。目前针对传感器网络的安全研究主要集中在认证技术、密钥管理、安全路由、安全定位、隐私保护等方面。

5.1 无线传感器网络概述

无线传感器网络(WSN)近年来获得了广泛的关注,微机电系统的发展促进了智能传感器的产生,这些传感器体积小,具有有限处理能力和计算资源。相比传统的传感器,这类传感器不仅价格低廉,而且传感器节点可以感知、测量、收集数据,将经过决策的数据最终传给用户。每个传感器节点由传感器模块、处理器模块、无线通信模块和能量供应模块组成。传感器模块主要负责信息采集、数据转换等;处理器模块负责控制整个传感器节点的操作以及对节点采集和转发的数据进行处理;无线通信模块负责无线通信、交换控制信息和收发采集数据;能量供应模块为传感器节点提供运行所需的能量,电池是目前传感器的主电源。

无线传感器网的部署过程是通过人工、机械、飞机空投等方式完成的。节点随机部署在被监测区域内,以自组织的形式构成网络,因此无线传感器网络通常有很少或根本没有基础设施。根据具体应用不同,传感器节点的数量从几十个到几千个不等,这些传感节点共同工作,对周围环境中的数据进行收集,每一个传感器节点在网络中既充当数据采集者,又要对数据进行转发。和传统网络节点相比,它兼有终端和路由器的双重功能。无线传感器网络主要分为结构化和非结构化两种。非结构化的 WSN 中包含大量分布密集的传感节点,这些节点可以以 Ad Hoc 的方式进行部署。部署成功之后,因为节点数目较多,导致网络维护较困难,传感器节点只能在无人看管的状态下对数据进行监控。在结构化的 WSN 中,所有的或部分的传感器节点是以预先布置方式工作的,节点数目较少,因此网络的维护和管理较容易,如图 5.1 所示。传感器节点监测的数据通过其他节点以多跳中继的方式传送到汇聚节点,最后通过互联网或卫星到达管理节点。用户通过管理节点对无线传感器网络进行配置和管理、发布监测任务以及收集监测数据。

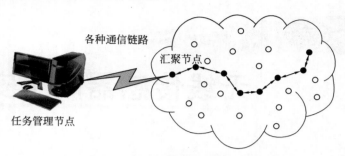

图 5.1　无线传感器网络的体系结构

5.1.1　无线传感器网络的特点

相比传统的计算机网络,无线传感器网络是一种特殊的网络,它的自身特点决定了它无法使用基于传统网络的安全机制。无线传感器网络具有如下特点。

(1) 有限的存储空间。传感器是一个微小的装置,只有少量的内存和存储空间用于存放代码,因此在设计一个有效的安全协议时,必须限制安全性算法的代码大小。例如,一个普通类型的传感器(TelosB)只有一个 8MHz 的 16 位 RISC CPU、10KB 的内存、48KB 程序存储器和 1024KB 的闪存存储空间。基于这样的限制,传感器中内置的软件部分也必须相当小,如 TinyOS 的总编码空间大约为 4KB,核心调度器只占用 178B,因此与安全相关的代码也必须很少。

(2) 有限的电源能量。能量问题是传感器的最大限制,目前传感器节点的能量供应大多还是依靠电池供电的方式,其他的能量供应方式如依靠太阳能、振动、温差等方式还不成熟。在传感器的应用中,必须考虑到单个传感器的能源消耗以及传感网的整体能耗。设计安全协议时,必须考虑该协议对传感器寿命的影响,以及加密、解密、签名等安全操作均会导致传感器节点消耗额外的功率,对一些密钥资料的存储也会带来额外的能量开销。

(3) 有限的计算能力。传感器网络节点是一种微型嵌入式设备,价格低,功耗小,有限的存储空间和电池能量必然导致其计算能力比普通的处理器功能弱得多,这就要求在传感器节点上运行的软件与算法不能过于复杂。

(4) 不可靠的信道。传感器网络中节点之间传输数据无须事先建立连接,但信道误码率较高导致了数据传输的不可靠性。同时由于节点能量的变化以及受高山、建筑物、障碍物等地势地貌和风雨雷电等自然环境的影响,传感器节点间的通信断接频繁,经常导致通信失败。

(5) 使用广播式信道。由于无线传感网采用广播式的链路类型,即使是可靠的信道,节点之间也会产生碰撞,即冲突。冲突的存在会导致信号传输失败,信道利用率降低。在密集型的传感网中,这是个尤为重要的问题。

(6) 延迟的存在。传感网属于多跳无线网络,网络的拥塞和节点对包的处理均会导致网络中的延时,从而使其难以实现传感器节点之间的同步。如果安全机制依赖对关键事件的报告和加密密钥分发,同步问题将成为传感器网络安全中至关重要的问题。

(7) 易受物理袭击。传感器可以部署在任何公开环境下,时常伴有雨、雾、霾等恶劣天气。在这样的环境中,较放置在安全地点(如机房等地)的台式机而言,更容易遭受物理攻击。

(8) 采用远程监控。传感器节点数量大,分布范围广,往往有成千上万的节点部署到某区域进行检测;同时传感器节点可以分布在很广泛的地理区域,这使得网络的维护十分困难,只能采用远程监控方式。但远程监控无法检测到物理篡改等攻击方式。因此传感器节点的软、硬件必须具有高强壮性和容错性。

(9) 缺乏第三方的管理。无线传感器是自组织的网络,不需要依赖于任何预设的网络设施,传感器节点能够自动进行配置和管理,自组织形成多跳无线网络。无线传感器网络是一个动态的网络,一个节点可能会因为能量耗尽或其他故障而退出网络,新的节点也会被添加到网络中,网络的拓扑结构随时会发生变化。

(10) 应用系统多样化。传感器网络用来感知客观物理世界,获取物理世界的信息量。不同的传感器网络应用关心不同的物理量,因此对传感器网络的应用系统有多种多样的要求,其硬件平台、软件系统和网络协议必然会有很大差别。

5.1.2　无线传感器网络面临的安全威胁

1. 被动攻击和主动攻击

同有线网络类似,传感网面临的安全威胁也主要分成两大类,即被动攻击和主动攻击。在被动攻击中,攻击者不会干扰用户之间的通信,目的是获得网络中传递的数据内容,典型攻击方式有窃听、流量分析、流量监控。在主动攻击中,攻击者会破坏用户之间的通信,对消息进行中断、篡改、伪造、重放以及拒绝服务攻击等。

(1) 窃听。窃听是指攻击者通过监控数据的传输进行被动攻击,对数据进行监听。例如,放置在屋外的无线接收器可能监听到屋内传感网所检测到的光照和温度数据,从而推断出主人的一些日常习惯。加密技术可以部分抵抗窃听攻击,但是需要设计一个鲁棒的密钥交换和分发协议。只根据几个捕获到的节点,无法推断出网络内其他节点的密钥信息。由于传感器的计算能力有限,密钥协议必须简单可行。此外,传感器存储空间的有限性导致端到端加密不太可行,因为每个节点可能没有足够空间用于存储大量其他节点的信息,只能存储周围邻居节点的密钥信息。传感网主要支持数据链路层的加密技术。

(2) 流量分析。流量分析是指对消息进行拦截和检查,目的在于根据消息通信模式推断出消息内容。

(3) 拒绝服务攻击/分布式拒绝服务攻击。拒绝服务攻击是指攻击者通过耗尽目标节点的资源,令目标节点无法正常采集或者转发数据。

(4) 重放攻击。重放攻击也称为中间人攻击,是指即使攻击者不知道密钥,无法对以前窃听到的消息进行解密,但仍会把以前截获到的消息,重复发送给目标节点。

(5) 外部攻击和内部攻击。外部攻击是该攻击者不属于域内节点。内部攻击来源于域内节点,主要是指一些受损节点对网络内部进行主动攻击或者被动攻击。内部攻击和外部攻击相比更严重,因为内部攻击者知道更多的机密信息,具有更多的访问权限。

2. 协议栈攻击

按照 TCP/IP 模型,传感网的安全威胁还可以分为物理层、数据链路层、网络层、传输层和应用层的威胁,表 5.1 列出了每一层的安全威胁。

表 5.1　每层对应的安全威胁

层　　次	安　全　威　胁
应用层	抵赖、数据损坏
传输层	会话劫持、洪泛攻击
网络层	虫洞、黑洞、拜占庭、洪水、资源消耗、位置隐私泄露
数据链路层	流量分析、流量监控、MAC 破坏
物理层	干扰、拦截、窃听
多层攻击	DoS、伪造、重放、中间人攻击

(1) 物理层威胁。由于无线网络的广播特性,通信信号在物理空间上是暴露的。任何设备只要调制方法、频率、振幅、相位和发送信号匹配就能获得完整的通信信号,从而成功进行窃听攻击,同时还可以发送假消息进入网络。无线环境是一个开放的环境,所有无线设备共享一个开放空间,所以若有两个节点发射的信号在一个频段上,或者是频点很接近,就会因为彼此的干扰而不能够正常通信。如果攻击者拥有强大的发射器,产生的信号强度足以超过目标的信号,那么正常通信将被扰乱。最常见的干扰信号是随机噪声和脉冲。

(2) 数据链路层威胁。无线网络的广播特性会导致多个用户使用信道时发生冲突,因此每个节点只能工作在半双工的工作模式下。数据链路层的 MAC 协议负责进行信道资源的分配,解决信道竞争,尽力避免冲突。无线传感网中主要采用 CSMA/CA 技术解决多个站点使用信道的情况,MAC 协议假定多个站点能够自动按照 CSMA/CA 标准协调自己的行为,但是一些自私节点或者恶意节点会不按照正常的协议流程去工作。例如,自私节点可能会中断数据的传输;恶意节点可能在转发的数据中恶意改变一些比特位的信息;不断发送高优先级的数据包占据通信信道,使其他节点在通信过程中处于劣势;不断发送信息与其他用户的信号产生碰撞,破坏网络的正常通信;利用链路层的错包重传机制,使受害者不断重复发送上一个数据包,最终耗尽节点的资源。

(3) 网络层威胁。攻击者的目的在于吸收网络流量;让自己加入到源到目的的路径上,从而控制网络流量;让数据包在非最优路径上转发,从而增加延迟;将数据包转发到一条不存在路径上,使其不能到达目的地;产生路由环从而带来网络拥塞。恶意节点在冒充数据转发节点的过程中,可以随机地丢掉其中的一些数据包,即丢弃破坏;也可以将数据包以很高的优先级发送,从而破坏网络的通信秩序;还有可能修改源和目的地址,选择一条错误的路径发送出去,从而导致网络的路由混乱。如果恶意节点将收集到的数据包全部转向网络中的某一固定节点,该节点必然会因为通信阻塞和能量耗尽而失效;如果多个站点联合,会让其他节点误以为通过它们只需要一两跳就可以到达基站,从而把大量的数据信息通过它们进行传输,形成路由黑洞。网络层威胁包括虚假路由协议、选择性转发、槽洞(sinkhole)攻击、女巫(sybil)攻击、虫洞(wormhole)攻击、问候洪泛(hello flood)攻击、伪装应答、关键点攻击等。

（4）传输层威胁。传感网中采用传输层 TCP 协议建立端到端的可靠连接，类似于有线网络，传感节点容易遭受到 SYN 泛洪攻击、会话劫持攻击。TCP 协议无法确定其原因，如拥塞、校验失败或恶意节点的袭击而造成。TCP 只会不断降低其拥塞窗口，从而使信道吞吐量减小，网络性能下降。会话劫持攻击发生在 TCP 建立连接之后，攻击者采用拒绝服务等方式对受害节点进行攻击，然后冒充受害节点身份（如 IP 地址），同目的节点进行通信。会话劫持攻击在 UDP 中较容易，因为不需要猜测报文的序列号。

（5）应用层威胁。应用层袭击对攻击者有很大的吸引力，因为攻击者所搜寻的信息最终驻留在应用程序中。应用层威胁主要分为抵赖攻击和恶意代码的攻击，病毒、蠕虫、间谍软件、木马等恶意代码可以攻击操作系统和用户应用程序，并自行传播通过网络，导致整个传感网的速度减慢甚至崩溃。

（6）多层威胁。多层威胁是指攻击者对网络的攻击发生在多个层次上，如拒绝服务攻击、中间人攻击等。

5.1.3 无线传感器网络的安全目标

为了抵御各种安全攻击和威胁，保证任务执行的机密性、数据产生的可靠性、数据融合的正确性以及数据传输的安全性等，无线传感器网络的安全目标主要包含以下几方面。

（1）机密性。机密性是网络安全中最基本的特性。机密性主要体现在以下两个阶段：密钥派生阶段，节点的身份信息以及部分密钥材料需要保密传输；派生阶段后，节点通信需要用会话密钥进行加密。

（2）完整性。机密性防止信息被窃听，但无法保证信息是否被修改，而消息的完整性能够让接收者验证消息内容是否被篡改。

（3）新鲜性。两个节点间共享一个对称密钥，密钥的更新需要时间，在这段时间内攻击者可能重传以前的数据。为了抵抗重放攻击，必须保证消息的新鲜性，一般通过附加时间戳或者随机数加以实现。

（4）可用性。与传统的网络安全可用性不同，传感器的资源有限，过多的通信量或计算量均会带来能量的过多消耗，单个传感器的消亡可能引起整个网络的瘫痪。传统的加密算法不适应无线传感器网络，必须设计轻量级的安全协议。

（5）自治性。无线传感器网络不采用第三方架构进行网络管理，节点之间采用自组织方式进行组网。某个节点失效时，节点会自治愈重新组网，因此无线传感网属于动态网络。几种经典的密钥预分配方案并不适于传感网，节点间必须自组织进行密钥管理和信任关系的建立。

（6）时钟同步。无线传感器网络的很多应用依赖于节点的时钟同步，因此需要一个可靠的时钟同步机制。如为了节省能量，传感器节点需要定时休眠；有时需要计算出端到端延迟，进行拥塞控制；为了对应用程序进行跟踪，需要组内的传感器节点整体达到时钟同步。

（7）安全定位。通常情况下，一个传感器网络的有效使用依赖于它能够准确地对网络中的每个传感器进行自动定位。为了查到出错的传感器位置，负责故障定位的传感器网络需要节点的精确位置信息。攻击者通过报告虚假信号强度或者重放攻击等，可以伪造或篡改定位信息。

（8）认证。为了保证通信双方身份的真实可靠性，节点之间必须进行认证，包括点到点认证和组播/广播认证。在点到点认证过程中，两个节点进行身份确认，会派生出单一会话密钥。组播/广播认证解决的是单一节点和一组节点或者所有节点进行认证的问题，此时需要维护的是组播/广播密钥。

（9）访问控制。用户通过认证后，访问控制决定了谁能够访问系统、访问系统的何种资源以及如何使用这些资源。访问控制可以防止权限的滥用。

5.2　无线传感器网络安全路由协议

无线传感器网络自身的特点导致其无法直接采用传统的路由协议。另外，在路由的安全性方面，也需要重点关注。无线传感器网络中节点的能量资源、计算能力、通信带宽、存储容量都非常有限，而且无线传感器网络通常由大量密集的传感器节点构成，这就决定了无线传感器网络协议栈各层的设计都必须以能源有效性为首要设计要素。在无线传感器网络中，大多数节点无法直接与网关通信，需要通过中间节点进行多跳路由。因此无线传感器网络中的路由协议作为一项关键技术，在传感网络中占据重要地位。

5.2.1　安全路由概述

在无线传感器网络中，路由协议主要包括两方面的功能：在保证能量优先的前提下，寻找源节点和目的节点间的优化路径；根据找到的路径将数据分组正确地转发。对于现今的无线传感器网络，各国都提出过很多种路由算法，这些算法将传感器网络有限的能量和计算能力作为首要问题来解决，但对于安全问题的考虑相对较少。如果在网络协议的设计阶段没有给予安全问题足够的重视，而是通过后续的更新来补充安全机制，那么这款协议所消耗的人力物力将是巨大的。

大部分无线传感器网络路由协议在设计时没有考虑安全问题，针对这些路由协议的攻击常见的有以下几种。

（1）涂改、伪造或重放路由信息。对路由协议最直接的攻击是针对两个节点交换的信息。基于涂改伪造或重放路由信息这种方法，攻击者可能会建立路由环线，攻击或击退网络流量，扩展或缩小源路由，产生虚假错误信息，造成网络分割，增加端到端延迟。

（2）选择性转发。多跳网络通常假设参加的节点会诚实地转发接收到的消息。在一个选择性转发的攻击中，恶意节点会拒绝转发某些消息而仅仅是删掉它们，确定它们没有被传播得更远。在这种攻击中，恶意节点就像一个黑洞，拒绝转发它看到的一切包。但是这种攻击的冒险之处就是邻居节点会断定它失败了继而去寻找另一个路由。这种攻击通常在攻击者已经明确被包括在一个数据流的路径之内时是最有效的。我们相信，攻击者发射一个选择性转发袭击很可能会沿着阻力最小的路径并且试图把自己包括进真实的数据流之中。

（3）天坑攻击。在无线传感器网络中，有些路由方案是依据链路质量和传输延迟来选路的。在这种情况下，某些恶意节点会利用诸如笔记本电脑这种拥有很强通信能力的终端混入正常的通信网络中，将自身伪装成一个通信质量很高的节点，以此欺骗环境中的其他节点，将大部分的通信流量吸引过来，对接收到的数据进行处理之后再选择性转发。

（4）sybil 攻击。在 sybil 攻击中，一个节点对于网络中其他节点呈现多种身份。sybil 攻击可以明显减少容错方案的有效性，如分布式存储、分散和多路径路由、拓扑维护等。副本、存储分区或者路由都是能够用一个攻击者呈现多个身份的相交节点。sybil 攻击也对地理路由协议造成了重大攻击威胁。

（5）wormhole 攻击。虫洞攻击是指两个以上的恶意节点共同发动攻击，两个处于不同位置的恶意节点会互相把收到的绕路信息经由私有路径传给另一个恶意节点，使这两个节点之间仿佛只有一步之隔。如图 5.2 所示，图中恶意节点之间存在一条高质量、低延迟的通信链路，左侧的恶意节点临近基站，这样较远处的恶意节点可以使周围节点相信自己有一条到达基站的高效路由，通过此方法就能将周围的通信流量吸引过来。

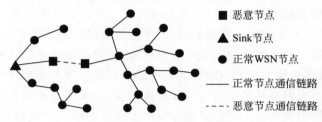

图 5.2　wormhole 攻击

（6）hello flood 攻击。hello flood 攻击是针对传感网的新型攻击，许多协议需要节点广播 hello 包向它们的邻居告知自己。接收这样 hello 包的节点也许会认为它是在发射频率范围内的正常发送方。一个笔记本电脑级别的攻击者用足够大的发射能量广播路由或者 hello 数据包，会使网络中的每个节点信服攻击者就是它的邻居。通常用洪水来表示消息像疫情一样通过每一个节点迅速传播，因此起名为 hello flood 攻击。

（7）确认欺骗攻击。确认欺骗攻击的前提是该协议运用了链路层确认模式。无线传感器网络中的通信方式都是广播通信，恶意节点可以利用这个特征伪造一个确认包，并将其发送给消息源节点，从而使正常的消息发送节点错将一条低质量链路或者一个失效节点当成一条可成功送达的目的地，并向其不断传输数据，这样恶意节点就可以利用此漏洞发动攻击了。

5.2.2　典型路由协议及安全性分析

通过对无线传感器网络路由协议的研究，本文选取了一些相对比较重要和有代表性的路由协议，对其核心路由机制、特点和优缺点进行了介绍，重点分析了这些路由协议的安全特性和抗攻击能力。

1. Directed Diffusion 协议

Directed Diffusion 是一个典型的以数据为中心、查询驱动的路由协议，路由机制包含兴趣扩散、初始梯度建立以及路径加强三个阶段，如图 5.3 所示。

在兴趣扩散阶段，由汇聚节点周期性地广播兴趣消息到其邻居节点上，兴趣消息包含对象类型、目标区域、数据发送时间间隔、持续时间等四个部分。当节点收到邻居节点的兴趣消息时，如果该消息的参数类型不存在于节点的兴趣列表中，那么就建立一个新表项存储该

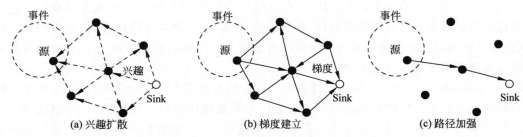

图 5.3　Directed Diffusion 协议的三个阶段

消息；如果节点中存在与该消息的某些参数相同的表项，则对该表项中的数据进行更新；如果该消息和刚刚转发的某条消息一样，则直接丢弃。初始梯度建立和兴趣扩散同时进行。在兴趣扩散过程中，节点在创建兴趣列表时，记录中已经包含了邻居节点指定的数据发送率即梯度。当节点具有与兴趣消息相匹配的数据项时，就把兴趣消息发送到梯度上的邻居节点，并以梯度上的数据传输速率为参照标准对传感器模块采集数据的速率进行设定。鉴于自身有多个邻居节点在网络环境中进行广播兴趣消息，汇聚节点有可能在这个阶段通过不同的路径接收到相同的数据。汇聚节点通过多个节点从源节点收到数据之后，将这条路径建立为加强路径，以保证接下来的数据能通过这条加强路径以较高的速率进行传输。大多数路径加强是以类似于链路质量、传输延迟等数据为标准进行选择的，这里我们以传输延迟为例进行概述。汇聚节点会最先选定最近发来数据的邻居节点作为这条加强路径的下一跳，并向该邻居节点发送相应的路径加强信息，以确保其及时对自身的兴趣列表进行更新；接下来该邻居节点会重复上面的步骤来确定自己的下一跳，这样的步骤会持续进行，直至路径加强信息传至源节点。

Directed Diffusion 具有一些新特点：以数据为中心的传输，基于强化适应性的经验最优路径，以及网络内数据汇聚和高速缓存。由于缺乏必要的安全防护，即使拥有这些优越的特性以及很好的健壮性，Directed Diffusion 仍然承受不了攻击者的攻击。基于 Directed Diffusion 的特点，攻击者可以对其造成如下的威胁：①攻击者将自己伪装成一个基站，广播兴趣消息。当节点接收到此信息并转发时，攻击者可以对目标数据进行监听；②攻击者可以利用不真实的加强或减弱路径以及假冒的匹配数据，以达到影响数据传输的目的；③攻击者通过向上游节点发送欺骗性的低延迟、高速率的数据来发动 sinkhole 或 wormhole 攻击；④攻击者通过对 sink 节点发动 sybil 攻击，可以阻止 sink 节点获取任何有效信息。

2. LEACH 协议

LEACH(low energy adaptive clustering hierarchy)是一种低能耗、自适应的基于聚类的协议，它利用随机旋转的本地簇基站来均分网络中传感器的能量负荷。LEACH 使用本地化的协作来启用动态网络的可扩展性和鲁棒性，并采用数据融合的路由协议来减少必须发送到基站的数据量。LEACH 的主要特点包括三方面：①对于簇设置和操作的本地化协调与控制。②簇基站或簇头以及相应簇的随机旋转。③用于减少全局通信量的本地压缩。

接下来简述 LEACH 筛选簇头节点的过程：一个节点自身随机生成一个 0 和 1 之间的数字，一旦这个随机生成数小于阈值 $T(n)$，则广播自身成为簇头节点的消息；之后在每一次循环中，簇头节点都会将自身阈值重置为 0，以保证自身不会再次成为簇头节点；随着循环的不断进行，其余未当选过簇头节点的节点成为簇头时的阈值也渐渐增大。阈值 $T(n)$ 的计算公式为

$$T(n) = \begin{cases} \dfrac{p}{1 - p\left[r \bmod (1/p)\right]}, & n \in G \\ 0, & \text{其他} \end{cases}$$

其中 p 是所需的簇头百分比（如 $p = 0.05$）；r 是当前轮次；G 是这一轮中没有成为过簇头节点的集合。

当簇头被选出以后，它开始向整个网络广播信息，网络中的非簇头节点根据接收到的广播信号的强弱来判读自身属于哪个簇，并向自己所属的那个簇的簇头节点发出相应的反馈信息。当整个网络正常工作以后，节点将自身收集到的数据发送给簇头节点，再由簇头节点将这些数据进行融合，进一步发送给汇聚节点。

利用大多数节点发射距离小的优点，我们设计了能够发送数据到基站的簇模式，只需要少数节点向基站发送长距离。LEACH 优于经典的聚类算法，利用自适应簇和旋转簇头，使系统的能源需求分布到所有的传感器。此外，LEACH 能够在每个簇中执行本地计算，以减少必须发送到基站的数据量，大幅度地减少了能量消耗。

鉴于网络中各个非簇头节点选择自己属于哪个簇是通过信号强弱来判定的，这就给了攻击者机会，使那些恶意节点可以通过增大自身信号强度来吸引那些非簇头节点，让节点们误以为它就是簇头节点，导致遭受选择性转发或天坑攻击。由于 LEACH 在设计过程中令所有节点都能与 BS 通信，这就保证自身对于虚假路由和 sybil 攻击有一定的抵御能力。

3. GPSR 协议

GPSR 是一种对于无线数据报网络的新型路由协议，协议设计每个节点可以利用贪心算法依据邻居与自身位置信息转发数据。算法的大致流程是当节点接收到数据以后，便开始以该数据为标准对本身存储的邻居节点列表进行处理。一旦自身到基站的距离大于列表中的邻居节点，那么节点就会将这个数据转发给它的邻居节点。

但是在实际的网络环境中，转发过程经常会出现"空洞"现象。如图 5.4 所示，在这个拓扑结构中，X 到基站 BS 的距离要小于 W 和 Y。根据贪心算法的转发机制，X 不会将 W 和 Y 作为自身转发列表中的下一跳。面对空洞问题时，我们可以利用右手法则来解决。当节点接收到通过右手法则转发过来的数据时，节点本身开始进行比较。只有自己到基站的距离大于邻居节点到基站的距离，才启用贪心算法对数据进行转发。

另外，GPSR 也有可能遭受到位置攻击，如图 5.5 所示。攻击者通过虚假信息将节点 B 的错误位置信息告知节点 C，让 C 误以为节点 B 在 $(2,1)$，于是将数据转发给 B。而真实的节点 B 又会根据贪心算法将数据再发还给节点 C，如此下去就会导致整个网络因死循环而陷入瘫痪。

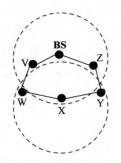

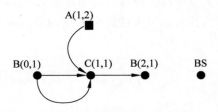

图 5.4　GPSR 中的空洞问题　　　　　图 5.5　利用位置信息的攻击

5.3　无线传感器网络密钥管理

　　由于无线传感器网络的特点,很多成熟的有线或无线网络的密钥管理方案不能直接应用于无线传感器网络。对于无线传感器网络安全解决方案,加密技术是基础的安全技术,用于满足无线传感器网络的身份验证、保密性、不可抵赖性、完整性通过加密的安全性要求。对于加密技术,密钥管理是一个关键问题。通信安全性有四种类型的键:关键节点和基站之间的通信、该节点的节点密钥、基站和通信密钥中所有节点的组密钥在无线传感器网络之间的通信过程、更多的邻居节点。下面具体分析无线传感器网络及相关密钥管理方案。

5.3.1　密钥管理的评估指标

　　对于一个传统的网络,通过对密钥管理方案的分析就可以评估其优缺点,但这在无线传感器网络中是不够的。由于无线传感器资源约束的特点,无线传感器网络比传统的网络安全问题面临更多的挑战。因此,无线传感器网络的安全标准和传统网络不同。由于无线传感器网络自身的特点和局限性,无线传感器网络密钥管理方案的考核指标有以下几点:

　　(1) 安全性。不论是传统网络还是无线传感器网络,密钥管理的安全性都是至关重要的,它是所有解决方案的前提因素,包括保密性、完整性、可用性等。

　　(2) 对攻击的抵抗性。无线传感器网络中的传感器节点体积小,结构脆弱,很容易遭受物理攻击,导致网络信息被泄露。对攻击的抵抗性指的就是当网络中的某些节点被恶意俘获后对剩余网络部分中节点间正常安全通信造成的影响程度。理想状况下,当一个网络拓扑失去部分节点后,其他节点仍然可以正常地安全地通信。

　　(3) 负载。无线传感器网络中一共包含三种负载:通信负载、计算负载和内存负载。对于传感器网络中的节点来说,密钥管理方案必须要低耗能。而且节点之间广播通信时所消耗的能量远大于其自身的计算耗能,所以密钥管理的通信负载要尽可能小。由于节点有限的计算能力,传统网络中所采用的复杂的加密算法不适用于传感器网络,因此密钥管理方案要尽可能设计得简单些。由于节点的存储空间有限,不会保存过多密钥信息,因此合适的密钥管理方案要使每个节点预分配的信息尽可能减少。

　　(4) 可认证性。认证在无线传感器网络安全问题上是一个至关重要的步骤,网络中的节点可以通过认证机制抵御如节点冒充这样的攻击方式。因此,节点间的认证机制是否完善也成为密钥管理方案评估的一项重要指标。

（5）扩展性。在现实的传感器网络环境中，会部署成千上万的传感器节点，这就要求一个好的密钥管理方案要能支持大规模的网络拓扑。另外，它也要兼顾传感器网络的动态变化，如节点的加入和离开。当有的节点因遭受外界攻击或自身能源耗尽而不能正常工作时，密钥管理方案应该能够保证网络的后向安全性；当网络拓扑需要增加新的节点时，密钥管理方案应该能够保证网络的前向安全性。

（6）密钥连接性。密钥连接性指节点之间直接建立通信密钥的概率。要想使无线传感器网络正常工作，就必须保持一个足够高的密钥连接概率。由于传感器网络中的节点很难与较远的节点相互直连通信，所以这一种情况是可以忽略的，不用考虑。密钥连接性只需确保邻居节点间建立通信密钥的概率足够高。

综上所述，在无线传感器网络中，要设计出一个适用于整个网络中可能出现的所有状况的密钥管理方案是很困难的，所以无线传感器网络安全问题的核心就是建立一个完备的安全密钥管理方案。

5.3.2　密钥管理分类

通常情况下，传感器节点的能耗、密钥管理方案所能支持的最大网络规模、整个网络可建立安全通信的连通概率、整个网络的抗攻击能力都是设计无线传感器网络密钥管理方案的必要要求，方案必须满足这些要求。下面我们依据这些方案和协议的特点对密钥管理方案进行适当的分类。

1. 对称密钥管理与非对称密钥管理

基于使用的密码机制，无线传感器网络密钥管理可以分为对称密钥管理和非对称密钥管理两类。在对称密钥管理之中，节点间通信使用相同的密钥和加密算法来对传输的数据进行加密解密。对称密钥管理具有相对较短的密钥长度、相对较小的计算通信和存储开销，这也是无线传感器网络密钥管理的主要研究方向。对于非对称密钥管理，节点使用不同的加密解密密钥。鉴于非对称密钥管理使用了多种加密算法，所以它对于传感器节点的计算存储通信能力要求较高。如果不加修改，难以运用到无线传感器网络中。一些研究认为优化之后的非对称密钥管理也适用于无线传感器网络，但是从安全级别的方向考虑，非对称密钥管理机制的安全性要远高于对称密钥管理机制。

2. 分布式密钥管理和层次式密钥管理

根据网络拓扑结构的不同，无线传感器网络密钥管理可以分为分布式密钥管理和层次式密钥管理两类。在分布式密钥管理中，传感器节点具有相同的通信与计算能力，节点自身密钥的协商、更新通过使用其预分配的密钥以及与周边节点的相互协作来完成。而在层次式密钥管理中，传感器节点被分配到不同的簇中，每个簇的簇头节点负责处理普通节点的密钥分配、协商与更新等。分布式密钥管理的优点是邻居节点间协同作用强，分布特性很好；层次式密钥管理的优点是大部分计算集中在簇头节点，降低了对普通节点计算和存储能力的需求。

3. 静态密钥管理与动态密钥管理

依据传感器网络中节点在部署完毕后密钥是否再次更新,可将无线传感器网络分为静态密钥管理和动态密钥管理两类。在静态密钥管理中,传感器节点在部署到特定区域之前会对其预分配一定的密钥,部署后通过数据交流来生成新的通信密钥。该通信密钥的生存周期为整个网络运行时期,其间不会发生改变。在动态密钥管理中,网络中的密钥需要周期性地进行分配、更新、撤回等操作。静态密钥管理具有通信密钥无须多次更新的特点,保证了计算和通信的开销不会过高。可一旦某些节点受损,该网络就会面临安全威胁。而动态密钥管理则会周期性地更新通信密钥,使攻击者不会轻易地通过捕获节点来盗取通信密钥,确保了网络运行的安全性。但是这种周期性的更新操作会产生大量的计算和通信开销,大幅度增加了整个网络系统的能源消耗。

4. 随机密钥管理与确定密钥管理

由传感器节点密钥分配方案的不同,可以将无线传感器网络密钥管理分为随机密钥管理和确定密钥管理两类。在随机密钥管理中,传感器节点获取密钥的方式犹如从一个或多个巨大的密钥数据库中随机抽取一定数量的密钥,节点间的密钥连通率介于 0 和 1 之间。而在确定密钥管理中,节点是通过位置信息、对称多项式等固定的方法获取密钥的,节点间的密钥连通率一直为 1。随机密钥管理具有分配方式简单、节点部署自由等优点,缺点是分配方案具有一定的盲目性,容易导致节点存贮空间的浪费。而确定密钥管理对于节点的密钥分配具有很强的针对性,能够高效地利用节点的存储空间,方便地在节点间建立连接,但是部署方式的局限性以及节点间通信和计算的高耗能也成为了这种方案的弊端。

5. 组密钥管理

1) 组密钥管理概述

还有一种与以上分类都不同的管理方案,即组密钥管理方案。组密钥是所有组成员都知道的密钥,用来对组播报文进行加密/解密、认证等操作,以满足保密、组成员认证、完整性等需求。相比对单播的密钥管理,前向私密性、后向私密性和同谋破解是组密钥管理特有的问题。

前向私密性主要是针对网络中出现节点退出现象后的反映。这种现象发生后,前向私密性就会禁止退出的节点(包括主动退出的节点或被强制退出的节点)再次参与组通信,而剔除这些节点之后新生成的组密钥同样能够实现向前加密。后向私密性则要求网络中新加入的节点不能完成对其加入前组播报文的破解。

组密钥管理是一个负责的管理机制,既要预防单个节点的攻击,也要兼顾多个节点的联合攻击。一旦多个节点掌握了足够的信息联合起来对整个系统进行破解,那么无论密钥更新得多频繁,攻击者也会实时掌握最新的密钥,进而导致组密钥管理机制的失败,前向私密性和后向私密性都无法实现,使整个系统被完全破解,这就达到了同谋破解的目的。因此在设计组密钥管理机制的时候要避免同谋破解。

2) 组密钥管理的影响因素

除了上述这三个问题以外,组密钥管理还会受到下面这些因素的影响:

（1）差异性。组密钥管理涵盖很多通信节点，这些节点之间存在着各种各样的差异，如安全级别、功能、通信带宽、计算能力、服务类型等。为了适应这些差异，在设计组密钥管理方案时要统筹兼顾。

（2）可扩展性。传感器网络的拓扑并不是固定不变的。随着规模的不断扩大，密钥的数量也会不断增多，所需的计算量、传输带宽、更新时间也会大幅增加。

（3）健壮性。点对点通信时，一方失效整个通信则会终止。但是对于大规模的组通信来说，即使部分节点失效也不应该给整个网络的会话造成严重影响。

（4）可靠性。可靠性是确保组密钥管理机制能够有效工作的重要性能。组播传输通常是不可靠的，乱序、丢包、重复信息等情况经常发生。如果设计的组密钥管理没有足够好的可靠性，将无法保证组成员在网络中的正常通信。

3）设计组密钥管理时应考虑的因素

综上所述，设计一个完善的组密钥管理方案需要考虑的因素如下所示。

（1）前向私密性：组内节点退出后将无法再次参与到组播通信中。

（2）后向私密性：新加入的节点无法破译其加入之前的组播报文。

（3）抗同谋破解性：防止多个攻击者节点联合起来破解组密钥。

（4）生成密钥的计算量：由于能源有限，要考虑更新密钥时的计算量给节点带来的负担。

（5）发布密钥占用带宽：不能让发布密钥过多占用有限的传输带宽。

（6）发布密钥的延迟：降低延迟以确保组内节点及时获取最新密钥。

（7）健壮性：即使一些节点失效也不会影响整个网络的正常通信。

（8）可靠性：确保密钥的发布和更新操作能顺利进行。

5.3.3　密钥管理典型案例

1. LEAP 密钥管理方案

LEAP(localized encryption and authentication protocol)是一个密钥管理的安全框架协议。为了确保网络的安全，总共需要 4 种密钥：①独占密钥：每个传感器节点与基站的共享密钥；②对密钥：每个节点与其他传感器节点通信的共享密钥；③簇密钥：同一通信群组内的节点所共用的加密密钥；④群组密钥：整个网络中所有节点共享的密钥。

1）独占密钥

独占密钥用于保证单个传感器节点与基站的安全通信，传感器节点可使用这个密钥计算出感知信息的消息论证码（MAC）以供基站验证消息来源的可靠性，也可以用这个密钥来举报它周围存在的恶意节点或者它所发现的邻居节点的不正常行为给基站。基站可使用这个密钥给传感器节点发布指令。

这个密钥是在节点布置之前预置到节点中的。节点 u 的独占密钥 K_{um} 可用一个伪随机函数 f 来生成 $K_{um}=f_{K_m}(u)$，K_m 是密钥生成者用于生成独占密钥的主密钥。密钥生成者只需要存储 K_m，在需要与节点 u 通信的时候再用伪随机函数计算出它们之间的通信密钥。

2) 对密钥

对密钥是指每个节点与它的一跳邻居节点的共享密钥,用于加密需要保密的通信信息或者用于源认证,既可以在节点布置之前预置,也可以在节点布置以后通过相互通信进行协商。协议假设整个网络的初始化时间 $T_{\min}$ 内攻击者不会对节点造成威胁,并且在 T_{est} 时间内新加入网络的节点可以与邻居节点协商好共同密钥($T_{\min} > T_{\text{est}}$),新入网的节点 u 与其邻居节点建立起对密钥的过程如下:

(1) 初始状态时,密钥生成者给节点 u 初始化密钥 K_1,每个节点计算出自己的独占密钥 $K_u = f_{K_1}(u)$。

(2) 节点 u 被散布到目标区域后,广播自己的身份信息 u 给它的邻居节点 v;收到广播信息的节点回复自己的身份 v 给节点 u,并且附加一个对自己身份证明的 $\text{MAC}(K_v, u|v)$ 信息。节点 u 可对 v 回送的身份信息进行验证,并用 K_1 以及伪随机函数 f 计算出 v 的主密钥 K_v,$K_v = f_{K_1}(u)$。

(3) u 通过伪随机函数 f 计算得到与 v 的对密钥 $K_{uv} = f_{K_v}(u)$,节点 v 可采用相同的计算方式得到与 u 的对密钥。

3) 簇密钥

簇密钥是一个节点与它通信范围内的邻居节点所共享的密钥,用于加密本地广播通信,可用于网络内部的数据聚合或者新节点的加入,在对密钥建立以后协商建立。簇密钥的生成过程为:由节点 u 生成一个随机密钥 K_{uc},用 $v_1, v_2, v_3, \cdots, v_m$ 与邻居的对密钥 K_{uv} 加密 K_{uc} 广播给所有邻居节点,邻居节点 v 在收到节点 u 的簇密钥后,回送自己的簇密钥给节点 u。如果节点 u 的一个邻居节点被撤销了,节点 u 可以生成新的簇密钥并且广播给它的合法邻居节点 v。

4) 群组密钥

群组密钥指基站与所有传感器节点共用的密钥,用于基站广播加密信息给整个网络中的节点。生成群组密钥最简单的方式是在节点散布到目标区域之前给所有的节点置入一个相同的、与基站通信的密钥。由于全网使用相同的群组密钥,当有节点被撤销时必须更新这个密钥,以防被撤销节点还能监听基站与每个节点的广播通信,可采用 uTESLA 协议更新网络的群组密钥。

2. Eschenauer 随机密钥预分配方案

Eschenauer 和 Gligor 在 WSN 中最先提出随机密钥预分配方案(简称 E-G 方案)。该方案由 3 个阶段组成:第 1 阶段为密钥预分配阶段。部署前,部署服务器首先生成一个密钥总数为 P 的大密钥池及密钥标识,每一节点从密钥池里随机选取 $k(k \ll P)$ 个不同密钥。这种随机预分配方式使得任意两个节点都能够以一定的概率拥有共享密钥。第 2 阶段为共享密钥发现阶段。随机部署后,两个相邻节点若存在共享密钥,就随机选取其中一个作为双方的配对密钥,否则进入到第 3 阶段。第 3 阶段为密钥路径建立阶段。节点通过与其他存在共享密钥的邻居节点经过若干跳后建立双方的一条密钥路径。

根据经典的随机图理论,节点的度 d 与网络节点总数 n 存在以下关系:

$$d = \left(\frac{n-1}{n}\right)\left[\ln n - \ln(-\ln P_c)\right]$$

其中,P_c 为全网连通概率。

若节点的期望邻居节点数为 $n'(n' \ll n)$,则两个相邻节点共享一个密钥的概率 $P' = d/(n'-1)$。在给定 P' 的情况下,P 和 k 之间的关系可以表示如下:

$$P = 1 - [(P-k)!]^2/[(P-2k)! \ P!]$$

E-G 方案在以下 3 方面满足和符合 WSN 的特点:一是节点仅存储少量密钥就可以使网络获得较高的安全连通概率。例如,要保证节点数为 10 000 的 WSN 保持连通,每个节点仅需从密钥总数为 100 000 的密钥池随机选取 250 个密钥即可满足要求。二是密钥预分配时不需要节点的任何先验信息,如节点的位置信息、连通关系等。三是部署后节点间的密钥协商无须 Sink 的参与,使得密钥管理具有良好的分布特性。

3. 基于组合论的密钥预分配方案

Camtepe 用组合设计理论(combinatorial design theory)来设计 WSN 的密钥预分配方案。假设网络的节点总数为 N,用 n 阶有限射影空间(finite projective plane)(n 为满足 $n^2+n+1 \geqslant N$ 的素数)生成一个参数为 $(n^2+n+1, n+1, 1)$ 的对称 BIBD(balanced incomplete block design,平衡不完全区组设计),支持的网络节点数为 n^2+n+1,密钥池的大小为 n^2+n+1,能够生成 n^2+n+1 个大小为 $n+1$ 的密钥环,任意两个密钥环至少存在一个公共密钥,并且每一密钥出现在 $n+1$ 个密钥环里。可见,任意两个节点的密钥连通概率为 1。但素数 n 不能支持任意的网络规模。例如,当 $N > n^2+n+1$ 时,n 必须是下一个新的素数,而过大的素数则会导致密钥环急剧增大,突破节点的存储空间,导致不适用于 WSN。使用广义四边形(generalized quadrilateral,GQ)可以更好地支持大规模网络,如 GQ(n, n),GQ(n, n^2) 和 GQ(n^2, n^3) 分别支持的网络规模达到 $O(n^3)$、$O(n^5)$ 和 $O(n^8)$,但也存在着素数 n 不容易生成的问题。

为此,Camtepe 提出了对称 BIBD 与 GQ 相结合的混合密钥预分配方案:使用对称 BIBD 或 GQ 生成 b 个(b 值大小由 BIBD 或 GQ 决定,$b < N$)密钥环;然后使用对称 BIBD 或 GQ 的补集设计随机生成 $N-b$ 个密钥环,与前面生成的 b 个密钥环一起组成 N 个密钥环。这种混合的密钥预分配方案提高了网络的可扩展性和抗毁性,但不保证节点的密钥连通概率为 1。无论是对称 BIBD、GQ 还是混合方案,都比 E-G 方案的密钥连通概率更高,平均密钥路径长度也更短。

5.4 无线传感器网络认证机制

认证技术是信息安全理论与技术的一个重要方面。认证主要包括实体认证和信息认证两方面。实体认证用于鉴别用户身份,给网络的接入提供安全准入机制,是无线传感器网络安全的第一道屏障;信息认证用于保证信息源的合法性和信息的完整性,防止非法节点发送、伪造和篡改信息。

5.4.1 实体认证机制

为了让具有合法身份的用户加入到网络中并有效地阻止非法用户的加入,确保无线传感器网络的外部安全，在实际应用的无线传感器网络中，必须要采取实体认证机制来保障网络的安全可靠。

由于无线传感器网络中通常需要大规模、密集配置传感器节点，为了降低成本，传感器节点一般都是资源严格受限的系统。一个典型的传感器节点通常只有几兆赫至几十兆赫的主频、几十千字节的存储空间以及极其有限的通信带宽，因此传统的认证协议不能直接在无线传感器网络中加以应用，需要研究、设计出计算量小、对存储空间要求不高且高效的适合于无线传感器网络的认证机制。目前的实体认证协议主要是在公钥算法和共享密钥算法的基础上提出的。

经过国内外学者的不断研究，无线传感器网络安全方面已经取得了很大进展，并且在认证方面也提出了许多方法，但是大多数学者都认为计算复杂、步骤繁复的公钥认证模式仍不适用于资源有限的传感器网络。不过，随着研究的深入，国内外一些学者也提出了一些基于公钥算法的认证协议在无线传感器网络中进行应用。

下面分别介绍基于 RSA 和 ECC(elliptic curves cryptography，椭圆曲线密码)两种公钥算法的实体认证协议在无线传感器网络中的应用。

1. 基于 RSA 公钥算法的 TinyPK 实体认证方案

对于公钥算法来说，虽然使用私钥进行解密和签名操作所需的计算量及消耗的能量比较大，但使用公钥进行加密和验证操作所需的计算量及消耗的能量却相对要小很多，同时速度也比较快。考虑到计算量和能量消耗的不对称性，我们可以让传感器节点只负责执行公钥算法中的加密和验证操作，把计算量大、能量消耗多的解密和签名操作交给基站或者与无线传感器网络建立安全通信的外部组织来完成。正是基于这种思想，R. Watro 等提出了基于低指数级 RSA 算法的 TinyPK 实体认证方案。TinyPK 是首次提出采用 RSA 公钥算法建立起来的 WSN 实体认证机制，通过合理分配加解密与签名验证任务，这种公钥算法可以方便地在 WSN 中进行实体认证。

与传统的公钥算法的实现相似，TinyPK 也需要一定的公钥基础设施（public key infrastructure，PKI）来完成认证工作。首先需要一个拥有公私密钥对的可信的认证中心（CA），显然，在无线传感器网络中这一角色可由基站来扮演（通常认为基站是绝对安全的，它不会被攻击者俘获利用）。任何想要与传感器节点建立联系的外部组织也必须拥有自己的公私密钥对，同时，它的公钥需要经过认证中心的私钥签名，并以此作为它的数字证书来确定其合法身份。最后，每个节点都需要预存有认证中心的公钥。

TinyPK 认证协议使用的是请求-应答机制，即该协议首先由外部组织给无线传感器网络中的某个节点发送一条请求信息。请求信息中包含两个部分：一个是自己的数字证书（即经过认证中心私钥签名的外部组织的公钥），另一个是经过自己的私钥签名的时间标签和外部组织公钥信息的校验值（或者称散列值）。请求信息中的第一部分可以让接收到此消息的传感器节点对信息源进行身份认证，而第二部分则可以抵抗重放攻击（时间标签的作用）和保证发送的公钥信息的完整性（散列值的作用）。传感器节点接收到消息后，先用预置的认证中心的公钥来验证外部组织身份的合法性，进而获取外部组织的公钥；然后用外部组织的公钥对第二部分进行认证，进而获取时间标签和外部组织公钥的散列值。如果时间标签有效并且实际计算得到的外部组织的公钥的散列值与第二部分之中包含的散列值完全相同,则该外部组织可以获得合法的身份。随后,传感器节点将会话密钥用外部组织的公钥进行加密,然后传送给外部组织,从而建立起二者之间安全的数据通信。外部组织与传感器节点整个通信过程如图 5.6 所示。

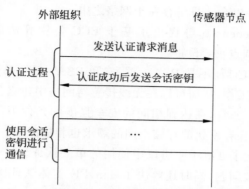

图 5.6　TinyPK 认证协议中外部组织与传感器节点的通信过程

传感器节点在认证过程中的工作流程如图 5.7 所示。

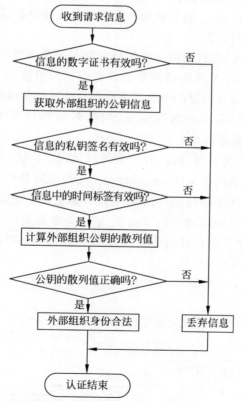

图 5.7　TinyPK 认证协议中节点的工作流程

2. 基于 ECC 公钥算法的强用户认证协议

上面介绍的基于 RSA 公钥算法的 TinyPK 实体认证方案虽然能够实现公钥算法在

WSN 中的应用,但它仍然有自己的缺点,比如,如果网络中某个认证节点被捕获(考虑到无线传感器网络的实际应用环境,网络中的某个或者某一些认证节点被捕获的可能性是比较大的),那么整个网络的安全性都会受到威胁,因为攻击者可以通过这个被捕获的节点获得与之相关的会话的密钥并以合法身份存在于网络之中。

针对这个问题,Z. Benenson 等提出了基于 ECC 公钥算法的强用户认证协议。与 TinyPK 相比,该协议有两点重要改进:

(1) 公钥算法使用 ECC 而不是 RSA。首先,和 RSA 一样,采用 ECC 公钥算法也能够完成加解密、签名与验证工作,从而可以在无线传感器网络中建立公钥基础设施来顺利实现认证工作和密钥的管理。并且,在达到相同的安全强度的条件下,与 RSA 相比,ECC 需要的密钥长度更短,对用于保存密钥的存储空间的需求也相应减小。

(2) 采用 n 认证取代了 TinyPK 协议中使用的单一认证。这一点非常重要,它不但可以应付网络中的节点失效问题,同时还解决了 TinyPK 实体认证协议中单个认证节点被捕获就可能导致网络受到安全威胁的问题。

基于 ECC 公钥算法的强用户认证过程如下:

(1) 外部组织向其通信范围内的 n 个传感器节点广播一个请求数据包(U, cert$_u$),其中 U 是外部组织的身份信息;cert$_u$ 是合法的外部组织从认证中心获得的数字证书,即由认证中心私钥签名的外部组织的公钥。

(2) 某个传感器节点 S_i 在收到请求数据包后保存下来并同时给请求方返回一个应答数据包(S_i, nonce$_i$),其中 S_i 是该传感器节点自己的身份信息,nonce$_i$ 是一个一次性随机数。每个接收到外部组织请求信息的传感器节点都执行同样的操作。

(3) 外部组织收到 S_i 返回的数据包后,用散列函数计算出一个散列值 $h(U, S_i,$ nonce$_i$),并用私钥签名后重新发送给 S_i。

每一个传感器节点 S_i 先验证 cert$_u$ 以获得外部组织的公钥,然后用外部组织的公钥去验证第三个步骤中收到的散列值 $h(U, S_i,$ nonce$_i$)并与实际执行 $h(U, S_i,$ nonce$_i$)函数所得到的散列值进行对比。如果相同,则该节点通过外部组织的认证。

(4) 每一个对请求方 P 认证成功的节点 S_i 使用共享密钥计算出消息认证码并返回给 P。如果 P 得到了 $n-t$ 个消息认证码,则它在无线传感器网络中拥有合法的身份。

整个认证过程如图 5.8 所示。

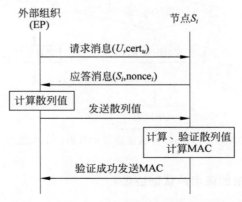

图 5.8　基于 ECC 公钥算法的强用户认证过程

每个传感器节点收到认证请求数据包后的认证流程如图5.9所示。

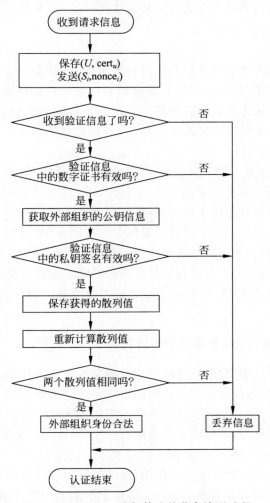

图5.9　基于ECC公钥算法的节点认证过程

这种认证协议的安全强度相对比较高,但节点能量消耗也比较大。另外,对于拒绝服务攻击(DoS),它没有很好的防御措施,需要另外添加入侵检测机制来处理。

5.4.2　信息认证机制

为了防止处于危险环境中的无线传感器网络遭受恶意节点的攻击,无线传感器网络需要采用消息认证机制来确保数据包的完整性以及信息源的合法性。在无线传感器网络的通信模式中,既包含小规模网络中节点与基站、节点与节点间的单跳传输,也有大型网络中的多跳传输。面对这样的情况,无线传感器网络所采用的消息认证机制也有所不同。

1. 无线传感器网络单跳通信模式下的信息认证

在小规模的无线传感器网络中,由于所有的节点都在基站的通信范围以内,所以基站可以方便地向网络中所有节点广播信息，而网络中的每个节点也可以以单跳的通信方式向基站反馈数据。为了确保单跳通信模式传感器网络的合法性，在此需要引入单播源认证和广播源认证。

1）单播源认证

节点与基站之间的单播通信认证是比较容易实现的，只需让基站与节点共享一对密钥对即可。在发送信息之前，发送方根据共享密钥对和发送信息计算出一个 MAC 值随消息一起发出；接收方接收到这个消息后利用共享密钥和接收到的消息计算出一个 MAC 值，然后进行对比；如果一致则确信这条消息源自一个合法的数据源。

2）广播源认证

A. Perrig 等研究人员在 TESLA(timed efficient stream loss-tolerant authentication)协议的基础上提出了基于广播源认证机制的协议，使其能较好地适用于无线传感器网络。该协议的主要思想是利用哈希链在基站生成密钥链，传感器网络中的每个节点预先保存该密钥链最后一个密钥作为认证信息。整个网络需要保持松散同步，基站按照时间顺序使用密钥链上的密钥加密消息认证码，并随着时间段的推移逐渐公布该密钥。传感器节点利用认证信息来认证基站公布的密钥，并对其进行消息认证码的验证。该协议采用对称加密，很好地适应了传感器网络资源受限的特点，但是由于认证信息是预先储存的，导致该协议的扩展性较差。

2. 无线传感器网络多条通信模式下的消息认证

在大规模的无线传感器网络中，传感器节点需要将收集到的信息传送给目的节点。如果两者之间的距离相对较远，通信的方式则会采用多条路由的方式。传统网络的消息认证方式通常是通信双方共享一个密钥，或者采取公钥加密解密的认证方式，但无线传感器网络节点的存储空间和资源有限，不可能完成这样一种方案，所以多跳通信模式下认证机制的设计就显得较为困难。现在存在一种多条通信模式下的认证方法——逐跳认证方式，就是在每一条一对一的通信链路上都共享一个密钥，这样就可以通过每一跳的认证来确保真正通信双方的信息认证。这种方案的弊端是一旦链路上的某几个节点被俘获了，整个网络的通信安全就会受到严重影响，因此这种认证方案具有很强的局限性。

而多路径认证方式则可以在一定程度上解决这个问题。该方法的基本思想是信息源通过多条不相交的路径将信息传送给目的节点，目的节点会根据收到的不同版本的数量选择占大多数的那个作为合法信息，并将发送其他本版信息的路径定位为不可信路径。这样就使得即使网络中某几个节点被恶意俘获也不会影响通信双方的安全通信。但是该方式的不足之处就是耗能过高，多跳不相交路径上的节点都需要为这次通信服务，极有可能导致因信息泛洪而使网络部分瘫痪。

H. Vogt 提出的另一种虚拟多路径认证方案可以较好地解决上一方案出现的问题。它的主要流程是网络中的每个节点先与跟自己距离为一跳和两跳的节点分别共享一个密钥，然后节点 s 针对下一跳和下两跳的节点计算出两个 MAC 值，随消息传输出去；同时转发自身上一跳节点 s' 对自身下一跳节点 s'' 的 MAC 值；下一跳节点 s'' 验证收到的两个 MAC，如果都是合法的，则重复节点 s 的上一步操作，保证消息在传输的过程中完成双重认证。该方案融合了上述两种认证机制的优点，很好地提高了信息传输过程中的信息认证强度。

5.5　无线传感器网络的位置隐私保护

无线传感器网络中的隐私可以分为两大类：数据隐私和上下文隐私，具体分类详见图 5.10。数据隐私通常是为了保护传感器节点发送或接收的数据包内容不被攻击；而上下文隐私则侧重于对得到关注的周围上下文信息内容的保护，其中位置隐私是一种典型的上下文隐私。

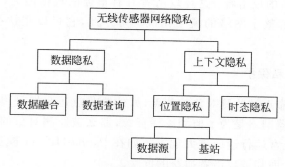

图 5.10　无线传感器网络的隐私分类

数据隐私保护是指对网络收集到的数据和向某个网络查询的数据信息的保护，主要有两类攻击者：外部攻击者和内部攻击者。外部攻击者只是窃听网络通信，通过简单的加密就可以防御这类的攻击者；而内部攻击者可以捕获一个或多个节点，最简单的防御方法就是实现节点和基站之间端到端的加密，然而这样就不能达到数据融合的目的。因此，面临的挑战是既要实现隐私保护，又要实现数据融合。

虽然可以通过数据加密等技术来保护数据隐私，但是无线通信媒介仍然暴露在网络中，一些上下文的隐私信息可能会暴露。典型的上下文隐私主要分为源节点位置隐私、汇聚节点位置隐私和事件发生的时间隐私，这些信息可以轻松地被具有流量分析功能的外部攻击者获得。接下来将着重介绍位置隐私。

5.5.1　位置隐私保护机制

无线传感器网络位置隐私保护主要是指对 WSN 中关键节点位置隐私的保护，因为这些节点有更多的职责，承担着比普通节点更多的任务，攻击者攻击掉这些节点对整个网络的危害最大。无线传感器网络中的关键节点一般分为源节点和汇聚节点两类。因此，无线传感器网络位置隐私保护主要分为源节点位置隐私的保护和汇聚节点位置隐私的保护。在介绍位置隐私保护前，先简要描述一下攻击者。

在 WSN 的位置隐私保护中，主要有两类攻击者会对其发动攻击，即局部攻击者和全局攻击者。局部攻击者的无线监测半径是有限的，因此，同一时间只可以监测到网络局部范围内的流量；而全局攻击者则可以一次监测整个网络的流量，并且很快定位传输节点。逐跳追踪数据包传输的攻击者和全局流量分析的攻击者则是两种典型的攻击者，下面我们分别介绍这两种攻击者。

（1）逐跳追踪数据包传输的攻击者：分为逐跳追踪汇聚节点位置的攻击者和逐跳追踪

源节点位置的攻击者。这里以逐跳追踪源节点位置的攻击者为例进行攻击描述。攻击者通常配备有特定的无线信号定位装置,此类装置可以监测以其为中心的一定半径长度内的节点。一般情况下,此类攻击者的网络监测半径和一般节点的传输半径相差无几,我们认为二者相等。攻击者在对源节点进行攻击时,其追踪方向和数据包传输方向是相反的。详细的攻击过程如下:攻击者潜伏在 Sink 附近来监测一定传输半径内的信号;监测到新的信号后,它会在很短的时间内判断出发送此信号的节点方向,并移动到该节点继续监听;如此反复,直到追踪到源节点。

(2) 全局流量分析的攻击者:这种攻击者具有很强的攻击能力,它能够监测整个网络的无线通信,从而了解整个网络的流量情况。基于此,它可以很快找到源节点或者 Sink 节点。

1. 源节点位置隐私保护

源节点通常是最靠近被监测对象的节点,另外源节点还会把采集到的数据发送到汇聚节点。如果无线传感器网络是为了监测珍稀资源,那么被监测对象的地理位置隐私一旦暴露,将对整个网络的正常运行造成重大危害。如在 Panda-Hunter 模型中,一旦源节点的位置被监测到,熊猫将会面临被攻击者捕获的危险。

2. 汇聚节点位置隐私保护

Sink 是无线传感器网络与外部网络连接的网关。WSN 与外界网络交互必须经过 Sink,同时向整个网络发布监测任务也需要 Sink 来完成。如果 Sink 被攻击了,整个网络可能会瘫痪。除此之外,所有源节点采集到的数据都会传输给汇聚节点,这导致整个网络中的流量不均衡,使流量分析的攻击者可以对汇聚节点进行攻击。

5.5.2　典型的无线传感器网络位置隐私保护方案

通过对无线传感器网络位置隐私保护的研究,并结合一些资料中的观点方案,我们对无线传感器网络中的位置隐私保护方案进行了归类。接下来将主要对典型的汇聚节点位置隐私保护方案和典型的源节点位置隐私保护方案进行介绍。

1. 典型的汇聚节点位置隐私保护方案

保护汇聚节点位置隐私的方案主要分为假包注入、多路径传输、随机行走等。

1) 假包注入

Deng 等阐明了保护汇聚节点位置隐私的重要性,并提出了当网络中没有数据包传输时,可发送假包来迷惑攻击者。在文献中,作者提出了基于多路径传输的假包注入,以此来更好地保护汇聚节点的位置隐私,延长攻击者捕获到汇聚节点的时间。另外,假包的传输是选择一个远邻居来进行传输的,这样保护效果更佳。

2) 多路径传输

所谓多路径传输就是数据包可选择多条路径进行传输,而不是在特定的某条路径中传输。作者在文献中提出了多路径路由和假包传输的融合方案。此方案中,对于某一节点,传入和传出的数据流量是均匀的,因此可以最大限度地限制攻击者利用流量的方向信息来对节点进行攻击。Biswas 等提出了一种在不影响网络正常寿命前提下的抵御流量分析攻击者的隐私保护方案，即将一些普通节点作为汇聚节点使用，让攻击者认为其中的某个节点为真实的汇聚节点。此外，Chen 和 Lou 提出了双向树、动态双向树和曲折双向树三种多路径传输保护方案。

3）随机行走

Chen 和 Lou 提出了四种端到端的保护汇聚节点位置隐私的方案，其中随机行走就是利用随机性来达到保护汇聚节点位置隐私的目的。文献中提出利用定向行走来抵御攻击者对 Sink 或者源节点的攻击。Jian 等提出了 LPR 协议，他将邻居节点分为两组，并且将提出的方案分为两步：第一步，当数据包传到某节点时，节点以一定概率随机选择一个远邻居节点作为数据包的下一跳；第二步，当节点发送数据包给邻居节点（远邻居或者近邻居）时，会在同一时刻向远邻居中的一个随机节点发送一个假包。

4）其他

Nezhad A A 等提出了一种匿名拓扑发现的方法，这种方法可以隐藏汇聚节点的位置。与传统协议不同的是，此协议允许所有节点广播路由发现消息，这样就可以隐藏汇聚节点的位置。k-匿名也可以用来保护源节点或者汇聚节点的位置隐私，它的原理是用 k 个节点来迷惑攻击者，其中只有一个为真实的汇聚节点。

2. 典型的源节点位置隐私保护方案

保护源节点位置隐私的方案主要分为泛洪、随机行走、假包注入和假源策略四类。

1）泛洪

泛洪主要是为了混淆真数据流量和假数据流量，这样攻击者就很难通过流量分析追踪到数据源。泛洪主要分为基准泛洪、概率泛洪和幻影泛洪。

在基准泛洪中，数据源节点发送数据包给其所有邻居节点，同时邻居节点继续发送该数据包给邻居节点的所有邻居节点，直到目的节点接收到该数据包。但是对同一数据包，所有节点都只转发一次。此方案的优点是所有节点都参与了数据包的传输，因此攻击者不能通过跟踪一条路径追踪到源节点。但是，基准泛洪对位置隐私保护的有效性取决于源节点与汇聚节点之间路径的长度（以跳数计），如果路径跳数太少，攻击者很快就会追踪到源节点。同时，此种方案的网络能量消耗很大。基于此，概率泛洪在能量消耗方面对基准泛洪进行了优化。在概率泛洪中，随机选择一些节点对数据包进行转发，并且每个节点以一定的概率转发数据包。显然，这种方案既能减少能量消耗，也可以高效地保护源节点的位置隐私。然而，因为随机性的缘故，并不能保证汇聚节点能接收到所有源节点发送过来的数据包。幻影泛洪主要分为两个阶段：第一阶段为随机转发过程，源节点把数据包随机发送到一个假源节点；第二阶段为假源节点通过基准泛洪把数据包发送给汇聚节点。这样，即使追踪到了假源节点，也很难追踪到源节点。然而，所有泛洪策略对源节点的位置隐私保护程度都不是很好，且能量消耗也相对较高。

2）随机行走

随机行走策略的目的是通过一些随机的路径把数据包从源节点发送到汇聚节点。在幻影源节点单路径方案中，源节点首先按最短路径把数据包发送到一个随机节点，之后随机节点再沿最短路径将其单播发送到汇聚节点。然而，简单的随机行走并不能达到很好保护源节点位置隐私的目的。为了改善幻影源节点单路径方案的性能，Yong 等提出了贪婪随机行走方案，即源节点和汇聚节点都随机行走。当两条行走路径汇合后，数据包沿着汇聚节点随机行走路径的相反方向发送给汇聚节点。这样的话，数据包传输的路径相当于已经被汇聚节点（或者基站）预先设定好了。Wang 等把源节点位置隐私保护问题简化为增加攻击者追踪到源节点的时间，包括最短追踪时间和平均追踪时间。加权随机行走允许每个节点自己独立选择下一跳节点，由于节点选择转发角度大的节点作为下一跳的概率大，所以大多数的数据包会有比较长的传输路径长度，以此来延长攻击者的追踪时间。

为了加长假源节点和真源节点之间的距离，Kamat 等提出了定向行走。在定向行走中，数据包头携带方向信息，接收到该数据包的节点按照方向信息进行数据包的传输。Yun 等提出了用一个随机中间节点来解决攻击者反向追踪源节点的问题。在随机中间节点方案中，源节点首先按照随机路径发送数据包到一个随机的中间节点，这个中间节点距离源节点至少有 h 跳（h 为提前设置好的）。后来，随机中间节点方案又被用来保护全局源节点位置隐私，文献中提出用一个传输真假包的混合环来迷惑全局攻击者。为了减小能耗，Yun 等提出了基于角度和象限的多中间节点路由方案。在这两种方案中，数据包从源节点传送到汇聚节点需要经过多个中间节点，而这些中间节点又是基于角度而随机选择的。

3）假包注入

假包注入策略通过向网络中注入假包来抵御流量分析攻击者和数据包追踪攻击者的攻击。在短暂假源路由中，每个节点产生一个假包并且按照一定的概率泛洪传送给网络。此种方法只可以防止局部流量分析攻击者的攻击。为了防止全局流量攻击者的攻击，有学者提出了定期收集和源模拟。在定期收集方案中，每个节点以一定的频率定期独立地发送数据包，这些数据包中既有真包也有假包。而源模拟方案则把每个节点看成一个潜在的源节点。

为了抵御全局攻击者，也为了减小能耗，Yang 等提出了基于统计的源匿名。在 FitProbRate 中，用指数分布来控制假包流量的产生速率。Yang 等在文献中又提出了事件源不可观测的概念，目的是利用一定的丢弃假包原则来隐藏真实事件源，这样可以防止网络风暴。基于代理的过滤方案和基于树的过滤方案被提出的目的都是为了在假包传输到汇聚节点之前丢弃假包，以此减少真包的丢包率等。

4）假源

假源策略就是选择一个或多个节点来模拟真实源节点的行为，以此来达到迷惑攻击者的目的。当有节点要发送真实数据包时，基站会建立一些假源。通常这些假源距离真实源节点距离很远，但是距离基站的距离与真实源节点距离基站的距离大致相同，且真实源节点和假源以同样的频率同时发送数据包。

5.6　入侵检测机制

无线传感器网络通常被部署在恶劣的环境下，甚至是敌方区域，一般情况下缺乏有效的物理保护，同时由于传感器节点的计算、存储、能量等性能都十分有限，因此无线传感器网络节点与网络很容易受到敌人的捕获和侵害。传感器网络入侵检测技术主要集中在监测节点的异常以及恶意节点的辨别上。鉴于传感器网络资源有限以及容易遭受入侵的特点，传统的应用于常规网络中的入侵检测技术不适用于无线传感器网络。因此,设计一种适用于传感器网络的安全机制,以防止各种入侵,为无线传感器网络的运行营造一个较为安全的环境,成为了无线传感器网络领域能否继续走下去的关键。

5.6.1 入侵检测概述

现今,关于无线传感器网络安全方面的研究已经有很多了,通过密钥管理、身份认证等安全技术可以提高无线传感器网络的安全性,但是这些大多数都并未包含入侵检测的能力,无法及时有效地预防和发现无线传感器网络中的入侵问题。入侵检测是能够主动发现入侵行为并及时采取防卫措施的一种深度防护技术,这项技术可以通过对网络日志文件进行扫描、对网络流量进行监控、对终端设备的运行状态进行分析,进而发现可能存在的入侵行为,并对其采取相应的防护手段。在常规的网络环境中,入侵检测按数据获取方法可分为基于网络和基于主机两种方式,按检测技术可分为基于误用和基于异常两种方式。但是,无线传感器网络和传统网络在网络拓扑、节点结构、数据传输等诸多方面都有很多差别,而且由于传感器网络自身特点以及所面临的安全问题不同,所以很多传统入侵检测技术不适用于无线传感器网络。传感器网络自身特点包括如下几方面。

(1)存储空间和计算能力是有限的。由于无线传感器网络中的节点受到能源、大小等因素的限制,导致很多常规的安全协议不能直接运用于传感器网络。

(2)容易遭受多种途径的攻击。由于无线传感器网络与传统网络存在一些差异,所以仅根据传统的检测手段是很难及时地发现入侵行为的。另外,由于实际的无线传感器网络通常位于野外,很难做到全程监控,所以攻击者可以很方便地从一个网络拓扑中获取一些节点,或利用恶意节点破坏该拓扑结构,这样就使得传统的入侵检测技术难以发现恶意节点的存在,导致很多入侵行为的漏检。

(3)带宽和通信能量的限制。当前的无线传感器网络都采用低速、低能耗的通信技术。因为无线传感器网络没有持续的能源供给,其整个工作过程期间也不会得到实时监控,所以节能成为了传感器网络存活必须考虑的问题。所以一些复杂的检测算法的功耗开销是传感器网络的低功耗无法承载的。

因此,由于无线传感器网络自身的特点所限,一些传统的入侵检测技术很难应用于其中。然而,既然要发展无线传感器网络,就必须让它拥有与传统网络同样的安全条件,以保证其正常的通信安全。所以设计出适应于无线传感器网络的入侵检测机制是确保无线传感器网络领域继续研究的关键一环。

5.6.2 入侵检测体系结构

传感器网络入侵检测有三个组成部分,分别为入侵检测、入侵跟踪和入侵响应。这三个部分顺序执行,首先执行入侵检测;要是入侵存在,将执行入侵跟踪来定位入侵;然后执行入侵响应来防御攻击者。此入侵检测框架如图 5.11 所示。

现今的体系结构中根据检测节点间的关系,大致可分为以下三种类型。

1. 分治而立的检测体系

为了降低网络中能源的损耗,入侵检测程序只会安装在某些关键的节点中。每个装有

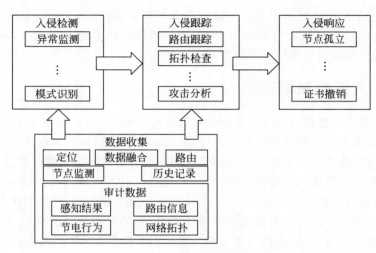

图 5.11　入侵检测框架

检测程序的节点的优先级和作用相同，既负责采集网络中的数据，又要对网络环境的检测结果进行分析。之后它们会将自己的分析结果传给基站，不会与其他检测节点进行数据交互。

这种方法的优点是设计思路简洁，容易部署和实现。缺点是各个检测节点之间没有数据交互，分别独立进行检测，不能协同工作，这会导致网络环境中产生大量的冗余信息，浪费时间，同时也浪费了传感器网络中宝贵的能源，而且独立的检测对于整个网络环境的入侵行为监控是不利的。

2. 对等合作的检测体系

无线传感器网络对采用广播的数据传输方式，每个节点可以方便地检测自身邻居节点的数据流向。对等合作的检测体系是基于分治而立的检测体系之上的，首先还是各个检测节点独立检测。当遇到某些特殊的入侵行为时，各检测节点会相互交换信息来共同处理检测结果。

这种检测体系对于上一种方案在性能上有一定的提升，但是这种体系要求网络环境中的大部分节点安装入侵检测系统（intrusion detection system，IDS），这就会导致普通入侵行为出现时资源的重复性浪费。另外，检测节点间的数据交互需要广播大量的数据包，这必然会影响正常情况下的网络带宽。

3. 分层次的检测体系

为了避免上述两种方案造成的资源浪费以及带宽占用，研究人员提出了分层次的检测体系。它的基本思想是把无线传感器网络中的全部节点按照其各自的功能不同划分为不同的层次：底层节点进行数据采集与检测任务，顶层节点进行数据融合及综合处理等工作。

这种检测体系能够很好地提高检测的准确性，大大减少了资源开销，同时网络的整体运行性能也受到了不同程度的提升。此外，在进行数据融合的过程中降低了整个网络中的数据冗余性，但这也是以降低网络的鲁棒性为代价的。

5.7 节点俘获攻击

一个典型的传感器节点由低成本的硬件构成,在电源、通信和计算能力等方面受到限制。传统的安全机制无法应用于传感器节点,从而使得无线传感网络面临许多方面的安全挑战。节点俘获攻击被认为是最严重的安全威胁之一,它容易发动,又难以检测和防范,是复制攻击、sybil、虫洞、黑洞等攻击的基础。一般情况下,无线传感器网络中的攻击呈多种攻击相互结合的方式。

作为一种新式的攻击方法,在节点俘获攻击中,攻击行动有三个阶段。

(1)物理俘获传感器节点并获取记录在内存或者缓存中的密钥,然后运用已经俘获的密钥窃听链路中传输的内容。

(2)将俘获节点重新部署在网络中,破译收其他节点传输过来的信息。

(3)攻击者发动内部攻击。

所以防范节点俘获攻击最有效的方法是在防范攻击者利用俘获节点窃听网络通信的同时,防止俘获节点重新部署到网络中。

研究无线传感器网络的攻击算法有利于为研究网络安全提供攻击模型,因此本节着重介绍如何设计和提高节点俘获攻击的效率,为后续网络安全的研究提供模型基础。

5.7.1 模型定义

1. 网络模型

1)静态网络

为了方便研究,我们将静态网络用一个离散的有向图模型 $G=(N,L)$ 表示,其中 N 代表各个节点的集合,L 代表有向图中的链路的集合,即 (i,j) 表示一条从节点 i 到 j 的可靠安全的链路,i 可以将数据发送给 j 而无须将数据中继给其他节点。

如果一对节点 i,j 共享密钥 $K_{i,j}=K_i \bigcap K_j$(K_i 表示分配给节点 i 的密钥集合),且两者的通信范围重合,则可以建立一条可靠链路 (i,j)。

2)动态网络

因为节点位置会随着时间的变化而变化,所以我们将它放在一个封闭的网络中,即节点始终在一个封闭的区域内运动。

2. 网络部署模型

1)随机分布

随机分布是指系统中的节点随机分布在一个矩形网络区域内。根据节点间的距离,每个节点建立路由器表记录邻居节点。

2)标准分布

标准分布是指在网络中,节点会以 $M \times N$ 的网络模型进行分布,节点处于交汇处。

3)簇结构

在基于簇结构的网络中,附近节点被划分在同一个簇中,每个簇中选举一个簇头节点,管理簇结构内的簇成员与簇头节点之间的通信。

3. 密钥分配模型

为改善无线传感网络节点存储量小、计算能力低下的特点，模型采用对称加密的方法保证传输过程中的信息安全。定义 K 为所有密钥的集合，密钥预分配协议为每个节点 i 分配一个密钥子集 K_i，满足 $K_i \subset K_j$。两个节点 i 与 j 之间的共享密钥计算方法为 $K_{i,j} = K_i \bigcap K_j$。例如，节点 i 与节点 j 相互在对方的传输半径 r 内，$K_i = \{K_1, K_2, K_3\}$，$K_j = \{K_1, K_3, K_4\}$，则 $K_{i,j} = \{K_1, K_2, K_3\} \bigcap \{K_1, K_3, K_4\} = \{K_1, K_3\}$。

当节点 i 与 j 通信的时候，$K_{i,j}$ 中的所有密钥将用于加密数据。因此一个链路 (i,j) 的安全性与链路两端节点共享密钥合集的大小 $K_{i,j}$ 有直接关系，$K_{i,j}$ 越大，安全性越高，反之安全性越低。

4. 路由模型

在无线传感器网络中，源节点周期性地将数据发送给 Sink 节点。定义 S 和 D 分别为源节点和 Sink 节点的集合，$S \subset N$，$D \subset N$。运用路由协议，建立从源节点到 Sink 节点的路径（path）和路由（route）。路径和路由的区别和联系是：路径由一系列首尾相连的数据链路组成；路由是一组具有相同源节点和 Sink 节点的路径的集合，由一条或多条路径组成。

在静态网络中，我们研究三种不同方式的路由协议：单路径路由协议、多独立路径路由协议和多依赖路径路由协议。单路径路由协议是指一条路由只包含一条单独固定的路径，例如 GBR（gradient based routing）路由协议。多独立路径路由是指消息在传输的过程中沿着不同的路径从一个源节点发送至同一个 Sink 节点，例如 AODV 路由协议。多依赖路径路由协议是指在传输的过程中，采用网络编码的方法将数据分成多个相互依赖的部分，再沿着不同的路径从源节点传输到 Sink 节点。多依赖路径路由和多独立路径路由协议统称为多路径路由协议。在单路径路由协议中，一条路径即为一条路由；而在多路径路由协议中，一条路由由多条路径组成。另外，从端到端安全角度而言，如果在一条路径或路由中传输的数据被源节点和 Sink 节点之间的共享密钥加密，那么这样的路径或路由就称为端到端安全路径或路由。

在动态网络中，我们研究 AODV 路由协议，着重研究在动态无线传感器网络中，攻击者如何通过传播恶意软件的方法破坏网络的安全性与保密性。

5. 攻击模型

假设攻击者具有足够的资源和能力监听网络中传输的信息、俘获节点、从节点的缓存中获取节点的密钥信息，且攻击者还掌握着节点密钥分配和路由信息的背景知识，则在攻击中，攻击者可以任意选择除 Sink 节点之外的节点实施节点俘获攻击。一旦节点被俘获，攻击者便会从俘获节点的缓存中获取该节点分配的密钥集合，随后利用密钥解密网络中传输的数据。当网络中所有的信息都被破译时，节点俘获攻击便结束了。在节点俘获攻击中，攻击者俘获节点的方法有物理攻击法和恶意软件传播法两种。

在物理攻击法中，攻击者物理地从网络中选取节点并俘获，直接从节点缓存中获得节点的密钥分配信息。

在恶意软件传播法中,攻击者运用已经俘获的节点传播恶意软件。一旦普通节点与已俘获节点之间存在共享密钥,攻击者便可以运用俘获节点将恶意软件传播给该节点,通过恶意软件获得该节点的路由表信息和密钥分配信息,进而俘获其他节点。宏观上来说,恶意软件传播法是一种传播性的攻击方法。

从攻击形式来说,节点俘获攻击主要分为集中式攻击法和分布式攻击法两种。

1) 集中式攻击法

集中式攻击法始于攻击者俘获网络中的一个节点或者一小部分节点,随后在已俘获节点的邻居节点之间散播恶意软件,运用恶意软件来控制普通节点。

2) 分布式攻击法

在分布式攻击法中,攻击者可以任意选择网络中的节点发动攻击、俘获节点、攫取密钥、解密网络中传播的信息。

6. 节点移动模型

假设所有的节点都在一个封闭的区域内运动,节点的初始化位置随机。每一轮节点都会选择一个目的地,并随即前往该目的地。节点到达后,会选择下一个目的地,整个过程不断重复进行。节点的移动服从 Random Way Point(RWP,随机路径点)和 Continuous Markov Chain(CMC,连续马尔可夫链)两种模型下网络的脆弱性。

RWP 模型是所有移动模型的基础模型,其节点的速度、加速度随时间变化而变化。由于系统具有简便性和实用性,通常被当作移动模型对比的基准。

CMC 模型将整个系统分为 M 个区域,每个节点存储一个矩阵,矩阵表示从当前位置转换到另一个位置的概率。每当节点到达目的地后,便会使用该矩阵动态计算出下一个目的地。

7. 定义受到攻击时的模型

定义 C_n 为攻击者俘获的节点集合,C_k 是对应的已俘获密钥集合,令 $C_k = \bigcup_{\forall i \in C_n} K_i$,其中 K_i 是节点 i 分配的密钥。例如,一个攻击者已经俘获 i 和 j 两个节点,$C_n = \{i, j\}$,$K_i = \{K_1, K_2, K_3\}$,$K_j = \{K_1, K_3, K_5\}$,则 $C_k = K_i \bigcup K_j = \{K_1, K_2, K_3, K_4\}$。当一个消息在一条链路、路径或路由中传输的时候,如果其中的某一条链路被 C_k 的子集加密,那么这条消息就会被攻击者破解。

定义 5.1 当且仅当 $K_{i,j} \subseteq C_k$,一条链路 $(i, j) \in L$ 被俘获。

定义 5.2 当且仅当路径中存在一条或多条被俘获的链路,一条路径 $p \in P$ 被俘获。

定义 5.3 当且仅当路由中的所有路径都被俘获,一条路由 $r \in R$ 被俘获。

定义 5.4 当且仅当有一条链路被俘获而且 $K^E(P_i) \subseteq C_k$,一个端到端安全路径 P_i 被俘获,其中 $K^E(P_i)$ 是路径 P_i 的源节点和 Sink 节点之间的共享密钥。

定义 5.5 当且仅当路由中所有的路径都被俘获且 $K^E(r_i) \subseteq C_k$,一个端到端安全的路由 r_i 被俘获,其中 $K^E(r_i)$ 是路由 r_i 源节点和 Sink 节点之间的共享密钥。

5.7.2   基于矩阵的攻击方法

首先攻击者将网络、密钥、能耗等信息输入到算法中,并建立矩阵 $PK=[pk_{i,j}]_{|P|\times|K|}$(路径-密钥矩阵,表示俘获单个密钥能否导致一条路径被俘获,计算方法如式(5-1)所示)和 $KN=[kn_{i,j}]_{|K|\times|N|}$(密钥-节点关系矩阵,说明节点与路径之间的俘获关系,计算方法如式(5-2)所示),得到密钥和节点之间的关系。在下列计算公式中,$|P|$ 是路径的数目,$|K|$ 为密钥池的大小,k_i 表示密钥池中的第 i 个密钥,p_j 为第 j 条路径。

$$pk_{i,j}=\begin{cases}1, & 俘获\ k_i\ 能俘获\ p_j \\ 0, & 其他\end{cases} \tag{5-1}$$

$$kn_{i,j}=\begin{cases}1, & k_i\in K_j \\ 0, & 其他\end{cases} \tag{5-2}$$

随后计算矩阵 $PN=[pn_{i,j}]_{|P|\times|N|}$(路径-节点矩阵,用于分析攻击一个节点会导致多少路径被俘获,计算方法如式(5-3)所示),得到节点和路径之间的直接俘获关系。在矩阵 PN 中,如果元素 $pn_{i,j}\geqslant1$,表示俘获节点 n_j 会导致路径 p_i 被俘,我们称这种攻击关系为直接俘获。但是在节点俘获攻击中,仅仅考虑直接俘获是不够的。当一条链路被多于一个密钥加密时,如果仅仅获得其中的一个或者部分密钥,虽然无法使得路径被俘获但是仍然能够降低该路径的安全性。我们定义这种俘获为间接俘获。为了描述间接俘获,我们建立矩阵 $PLN=[pln_{i,j}]_{|P|\times|N|}$ 表示当攻击者攻击 n_j 时,攻击者会获得的密钥在路径 p_i 中的比值。

$$PN=PK\times KN \tag{5-3}$$

在计算 PLN 矩阵时,对于每个节点来说,先要判断是否能够间接俘获每一条路径,如果能则记录这个节点对于路径中的每一条链路之间的密钥共享关系,结果记录在 PLN 的元素中,其中 $pln_{i,j}=\dfrac{1}{e}\sum\limits_{t=1}^{e}\dfrac{|K_j\cap K_{t,t+1}|}{|K_{t,t+1}|}$,$e$ 表示路径中链路的数量,P 是路径的集合,N 为节点的集合。$K_{t,t+1}$ 表示在路径中第 t 个链路拥有的共享密钥,即为第 t 和 $t+1$ 节点之间的共享密钥。

获得了矩阵 PN 和 PLN 之后,我们将两个矩阵的元素进行合并,用一个新的矩阵 $M=[m_{i,j}]_{|P|\times|N|}$ 表示节点与路径之间的俘获关系。M 的计算方法如式(5-4)所示,其中 α 是一个(0,1)之间的参数,表示直接俘获和间接俘获的重要性关系。

$$M=\alpha\times PN+(1-\alpha)\times PLN \tag{5-4}$$

在无线传感器网络的节点俘获研究中,另一个研究重点是能耗问题。攻击者需要以最低的能耗对网络造成最大的破坏,因此我们将攻击节点的能耗与矩阵 M 相结合,得出矩阵 MC,计算方法如式(5-5)所示。

$$mc_{i,j}=\frac{m_{i,j}}{w_j} \tag{5-5}$$

得到上述矩阵以后,攻击的过程就开始了。攻击者从矩阵 MC 中找到能够满足 $t=\underset{j\in N}{\arg\min}\sum\limits_{i=i}^{P}mc_{i,j}$ 的节点 n_t,并攻击节点 n_t。这是因为攻击这个节点能够造成最大数量的路径被俘获,将攻击破坏性最大化,并且能耗最低。

一轮攻击结束后,攻击者运用式(5-5)调整矩阵 MC 中的元素。一旦一个节点被俘,攻击这个节点的能耗将变为 $+\infty$,这种方法能够保证一个节点最多只能被攻击一次。

当网络被俘获之后,攻击过程结束。这种矩阵的攻击方法中,每轮攻击者都能够找到网络中造成破坏性最大且能耗最低的节点进行攻击。这种矩阵的攻击方法能够为网络的脆弱性评估提供一个良好方法,即选出网络中最脆弱的节点,从而加强这种节点的安全措施,从整体上提高网络的抗攻击性。

5.7.3 基于攻击图的攻击方法

为了直观地描述无线传感器网络中节点俘获攻击的过程,可将该过程用攻击图表示。与一般图类似,攻击图也是由点和线组成的,其中点称为路径点,路径点和路径之间一一对应。如果一条路径被俘获,那么对应的路径点也视作被俘获。我们用图的方法表示节点与路径点之间的关系,称之为全图。一个全图可表示为 $G^f = (N, \mathrm{PV}, E^d, E^i)$,其中 N 表示网络中节点的集合,PV 是网络中路径点的集合,E^d 为直接攻击线集合(指攻击一个节点后使一条路径被直接俘获的路径点),E^i 为间接攻击线集合(攻击节点时对路径造成间接俘获)。直接俘获和间接俘获的定义如下。

定义 5.6 节点 $i \in N$ 与路径 $\mathrm{pv}_t \in \mathrm{PV}$ 之间存在一条直接攻击线,当且仅当攻击节点 i 会导致 pv_t 对应的路径被俘获,可表示为 $i \rightarrow \mathrm{pv}_t$,称之为节点 i 和路径 pv_t 具有直接俘获关系。

定义 5.7 节点 $i \in N$ 与路径点 $\mathrm{pv}_t \in \mathrm{PV}$ 之间有一条间接攻击线,当且仅当攻击节点 i 会导致 pv_t 满足以下两个条件。

(1) pv_t 对应的路径没有被俘获;

(2) 节点 i 与 pv_t 中的一条或者多条链路具有相同的共享密钥。pv_t 中存在一条链路 (j, l),满足 $1 \leqslant |K_{j,l} \cap C_k'| < |K_{j,l}|$,我们称节点 i 与 pv_t 之间存在间接俘获关系。

下面通过一个全图实例来深刻地理解链路被俘获和直接俘获、间接俘获之间的关系。在图中,实线箭头表示直接攻击线,虚线箭头表示间接攻击线。在图 5.12 中,路径 p 由 3 条链路组成,即 $p = \{(s, i), (i, j), (j, d)\}$,图中介绍了节点的密钥分配情况和链路的共享密钥。在图 5.13 中,路径 p 用一个路径点 pv 表示。从图中可以看出节点 m 具有密钥 k_1,因此攻击节点 m 会导致链路 (i, j) 被俘获。因此在图 5.13 中,节点 m 与 pv 之间有一条直接攻击线,从 m 指向 pv。节点 n 拥有密钥 k_3,攻击 n 只能导致 pv 中的链路 (s, i) 被部分俘获,因此攻击节点 n 只能导致 pv 被间接俘获,故在全图中有一条间接攻击线从 n 指向 pv。

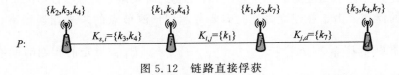

图 5.12 链路直接俘获

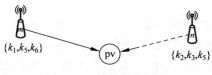

图 5.13　链路间接俘获

全图建立完成以后，可以采用一种基于全图的无线传感器网络节点俘获算法（全图攻击算法）对目标网络进行攻击。在整个攻击过程中，首先进行网络的初始化，每个节点被分配一定数量的密钥，节点与周围节点建立链路；随后采用不同的路由协议（例如单路径路由协议、多独立路径路由协议、多依赖路径路由协议）建立从源节点到 Sink 节点的路径；网络初始化结束后，攻击者开始建立网络对应的全图，所有的路径都被抽象成路径点；之后攻击者开始计算每个节点和每个路径点之间的直接俘获关系和间接俘获关系，并在全图中将节点与路径点用对应的箭头连接起来；全图建立好之后，攻击者便开始对网络发动节点俘获攻击。在每一轮攻击中，攻击者会为每个节点计算直接攻击值和间接攻击值，然后对比每两个节点之间的破坏等级，并从中选取破坏等级最高的节点进行攻击。这种方法可以降低需要俘获的节点数量，提高攻击效率。

5.7.4　动态网络攻击方法

1. 网络骨架

在动态网络中，由于节点自始至终处于运动状态，因此难以对节点的运动模型、运动轨迹建模。故建立虚拟网络骨架，将与其他节点具有较高相遇概率的节点作为网络的骨架，从动态网络的拓扑结构出发建立网络的联通支配集。攻击的目标节点将从网络的虚拟骨架中选择，用于破坏网络的联通支配集。

2. 连通支配集

一个网络 $G=(N,L)$ 的支配集（dominating sets，DS）是一个节点的子集，所有不在集合 DS 中的节点至少与 DS 中的一个点存在链路相连。

支配集的定义指出，所有的链路至少存在一端在 DS 中。如果攻击者能够俘获 DS 中的所有节点，就可以控制整个网络。因此从攻击者的角度而言，在攻击时只要俘获整个 DS 即可。

当攻击者向网络发动攻击时，它会不断地向普通节点注入恶意软件。但是通常情况下，支配集中的节点会相互远离。在这种情况下，如果攻击者想要通过一个 DS 中的节点传播恶意软件给另一个 DS 中的节点，需要等待一段时间，直到节点相遇。

$G=(N,L)$ 中的每一个节点都属于 DS 或者与其中一个 CDS（connected dominating set，连通支配集）中的节点相连。

连通支配集弥补了支配集的不足，攻击者在攻击时只需要俘获 CDS 中的节点即可实现对整个网络的俘获。由于在建立骨架时需要考虑到预测节点的未来相遇概率，所以定义节点的相遇概率矩阵 $P_{\mathrm{FIP}}=[p_{i,j}]_{|N|\times|N|}$，$p_{i,j}=\dfrac{T_{i,j}}{T_i}$。$P_{\mathrm{FIP}}$ 与先前相遇时间有关，即将先前相遇时间作为先验知识，推测出未来相遇的概率，其中 $T_{i,j}$ 表示节点 i 与节点 j 在之前相遇的时间之和，T_i 表示节点 i 在系统中逗留的时间。

在建立 DS 时，我们从 FIP 中找到最大概率的节点，这种节点在未来的移动中更容易与其他节点相遇。DS 的建立完成以后,攻击者在 DS 的邻居节点中寻找最大 FIP 的节点,将这类节点加入到 DS 中,建立 CDS。

3. 通用攻击算法

由于 CDS 的建立与网络拓扑无关,仅仅与节点的移动模型有关,所以动态网络的攻击算法同样适用于静态网络,因此基于 CDS 的攻击算法可以看作无线传感器网络中的一种通用攻击算法。

首先进行网络的初始化,在节点与邻居节点之间建立链路;随后计算 FIP 矩阵,建立网络 CDS;在攻击过程中,每一轮,攻击者从 CDS 中选择具有邻居节点最多的节点,原因是攻击这种节点可以导致更多的链路被俘获;这种攻击过程不断迭代下去,直到网络被俘获,最后攻击者俘获的节点集合作为算法输出被返回。

5.8 本章小结

本章讨论了无线信息安全中的无线传感器网络安全问题,分别对无线传感器网络安全路由协议、密钥管理及其认证机制、位置隐私保护和入侵检测进行了介绍,首先介绍了安全路由,并分析了现在的路由协议容易遭受的安全攻击;接下来分析了现今的一些密钥管理分类方法,并着重介绍了组密钥管理以及设计过程中需要考虑的问题;随后介绍了无线传感器网络中的认证机制,主要包含实体认证机制和信息认证机制这两方面;最后介绍了无线传感器网络中的位置隐私保护方案、入侵检测技术和节点俘获攻击技术。

思考题

1. 无线传感器网络常见的安全威胁有哪些?
2. 典型的路由协议有哪些?
3. 密钥管理的分类方法有哪些? 其各自的分类原则是什么?
4. 无线传感器为什么需要保护节点的位置隐私?
5. 节点俘获攻击的目标是什么?

参 考 文 献

[1] 林驰.安全关键无线传感器网络高效可信协议研究[D].大连:大连理工大学,2013.
[2] 康林.无线传感器网络位置隐私保护方案研究[D].大连:大连理工大学,2013.
[3] 魏松铎.无线传感器网络的认证机制研究[D].南京:南京邮电大学,2009.
[4] 孔贝贝.无线传感器网络的密钥管理与安全路由技术研究[D].成都:西南交通大学,2010.
[5] 张聚伟.无线传感器网络安全体系研究[D].天津:天津大学,2008.

第6章

移动Ad Hoc网络安全

如今,微处理器和无线适配器在许多设备中都有应用,例如手机、PDA、笔记本电脑、数字传感器和 GPS 接收机。这些设备通过创建无线移动网络,让无线接入变得更便利,从而使游牧计算的应用越来越广泛。

移动网络的应用程序是不依赖于固定设施的支持的。比如,在风暴或地震后进行抢险救灾时需要在受灾地区进行通信操作,这种通信要求通信设备在没有任何固定的基础设施情况下仍然可用;在一些人类不能到达的地区进行测量工作时,必须借助数字传感器来代替人的工作;此外,处于战斗中的军用坦克和飞机需要移动网络来传递战况信息,研究人员在演讲或会议中利用移动网络共享信息。为了满足这种独立于基础设施的要求,一种新的移动网络——Ad Hoc 网络——应运而生。

6.1　移动 Ad Hoc 网络概述

移动自组织网络(mobile Ad Hoc network,MANET)是一个临时的无中心基础设施的网络,它由一系列移动节点在无线环境中动态地建立起来,不依赖任何中央管理设备。在MANET 中,移动节点必须要像传统网络中的强大的固定设施一样提供相同的服务。这是一个挑战性的任务,因为这些节点的 CPU、存储空间、能源等资源是有限的。另外,Ad Hoc网络环境具有的一些特点也增加了额外的困难,例如由于节点移动而造成的频繁的拓扑改变,又如无线网络信道的不可靠性和带宽限制。

Ad Hoc 网络领域的早期研究的目标主要是针对一些基本问题提出解决方案,来处理由于网络或者节点的特性而带来的新的挑战。然而,部分解决方案并没有很好地考虑安全问题,因此 Ad Hoc 网络很容易受到安全威胁。

目前,许多 Ad Hoc 网络已经考虑安全问题,以确保系统拥有健壮的安全性和隐私保护。健壮的安全性同样需要确保公平和系统的正确运作,在开放的脆弱环境中提供可容忍的服务质量。

6.1.1　移动 Ad Hoc 网络的特点

MANET 有区别于传统网络的特点,正是这些特点使它比传统网络更容易受到攻击,也使得其安全问题的解决方案与其他网络不同。这些特点如下。

（1）无基础设施。中央服务器、专门的硬件和固定的基础设施在 Ad Hoc 网络中都不存在了。这种基础设施的取消，使得分层次的主机关系被打破，相反，每个节点维持着一种相互平等的关系。也就是说，它们在网络中扮演着分摊协作的角色，而不是相互依赖，这就要求安全方案要基于合作方案而不是集中方案。

（2）使用无线链路。无线链路的使用让无线 Ad Hoc 网络更易受到攻击。在有线网络中，攻击者必须能够通过网线进行物理连接，而且需要通过防火墙和网关等几道防线。但是在无线 Ad Hoc 网络中，攻击可以来自各个方向，并且每个节点都可能成为攻击目标。因此，无线 Ad Hoc 网络没有一道清晰的防线，每个节点都必须做好防御攻击的准备。此外，由于信道是可以广泛接入的，在 Ad Hoc 网络中使用的 MAC 协议，如 IEEE 802.11 等，依赖于区域内的信任合作来确保信道的接入，然而这种机制对于攻击却显得很脆弱。

（3）多跳。由于缺乏核心路由器和网关，每个节点自身充当路由器，每个数据包要经过多跳路由穿越不同的移动节点才能到达目的节点。由于这些节点是不可信赖的，导致网络中潜藏着严重的安全隐患。

（4）节点自由移动。移动节点是一个自制单元，它们都在独立地移动。这就意味着，在如此大的一个 Ad Hoc 网络范围内跟踪一个特定的移动节点不是一件容易的事情。

（5）无定形。节点的移动和无线信号的连接让 Ad Hoc 网络的节点随时地进入和离开网络环境，因此网络拓扑没有固定的大小和形状。所以，所有的安全方案也必须将这个特点考虑在内。

（6）能量限制。Ad Hoc 网络的移动节点通常体积小，重量轻，所以也只能用小电池来提供有限的能量，只有这样才能保证节点的便携性。安全解决方案也应该将这个限制考虑在内。此外，这种限制还有一个弱点，就是一旦停止供电，就会导致节点的故障。所以，攻击者可能将节点的电池作为攻击目标，造成断开连接，甚至造成网络的分区。这种攻击通常叫作能源耗竭攻击（energy starvation attack）。

（7）内存和计算功率限制。Ad Hoc 网络中的移动节点通常存储设备能力比较小，计算能力较弱。高复杂性的安全解决方案，如密码学，应该考虑这些限制。

6.1.2 移动 Ad Hoc 网络安全综述

通过 6.1.1 节的介绍，可以知道移动 Ad Hoc 网络与传统的有线网络相比存在的特点和与之相关的安全问题。这些安全问题在各个层上都有所体现，如表 6.1 所示。

表 6.1 移动 Ad Hoc 网络的安全方案需要整个协议栈的保护

网 络 层 次	安 全 特 性
应用层	检测并防止病毒、蠕虫、恶意代码和应用错误
传输层	鉴权和利用数据加密实现安全的端到端通信
网络层	保护 Ad Hoc 路由和转发协议
链路层	保护无线 MAC 协议和提供链路层安全支持
物理层	防止信号冲突造成的 DoS 攻击

我们可以把影响 Ad Hoc 网络安全的威胁分为两种。

1. 攻击

攻击包括任何故意对网络造成损害的行为,可以根据行为的来源和性质分类。根据来源可将攻击分为外部攻击和内部攻击两类,根据性质则可将其分为被动攻击和主动攻击两种。

外部攻击是由并不属于逻辑网络或者没有被允许接入网络的节点发起的,通过穿透网络区域来发动攻击。

内部攻击是由内部的妥协节点发起的。这种攻击方式更普遍,因为为抵抗外部攻击而设计的防御措施对于内部妥协节点和内部恶意节点是无效的。

被动攻击是对某些信息的持续收集,这些信息在发起后来主动攻击时会被用到。这就意味着攻击者窃听了数据包,并且分析提取了所需要的信息。要解决这种问题,一定要对数据进行一定的保密性处理。

主动攻击包含了几乎所有其他与受害节点主动交互的攻击方式。例如能源耗竭攻击,是一种针对蓄电池充电的攻击;劫持攻击,攻击者控制两个实体的通信,并且伪装成其中之一;干扰,会导致信道不可用,攻击针对路由协议。大部分这些攻击导致了拒绝服务(denial of service,DoS),即节点间通信部分或者完全停止。

2. 不当行为

我们把不当行为威胁定义为内部节点未经授权的、能够在无意中对其他节点造成损害的行为。也就是说,这个内部节点本身并不是要发起一个攻击,只是它可能有其他目的,与其他节点相比,它能够获得不平等的优势。例如,一个节点可能不遵守 MAC 协议,这样可以获得更高的带宽;或者它接受了协议,但是并不转发代表其他节点的数据包以保护自己的资源。

6.1.3　移动 Ad Hoc 网络的安全目标

1. 安全范例的特点

Ad Hoc 网络的安全服务并不是完全不同于其他网络通信范例的,它的目标是保护信息和资源免受攻击以及不当行为的侵害。为了处理网络安全的问题,这里将详细介绍一个安全范例必须具有的特点。

(1) 可用性:确保即使在被攻击的情况下,所需要的网络服务也能随时得到提供。系统为了保证可用性,就必须可以对抗我们先前提到的拒绝服务和能源耗竭攻击。

(2) 真实性:确保从一个节点到另一个节点的通信是真实的。这需要保证一个恶意节点不能伪装成可信任的网络节点。

(3) 数据机密性:Ad Hoc 网络的核心安全因素。这需要确保一个给定消息的内容不能被它的接收者以外的节点了解。数据机密性通常是通过应用密码学来保证的。

(4) 完整性:表示从一个节点到另一个节点的数据内容的真实性。就是说,它确保了从节点 A 发送到节点 B 的信息,在传输的过程中没有被某个恶意的节点 C 修改。如果应用了健壮的机密机制,保证数据的完整性可能就如同添加单项 Hash 来加密数据一样简单。

（5）不可抵赖性：确保信息的来源是合法的。也就是说，一个节点接到另一个节点的假消息，不可否认性允许接收方指责发送方发送了假消息，并且让其他节点也了解到这一情况。数字签名的使用可以保证不可否认性。

2．安全解决方案

我们把安全解决方案分为两类。

（1）主动式方案：包括安全意识协议和应用设计，这些协议必须把新环境的特点考虑在内。

（2）反应式方案：仅有主动式方案是不足的，因为系统很复杂，很难设计，并且有程序错误的可能性，所以反应式方案要作为第二道安全墙。换句话说，它包含了攻击检测。入侵检测系统就属于这一类。

6.2　移动 Ad Hoc 网络的路由安全

MANET 路由协议在节点间发现路径，然后允许数据包经过其他网络节点从而到达最终目的节点。与传统网络路由协议形成对比，Ad Hoc 网络路由协议必须更快地适应 6.1 节中提到的 MANET 的特点，特别是网络拓扑的频繁变化。这个路由问题在 Ad Hoc 网络中是一个重要问题，国内外学者已经进行了深入的研究，特别是 IETF(internet engineering task force)的 MANET 工作小组，提出了 AODV、DSR、OLSR 等协议，这些协议可以分为两类：先验式路由和反应式路由，其中反应式路由要比先验式路由更适合 MANET 环境。然而，所有这些协议的问题就是它们并没有将安全因素考虑在内，因此，这些协议对于很多攻击都束手无策。

因为 MANET 环境是不可信的，安全路由协议则更显得必要，因此，很多安全 Ad Hoc 网络路由协议已被提出。本节我们来讨论路由协议的安全问题，首先列举出在早先威胁 Ad Hoc 网络路由协议的不同攻击，然后讨论针对此问题提出的解决方案。

6.2.1　路由攻击分类

当前提出的 MANET 路由协议受制于很多种类的攻击。类似的问题也存在于有线网络中，但这些问题很容易被有线网络中的基础设施抵御。在本小节中，我们将攻击分为修改攻击、模拟攻击、伪造攻击、快速攻击。这些攻击以 ADOV 和 DSR 协议的角度展示出来，这两个协议是应用于 Ad Hoc 协议的反应式路由，几乎所有的反应式路由都有相同的缺陷，如表 6.2 所示。

表 6.2　AODV 和 DSR 的缺陷

攻　　击	AODV	DSR
修改攻击		
修改路径的序列号	是	否
修改跳数	是	否

续表

攻　　击	AODV	DSR
修改原路径	否	是
隧道	是	是
模拟攻击		
欺骗	是	是
伪造攻击		
篡改路径错误	是	是
路径缓存中毒	否	是
快速攻击	是	是

1．修改攻击

恶意节点能够通过更改控制消息区域或者转发经篡改数值的路由信息来重定向网络流量和进行 DoS 攻击。在如图 6.1 所示的网络中，一个恶意节点 M 能够通过持续地向节点 B 声明它是比通过节点 C 到达节点 X 更优的选择，来保持与节点 X 的流量通信。下面详细介绍一些当路由信息的特定区域被更改或者篡改时可能发生的几种攻击。

1）通过修改路径序列号而重定向

如 ADDV 这样的协议，它们为了维护路径，给到达特定目的节点的路径都分配了单调增加的序列号。在 AODV 中，任何节点均可通过声明比原数值更大的目的序列号给一个节点来使其转移网络流量。图 6.1 所示为一个 Ad Hoc 网络的例子。假设有一

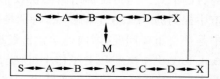

图 6.1　修改原路径 DoS 攻击示例

个恶意节点 M，通过 B 接收到了从源节点 S 发送到目的节点 X 的 RREQ（route request，路径发现信息）；节点 M 通过单播到节点 B 一个 RREP（route reply，路径回应信息），其中 RREP 信息中包含了比节点 X 最后声明大很多的目的序列号来重定向网络流量；最终，这个通过节点 B 广播的 RREQ 信息将到达拥有到节点 X 有效路径的节点，将 RREP 信息单播传回给节点 S。然而节点 B 已经接收到了来自恶意节点 M 的 RREP。如果这个信息中的目的序列号比有效的 RREP 中包含的序列号还大，节点 B 将丢弃有效的 RREP 信息，因为节点 B 认为这个有效的路径已经过时了。所有后来到达节点 X 的、原本应该通过节点 B 的网络流量都将重定向到节点 M。这种情况将一直持续下去，直到出现一个合法的带有更高序列号的到达节点 X 的包进入网络。

2）通过修改跳数重定向

通过修改路由发现信息中的跳数区域来进行重定向攻击是可能的。当选路决策没有使用其他度量因素时，AODV 协议使用跳数来决定最短路径。在 AODV 中，恶意节点能够通过重设 RREQ 中的跳数为 0 来增加自己包含在新的路径中的机会。类似地，只要设置 RREQ 的跳数为无穷大，新创建的路径将不把恶意节点包含在内。这样的攻击在结合了欺骗（spoofing）后将变得更具威胁。即使协议采取了不同于跳数的度量值，重定向攻击的发起也是可能的，攻击者所要做的仅仅就是将更改跳数换成更改用于计算度量值的其他参数。

3）通过修改源路径的 DoS

DSR 协议利用源路由策略，所以源节点均在数据包中明确地指出。这些路径缺乏完整性的检测，一个针对 DSR 的简单的拒绝服务攻击就能通过修改数据包中的源路径来发起。如图 6.1 所示，假设从节点 S 到节点 X 间存在着一条路径，同时节点 C 和节点 X 不能相互监听，节点 B 和节点 C 也不能相互监听，节点 M 是一个恶意节点，它准备发起一个拒绝服务攻击。假设节点 S 想要和节点 X 通信，并且在路径缓存中有一条到达节点 X 的未到期的路径；节点 S 传输一个数据包到节点 X，数据包的头部包含着源路径（S，A，B，M，C，D，X）。节点 M 接收到这个数据包后，它会更改数据包头部的原路径，比如将节点 D 从源路径中删除。结果，当节点 C 接收到这个被更改过的数据包时，会准备将这个数据包直接发送给节点 X。但是节点 X 不能监听到节点 C，所以传输过程失败。

4）隧道攻击

在 Ad Hoc 网络中有一个隐含的假设，即任何节点都可以与其他节点邻接。隧道是指两个或者更多的节点可能沿着现有的数据路径来合作封装和交换信息。这里存在的一个缺点是两个这样的节点可能合作起来通过封装和隧道来错误地展示可达路径的长度，在这两个节点间传递由其他节点产生的合法的路由信息，如路径发现信息（RREQ）和路径回应信息（RREP），这会阻止中间节点正确地递增用于衡量路径长度的度量值。例如，在图 6.2 中，节点 M_1 和 M_2 是两个恶意节点，它们不是邻居节点，但是它们应用了路径（M_1，A，B，C，M_2）作为隧道。当 M_1 接收到从 S 发送的 RREQ 时，会将其封装，并且通过隧道传给 M_2；当 M_2 从 D 处接收到 RREP 后，会将其发送回 M_1，并在之后以同样的方式发送给 S。这种攻击会导致在节点间构建一条错误的路径（M_1，M_2），这条路径可能还会被 S 选为最优路径。

图 6.2　隧道攻击示意图

2. 模拟攻击

模拟攻击（也称欺骗攻击）是指一个节点通过修改自己的身份信息（如用户标识 ID、IP 地址），尽可能地引诱其他节点通过它传递数据信息。当数据信息经过该节点时，恶意节点就可以结合修改攻击改写或者丢弃数据包。

3. 伪造攻击

生成错误信息的攻击被称为伪造攻击。这种攻击是很难确认的，包括两种形式：

（1）伪造路线错误。反应式路由（包括 AODV 和 DSR）可实施路径维护来修复节点移动时破坏的路径。如果一条从节点 S 到节点 D 的活跃路径链接断裂，这个链路的上游节点就广播一个路径错误给所有活跃的上游节点邻居，并在路由表中将到达节点 D 的路径作废。如果 S 没有其他的路径可以到达 D，并且仍需要一条达到 D 的路径，S 节点就初始化路径发现算法。这里存在的一个缺点是攻击者可以通过散播假的路由错误信息来发起路由攻击,这会导致数据包的丢失和额外的开销。

(2) 路由缓存中毒。在 DSR 中,节点依靠它们接收并转发的数据包的头部信息来更新路由表(即路由缓存)。路由信息还可以从收到的大量的数据包中获取。这里存在的缺点是,攻击者能够很容易地应用学习路由的方法来毒化路由缓存。假设,有一个恶意节点 M 想要毒化到达节点 X 的路径,如果 M 广播自身到达 X 的虚假数据包,则监听到这个数据包的邻居节点就可能将错误的路径添加到它们的路由表中。

4. 快速攻击

在大多数反应式路由中,为了限制路由发现的开销,每个节点只转发一个 RREQ 信息。这个 RREQ 来自任何一个路由发现,通常是最先到达的那个。这个性质能够被快速攻击者利用。

如果攻击者转发的路由发现的 RREQ 是第一个到达目标的邻居节点,以后任何经过这个路径发现的节点都会包含通过攻击者的这一跳。也就是说,当一个目标节点的邻居接收到攻击者的 RREQ 后,它将其转发,同时不再转发更多关于这个路由发现的 RREQ。当非攻击的 RREQ 在后来到达这些节点的时候,它们都将被丢弃。所以,路由发现发起者将不能发现任何包含两跳及两跳以上的可用路由。一般来说,攻击者将比合法节点更快地转发 RREQ 信息,这就增加了攻击者包含在路径中的概率。上面讨论的是节点只转发在第一个来自任何路由发现中的 RREQ,快速攻击也可以用于攻击其他情况下的协议。攻击者只要做类似的工作,让他发送的数据包必须满足协议相应的功能即可。

下面介绍一下攻击者怎样实施快速攻击,有下面几种技术可以采用:

(1) 转发数据包时删除 MAC 和网络延迟。对于 MAC 和网络协议,在数据包传输中可通过使用延迟来防止勾结。攻击者可能通过删除这些信息来快速转发它的请求信息。

(2) 用更好的功率传输 RREQ。如果攻击者有一个强大的物理通信工具,他可以用更高的传输功率来转发 RREQ。这个功率要大于其他节点的最高传输功率,因此可以将信息传递给更远的节点,从而减少了跳数。

(3) 应用虫洞(wormhole)技术。两个攻击者可以运用隧道来传递 RREQ 数据包。当一个节点比较接近源节点,而另一个节点比较接近目的节点,同时两个节点间存在着高质量的路径(如通过有线网络)时可以实现。

6.2.2　安全路由解决方案

一个好的安全路由协议旨在防御上面提到的漏洞攻击。为了达到这一目的,它必须要满足以下几个要求。

(1) 路由协议数据包不能被欺骗。

(2) 伪造路由信息不能被注入网络。

(3) 路由信息在传输过程中不能被改变。

(4) 不会因为恶意行为而形成路由环路。

(5) 路由不会因为恶意行为而从最短路径中重定向。

(6) 未被授权的节点要从路由计算和路由发现中剔除。

(7) 网络拓扑必须既不能暴露给攻击者也不能通过路由信息暴露给授权节点,因为网络拓扑的暴露可能会给攻击者试图破坏或者俘获节点造成便利。

针对上面的路由攻击,可以得到下面四种解决方案。

1. 全阶段的认证

全阶段的认证是在路由的全阶段都使用认证技术,因此可以不让攻击者或者没有授权的用户参与到路由的过程中。大部分这种解决方案都通过修改当前存在的路由协议来重构可以认证的版本,它们依赖于认证授权。

2. 定义新的度量值

Yi 等人定义了一种新的度量来管理路由协议行为,叫作信任值(trust value)。这个度量被嵌入到控制包中,来反映发送者需要的最小信任值,因此一个接收节点在接收到包时,既不能处理也不能转发,除非它提供了数据包中包含的信任级别。为了达到这个目的,SAR(security-aware routing)协议利用了认证技术。这个协议来源于 AODV 协议,并且基于信任值度量。在 SAR 中,这个度量值也可以在很多路由满足所需的信任值的时候,作为选择路由的标准。为了定义节点的信任值,作者将其比喻成军事行动,信任程度适合节点所有者的等级排名匹配。但是从更通常的角度来说,网络中没有等级制度,所以定义节点的信任值是有问题的。

3. 安全邻居检测

在每个节点声明其他节点成为邻居之前,两个节点之间要有三轮的认证信息交换。如果交换失败的话,正常工作的节点就会忽略其他节点,也不处理由这个节点发送过来的数据包。这个解决方案对抗了利用高功率来发送快速攻击的不合法性。既然利用高功率的发送者不能接收更远节点的数据包,它就不能够实施邻居发现过程,于是它的数据包就会被正常工作的节点忽略。

4. 随机化信息转发

随机化信息转发技术是指将快速攻击的发起者能够控制所有返回路由的机会最小化。在传统的 RREQ 信息的转发中,接收节点马上转发第一个接收到的 RREQ 信息,而将所有其他的 RREQ 都丢弃。利用这种机制,节点首先接收很多 RREQ,然后随机选择一个 RREQ 进行转发。在随机化转发技术中有两个参数:第一个是收到的 REQUEST 数据包的数量;第二个是所选择的超时设定算法。

这种解决方案的缺点是它增加了路由发现的时延,因为每个节点必须在转发 RREQ 前等待一个超时的时间或者必须要接收到一定数值的数据包。另外,这个随机选择也阻碍了最优路径的发现,最优可能被定义为跳数、能量效率或者取决于其他度量,总之这个值不是随机的。

6.3　移动 Ad Hoc 网络的密钥管理

密钥管理系统是一种同时用于移动 Ad Hoc 网络中的网络功能与应用服务的基本安全

机制。公钥基础设施(PKI)已经被认为是给动态网络提供安全保证的最有效的工具。事实上,由于其缺少基础设施,在 MANET 中提供这样一种部署是一个有挑战的任务。因此,PKI 在 Ad Hoc 网络中是移动的终端节点,使得密钥管理系统应该既不信任也不依赖于固定的证书机构,但是可以实现自组织。

6.3.1　完善的密钥管理的特征

(1) 复杂性。由于没有固定的基础设施,CA 应分布于移动节点中。正如我们将在后面看到的,选择这些 CA 节点是有考量的。

(2) 容错性。移动自组织网络主要关注的容错性是在故障节点的存在下,保持正确操作的能力。复制使用门限密码学可以提供故障节点的容差性。

(3) 可用性。通常,可用性大多配合容错机制使用,但是在 Ad Hoc 网络中,可用性也高度依赖于网络的连通性。如果没有发生故障的或遭受破坏的节点,连通性没有问题,系统就被定义为对客户有效。然而,在 Ad Hoc 网络中,即使不存在有故障或遭受破坏的节点,用户也可能由于不一致的链接无法连接到所需的服务。

(4) 安全性。作为整个网络的信任主播,CA 对恶意节点或攻击者应该是安全的。虽然它可能无法抵抗所有等级的攻击,但应该有一个明确的阈值。在该阈值内的攻击,正常运行中的系统可以承受。

6.3.2　密钥管理方案

许多关于安全路由协议已经被实现,他们其中的大多数依赖于身份验证。假设存在一个中央 CA,正如我们已经看到的,现有的这种 CA 在 MENET 中是真正的问题,一些研究已经致力于密钥管理解决方案,可用于确保网络功能(如路由)和应用服务。在本节中,我们提出了两个典型的 Ad Hoc 网络中密钥管理解决方案。

1. 完全分布式的解决方案

Capkun 等提出了由一个完全分布式的自组织公钥管理系统节点生成密钥,其中节点负责生成密钥及发行、存储和分发公钥证书。在这个意义上,该系统类似于 PGP(pretty good privacy,广泛运用的个人计算机加密程序),公钥证书由节点发布。然而,为了不依赖于网络服务器(这是显然不符合 Ad Hoc 的网络理念),该系统不依赖于证书目录证书的分布。相反,证书的储存和分发由节点完成,并且每个节点包含本地证书存储库,该数据库包含有限数量的证书,这些证书是节点按照合适的算法所选择的。当节点 u 想要验证节点 v 的公钥的真伪时,这两个节点会合并它们的本地证书存储库,然后节点 u 会试图在这个合并的库中找到一个从自己到 v 的合适的证书链。为了构建所需的本地证书库,以下算法被提出:该算法使得任何一对节点可以在它们的合并库找到对方的证书链。这个公共密钥管理方案的基本操作如下:

(1) 建立公共密钥。每个节点的公钥和对应的私钥是由本地节点本身创建的。

(2) 签发公钥证书。如果一个节点 u 信任一个给定的公共密钥 K_v,并且 K_v 属于给定的节点 v,那么 u 可以签发一个公钥证书,在该证书中 K_v 以 u 的签名绑定到 v。有多种方

式可以使 u 相信 K_v 是属于节点 v 的公钥,比如 u 可能通过一个与 v 相连的安全(可能的波段)信道接收到 K_v 或者由 u 信任的人声称 K_v 属于 v 等。

(3) 证书的存储。在系统中,签发的证书被节点以一种完全分散的方式存储。每个节点维护本地的证书库,主要有两部分:首先,每一个节点存储它自己签发的证书。其次,每个节点存储一组额外的证书(由其他节点签发),这些证书是根据合适的算法选择的。这些额外的证书是从其他节点获得的。为了达到这样的目的,一些相关的底层路由机制被假定存在。

(4) 密钥认证。当一个节点 u 想获得另一个节点 v 的可靠的公共密钥 K_v 时,它会询问其他节点(可能是 v 本身)K_v 的值。为了验证接收到的密钥的真实性,v 在提供 K_v 给 u 的关键节点的同时还提供了本地证书库,那么 u 合并接收到的证书库与自己的证书库,并试图在合并后的资源库中找到一个从 K_u 到 K_v 的合适的证书链。

(5) 模型。在该系统中,公共密钥和证书可用一个有向图 $G(V,E)$ 来表示,其中 V 和 E 分别代表顶点和边的集合,这种图被称作证书图(certificates graph)。在证书图中,顶点代表公钥,边代表证书。更确切地说,有向边从顶点 K_u 到顶点 K_w,如果有一个证书被属于 u 的私钥签名,那么在该证书中 K_w 被绑定一个标识。在图 G 中,一个从公钥 K_u 到另一个公钥 K_v 的证书链表示从顶点 K_u 到顶点 K_v 的有向路径。对于任何有向图 H,如果 x 和 y 是 H 中的两个顶点,并且 H 中存在从 x 到 y 的有向路径,那么我们可以说在图 H 中 y 是从 x 可达的。因此,存在一个证书链从 K_u 到 K_v 表示在 G 中顶点 K_v 是从顶点 K_u 可达的。正如我们前面所说过的,当用户 u 要验证用户 v 的公共密钥 K_v 的真实性时,u 和 v 会合并他们的证书库,u 试图在合并后的资源库中找到一个从 K_u 到 K_v 的合适的证书链。在模型中,u 和 v 合并子图并且 u 试图在合并后的子图找到一个从顶点 K_u 到顶点 K_v 的路径,如图 6.3 所示。

在这种模式中,构建本地证书库意味着选择了系统完整的证书图的一个子图。

2. 部分分布式的解决方案

Yi 和 Kravets 使用门限密码部署 CA,根据节点的安全性和物理功能来选择节点。这些被选择的节点共同提供 PKI 功能,被称为 MOCA(移动证书颁发机构,Mobile Certificate Authorities)。由此,一种高效有效的认证服务协议应运而生。

图 6.3　从 K_u 到 K_y 的路径

移动节点可以在许多方面是异构的,特别是在其安全性方面。在这种情况下,任何安全服务或框架应该利用这个环境信息。例如,考虑一个战场的场景,一个军事单位由不同列队的节点士兵组成,因此它们可能配备功率、能力、传输范围、物理安全性水平等不同的计算机。在这种情况下,Yi 和 Kravets 建议选择可以向其余网络提供所有安全服务的节点。而在一般情况下,可利用异质性的知识来确定将共享 CA 责任的节点。

假设存在至少 k 个 MOCA 服务器,则客户端需要联系至少 k 个 MOCA 以及接收至少 k 个回复。为了提供一个有效和高效的方式实现这一目标,MOCA 认证协议(MOCA Protocol,MP)被提出。在 MP 协议中,认证服务的客户端需要发送认证请求(Certificate

Request，CREQ）数据包，任何收到 CREQ 的 MOCA 都要以认证回复（Certificate Reply，CREP）数据包作为响应，CREP 中包含其部分签名。为了得到 k 个 CREP，客户端会等待一段固定的时间。当客户端收到 k 个适用 CREP 时，就可以重建完整的签名并且认证请求成功。如果收到的 CREP 过少，客户 CREQ 定时器超时，认证请求失败。在出现故障时，客户端可以重试或未经认证服务继续进行。CREQ 消息和 CREP 消息类似于 Ad Hoc 路由协议中的路由请求（RREQ）消息和路由应答（RREP）消息。

MP 的安全性由网络中的节点总数 M、MOCA 服务器的数量 n 和秘密重建的阈值（签发证书所需的 MOCA 服务器的数量 k）决定。虽然网络中的节点总数 M 可以动态变化，但其数量是由网络中节点的特性如物理安全或处理能力决定的，它也是不可调的。在这样的系统中，n 定义了 k 的上限，同时作为系统的限制，MOCA 中一个客户端必须通过联系来取得认证服务的最小数目是 k。实际使用中，一旦 k 已经固定而且系统已部署，便不能再改变，其中 k 可以在 1 到 n 中取值，k 越大系统安全性越好，即攻击者越难成功发动攻击。但较高的 k 值会导致较多的通信开销，因为任何的客户需要联系至少 k 个服务器才能完成认证服务。因此，阈值 k 应该被选择为可以平衡这两个冲突的值。很明显，没有一个固定的值可以适合所有的系统。

很可能在 Ad Hoc 网络中，节点之间不具有足够的异质性，使得基于异质性的假设方案很难选择出 MOCA。在这种情况下，提出的解决方案是随机选择一个节点的子集作为 MOCA。我们认为这不是一个高效的策略，如果一个子集被选定，那么它一定满足一个标准，不然为什么不将这个任务发布到所有的节点上？除此之外，我们不认为选择静态的子集作为 MOCA 是最佳的，因为情况是随着时间的变化而变化的。而且在给定的时间内，不是 MOCA 的节点可能更适合作为 MOCA，因此 MOCA 集应该是动态的。

6.4　入侵检测

6.4.1　入侵检测概述

入侵可以被定义为"任何一组试图破坏资源完整性、机密性或可用性的动作"。

预防入侵的措施，如积极的解决方案可以用在 Ad Hoc 网络中来减少入侵，但这并不能消除入侵。例如，加密和身份验证无法抵御受损的、携带私钥的节点。完整性验证需要不同的节点提供多余的信息，正如在安全路由中用到的那些信息依赖于其他诚信的节点，因此在复杂的攻击下这就变成了一个薄弱的环节。安全研究的历史给我们上了很有价值的一课，不论有多少预防入侵的方法被加入到网络中，系统中总会存在一些缺陷，一些人就可以利用这些缺陷入侵到系统中，这些缺陷是设计和编程上的错误或是众多社会工程学上的渗透技术（social engineering penetration techniques）（如"I Love You"病毒中所述）。因此入侵检测系统（intrusion detection system，IDS）提出了一种第二层防御，而且这种防御是任何高生存能力网络的必需品。

入侵检测的主要假设包括：用户和程序的活动是可以观察到的，如通过系统审计机制。但需要注意正常的活动和入侵有截然不同的行为。

因此，入侵检测包括捕获审计数据并从这些数据中推理出证据来决定系统是否在经受攻击。根据使用的审计数据,传统的 IDS 可以分为以下两类。

(1)基于网络的 IDS:通常这种 IDS 运行在一个网络的网关处,并捕获经过网络硬件接口的数据包。

(2)基于主机的 IDS:依赖操作系统的审计数据来监视和分析在主机上由用户或程序产生的事件。

其他对于 IDS 的分类基于使用的机制,包括以下两类。

(1)滥用操作系统:如 IDIOT 和 STAT。这些系统使用已知攻击的模式或是系统的薄弱点来匹配和识别已知的攻击。例如,一个"猜测密码攻击"的准则可以是在 2 分钟内有 4 次失败的登录尝试。这种机制的主要优点是可以精确和有效地检测出已知的攻击,缺点是缺乏检测出模式未知的攻击的能力。

(2)异常检测系统:如 IDES,它们将观测到的严重偏离正常使用配置文件(profile)的活动标记为异常,如可能入侵。例如一个用户的正常配置文件包括在他/她登录会话中一些系统命令的平均使用频率。如果一个正在被监视的会话的频率明显更高或更低,就会引发一个异常警报。异常检测的主要优点是它不需要入侵的先验知识,因此可以检测出新的入侵;主要缺点是它可能无法描述攻击,也可能产生高的假阳性率,即将正常的操作视为攻击。

从概念上讲,入侵检测的模型有以下两个组件。

(1)特点(属性或措施):如失败登录的尝试次数,描述一个逻辑事件 gcc 命令的平均频率、用户登录回话等。

(2)建模算法:它是一个基于规则的模式匹配,使用特点(如属性、措施)来确定入侵。

建立一个入侵检测模型最重要的一步是定义一组可以准确捕获入侵或正常活动的具有代表性的行为,该步骤可以独立于建模算法,其特点为:减小假阳性率,检测为异常或入侵被计为正常变化;同时增加正确阳性率,计为检测到的异常或入侵的百分比。

6.4.2 新的体系结构

传统网络与 MANET 的巨大差异使得将为前者开发的入侵检测机制应用于后者很困难。最重要的不同是 MANET 没有一个固定的基础设施,而且基于网络的 IDS 依赖于对实时流量的分析,无法在新环境中良好运作。传统有线网络通常在交换器、路由器、网关中对流量进行监控,但是 MANET 中没有这样的流量汇集点,IDS 在整个网络中收集审计数据。

第二个差异是通信模式。在 MANET 中由于缓慢的链接、有限的带宽、高成本和电池电量的限制,无线用户对于通信倾向于变得更加吝啬。断开连接在无线网络应用中很常见,同样,在依赖位置或其他仅用于无线网络或很少用于有线环境的技术中断开连接也很常见。所有这些表明有线网络中的异常模式无法直接用于新环境中。

此外,MANET 的另一个大问题是对于正常和异常没有明确的分界线。例如一个发送错误路由信息的节点可能是损坏的,也可能是由于不稳定的物理移动导致的临时不同步。在入侵检测中,区分错误的警报和真正的入侵越来越难。

在为 MANET 建立一个可行的 IDS 时,我们必须回答以下这些问题。

(1)在适合 MANET 特点的 IDS 的体系结构中,怎样的体系结构才是好的?

(2)什么是合适的审计数据源?

（3）如果只有局部和本地的审计源是可靠的,我们怎么利用它来检测异常?

（4）在无线通信环境中,为了将正在遭受攻击的异常和正常区分开,一个好的模型的活动是什么样的?

IDS 应该是分布式和合作的,以适应 Ad Hoc 网络的需求。Zhang 和 Lee 提出了一种新颖的结构(见图 6.4),可以被视为建立 MANET 的 IDS 的一般框架。MANET 中的每个节点都参与入侵检测和响应。每个节点本地的独立的检测入侵的迹象,当网络覆盖范围较大时,相邻节点会协作检测。

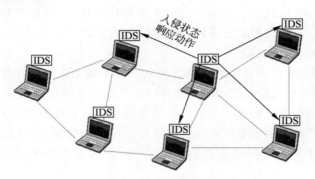

图 6.4　MANET 的 IDS 架构

在系统方面,个体 IDS 代理放置在每个节点上。每个 IDS 代理独立运行,监测当地活动,包括用户和系统的活动以及无线范围内的通信活动。它可以从当地的痕迹中监测入侵并启动相应。如果监测到异常的本地数据,或者如果证据是不确定的而且更广范围的搜索是允许的,临近的 IDS 代理将一起合作参与全局的入侵检测。这些单独的 IDS 代理共同组成了保卫 MANET 的 IDS 系统。

IDS 代理的内部可能非常复杂,Zhang 和 Lee 在概念上用 6 部分建立了这个模型,如图 6.5 所示。

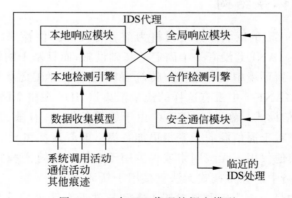

图 6.5　一个 IDS 代理的概念模型

数据收集模型：负责收集本地的审计痕迹和活动日志。

本地检测引擎：使用数据收集模型收集到的数据来检测本地异常。

合作检测引擎：被用作需要更广泛的数据集或 IDS 代理之间需要合作的检测方法。

本地响应模块：触发从本地到移动节点的活动。

全局响应模块：协调相邻节点之间的 IDS 代理，如在网络中选出一个补救行动。

安全通信模块：为 IDS 代理们提供了一个高信任（high-confidence）的通信信道。

6.5　无线 Mesh 网络安全

对于无线互联网服务商来说，使用无线网状网络（wireless mesh network，WMN）提供互联网连接早已成为一个很流行的选择，这是因为它能够快速、方便和廉价地进行部署。然而，无线网状网中的安全问题也越来越受到国内外研究社区的重视。本节我们描述了无线网状网的特性并确定了三个要注意的基本网络选项。

6.5.1　无线 Mesh 网络概述

WMN 是一种在大范围地理区域中提供无线网络连接的方案，使网络部署能够比传统的 WiFi 网络代价低得多。如果一个 WiFi 网络中需要部署很多无线热区（wireless hot spots，WHS），扩展这个网络的覆盖范围就要部署更多的 WHS，这样的网络花费很大并且很脆弱。在 WMN 中有可能只用一个 WHS 和一些无线传输接入口（transit access points，TAP）去覆盖相同的区域（甚至是一个更大的区域）。TAP 并不接入有线设施，因此它只依赖于 WHS 去传播它们的信息。TAP 的花费要远小于 WHS，因此如果在一个区域安装传统的 WiFi 网络花费很大（例如建筑物没有现有 WHS 的数据布线）或者仅仅部署一个临时网络时，WMN 就非常合适了。

然而，WMN 还没有为大规模的部署做好准备，这主要有两个原因：第一，无线通信很容易受到干扰，WMN 呈现出严重的容量和时延约束。然而我们有理由相信技术能够克服这个问题，比如通过使用多模和多声道 TAP。第二，减缓 WMN 部署的原因是缺乏安全保障。

1. WMN 与蜂窝网络和互联网的区别

WMN 代表了一种新的网络概念，因此也引入了一些新的安全特性。这里，我们通过比较 WMN 与蜂窝网和互联网的基本差别来描述这些特性。

1）WMN 和蜂窝网络的区别

WMN 和蜂窝网络的主要区别是：除了使用不同频率的波段（WMN 通常使用未许可的频段），还需考虑网络配置。在蜂窝网络中，一个已知区域被分割成许多小的部分，每个部分由一个基站控制。每个基站负责其毗邻范围内固定数目的无线客户（比如，无线客户和基站之间的通信是一跳）。这些基站在蜂窝网络中扮演着很重要的角色，类似于 WMN 中 WHS 扮演的角色。

然而，虽然蜂窝网络中的基站能够处理所有的安全问题，在 WMN 中仅仅依靠 WHS 是很冒险的，因为 WMN 中的通信是多跳的。事实上，把所有的安全操作集中到 WHS 上会延缓攻击检测和处置，因此给对手有了可乘之机。此外，多跳性使得路由成为 WMN 中很重要和必需的功能性网络，并且攻击者有可能会进行试探性攻击，因此路由机制必须是安全的。

多跳性对于网络利用率和性能也有很重要的影响。事实上,如果 WMN 设计得不好,离 WHS 有好几跳的 TAP 将会比与它相邻的 TAP 得到少很多的带宽,使攻击者能够用这种方法降低 WMN 的性能。

因为多跳性是 WMN 和 WiFi 网络的主要区别,因此通过 WMN 和 WiFi 网络的对比,我们已经确定,WMN 中与多跳通信相关的问题是我们面临的主要安全挑战。

2) WMN 和互联网的区别

在 WMN 中,WTAP 扮演着类似于传统互联网中路由器的角色。无线通信易受被动攻击(如窃听)以及主动攻击(如拒绝服务),WMN 又因多跳通信而放大了攻击的影响。

WMN 和互联网的另一个区别是:不像路由器,WTAP 不是物理上保护的。它们大多数经常处于易被潜在攻击者攻击的区域(比如在屋顶或在路灯上)。这些物理上保护的缺失使得 WMN 很容易受到一些严重的攻击,类似于篡改、劫持或者是 WTAP 复制的攻击很容易去实施。

综上所述,无线网状网下的安全挑战主要是由于多跳无线通信和实际中 WTAP 缺少物理上的保护造成的,多跳性延缓了检测和攻击恢复,使路由成为一个决定性的网络服务,而且有可能导致 WTAP 之间的不公平,而 WTAP 物理上的暴露使得攻击者能够劫持、克隆或者损害这些设备。

2. 无线 Mesh 网络的优点

基于以上分析可知,无线 Mesh 网络主要具有以下优点。

1) 快速部署和易于安装

由于无线 Mesh 网络的自配置和自组织性,因此部署无线 Mesh 网络变得非常简单,只需要选定安装位置,部署固定的电力设施,然后接上电源就可以了。节点能够自动寻找节点,生成 Mesh 结构的互联网络。除此之外,新增加的节点也可以快速融入整个网络,很容易增大网络的容量和覆盖范围,因此部署的成本和安装时间相比有线网络大大降低。目前基于 802.11s 的无线 Mesh 网络与原有 WLAN 网络的部署和配置基本相同。已布置的WLAN 网络可以直接融入 Mesh 网络中,而用户在 WLAN 上积累的管理经验和使用经验,都可以直接运用到 802.11s Mesh 网络上。

2) 非视距传输

利用无线 Mesh 多跳技术,处于非视距内的两个节点可以很容易地建立连接、实现通信。这种特性使得无线 Mesh 网络可以轻松绕过障碍,覆盖到建筑内部的拐角等较为隐蔽的地方。这些地方如果使用有线网络,可能导致布线成本太高。因此无线 Mesh 网络不光在室外有较好应用,在室内网络部署中也具有很好的特性。由于其自组织的特性,路由节点能够自动选择到达非视距目标用户的最佳路径。通过有直接视距的用户或 Mesh 路由节点的中继,那些非视距用户也可以访问无线宽带网络,这种特性大大提高了 Mesh 网络的应用范围和覆盖范围。除此之外,Mesh 网络还可以作为有线网络的辅助,在已有有线网络的基础上提供更大的网络容量和覆盖范围。

3) 较强的健壮性

在无线 Mesh 网络中,无线 Mesh 路由器通常会同时连接多个转发点。当转发点出现故障时,节点可以自发寻找新的转发节点和路径,而不会中断通信。这种结构中节点之间的连接具有很高冗余度,单个节点故障不会影响整个网络的运行。

4) 灵活的拓扑结构

有线网络一般在建筑还没完成时就预留了网线通道,但如果在后期重新布线或修改布线时则相当困难,因为网线遇到障碍时只能绕过,这对布线的成本和设计都有很高的要求,而且常常影响美观。即使结合无线局域网,其延伸范围仍然有限。使用多跳的 Mesh 网络则可以在采用各种类型的拓扑结构,受空间和障碍的约束较小。

5) 较高的带宽

无线局域网只支持单点接入,客户端较多时,难免引起拥塞。而处于网络边缘的用户也会因为信号强度较差而无法采用较高的传输速率,因为信号强度通常直接关系到传输的带宽。采用 Mesh 网络则可以避免这些情况:首先,Mesh 提供多点接入,能避免单点拥塞。其次,Mesh 多跳网络采用多个短跳来增大覆盖范围,避免处于网络边缘的用户接收信号差的问题。因此相比其他无线网络,Mesh 能够提供更高带宽。

6.5.2 Mesh 安全性挑战

在讨论 WMN 中具体的安全挑战之前,我们先给出一个简单但很经典的例子。图 6.6 为 WMN 的一个部分:一个移动端(mobile client,MC)处于 TAP_3 的传输范围内,因此要依靠它连接互联网。由 MC 产生和接收的信息穿过 TAP_1、TAP_2、WHS。让我们考虑一种上行的信息,比如一个信息由 MC 产生并要发送入互联网。在这个信息到达基础设施之前,需要成功通过一些认证。

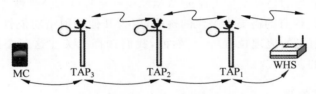

图 6.6 WMN 中一个典型的通信模型

首先,由于互联网连接通常是 MC 需要支付的一种服务,TAP_3 需要确定 MC 是否已经交费。这个认证可以通过不同的方法实现,比如,使用一个临时账户(如基于认证的信用卡),一个事先约定好的密钥(如果这个 MC 是管理 TAP_3 操作者的一个客户)。后者有这样一个优势:对于外来的操作者,MC 可以保持自己的匿名性。注意到我们想要避免的是:如果可能的话,对称加密操作的使用由 MC 完成。实际上,因为 MC 是电池供电的,认证操作应该比较节能,这使得使用公共密钥加密原语不合适。这些原语具有较高的计算开销,并易受 DoS 攻击。的确,如果认证协议需要计算或者验证一个签名,此功能可能被滥用,可以连续被对手询问而进行计算或验证签名,这种攻击将耗尽 MC 的电池。

这样就不得不进行第二次验证,即网络节点之间的相互认证,比如 TAP 和 WHS。我们在初始化(或再次初始化)阶段和由 MC 发起的会话建立期间区别这些节点是否被认证,比如在 MC 发送和接收分组期间。

初始化阶段发生在 WMN 第一次部署的时候,而再次初始化阶段发生在该网络需要重置的时候(例如发现被攻击之后)。TAP 和 WHS 能量充足,因此可以使用非对称密钥加密进行验证。所以,对于在初始化(或者再次初始化)阶段这些节点的认证来说,我们能够假定每一个 TAP 和 WHS 都被管理它们的操作者赋予一个经过注册的公/私钥对。这些公/私钥对用作这些节点之间的相互认证。这个假定是合理的,假设 WMN 比较小并且这个操作只是偶尔会做。注意到 MC 能够在会话建立阶段使用 TAP_3 的公钥去认证。

在会话阶段,节点之间的相互认证是不同的:由 MC 产生和接收的信息将使用多跳通信进行交付,并且使用公钥加密技术对发送者、接收者和每个分组进行认证会带来较大延迟,并因此导致网络资源的不充分利用,所以公钥加密技术不适合这种情况。相反,节点可以依靠对称密钥加密,使用在初始化(或再次初始化)阶段建立的会话密钥或那些本来就在设备中长期持有的密钥。如果每两个 TAP 之间都需要对这个节点进行认证,一种可能的解决方案包括在相邻节点之间建立或预定义对称密钥;这些密钥通常用于计算交换消息的认证码(MAC),从而验证通信中所涉及的每个节点。否则,如果仅仅需要认证 WHS(在 TAP_3 如果我们考虑下行消息,例如一个消息由互联网发送给 MC),对称密钥可以在每个 TAP 和 WHS 之间建立或预定义并用于计算交换信息的 MAC。

一旦 MC 和这些节点通过认证,就需要验证交换信息的完整性。这种认证可以通过端到端来做(比如 WHS 负责上行的消息,MC 负责下行消息),通过每个中间 TAP 或者两者兼而有之。一种可能的方式是和 MC 在会话建立阶段建立一个对称密钥;MC 使用这个密钥保护信息(例如使用 MAC)。如果需要数据保密,这个密钥还可以用来加密信息。

关于 WMN 特性的研究,这里提出了三个关键的安全操作。

(1) 损坏 TAP 的发现;

(2) 安全的路由机制;

(3) 定义一个适当的公平度量去保证 WMN 中一定程度的公平性。

这些挑战并不是仅有的需要去关注的挑战,因为其他的网络功能性也需要得到安全保障(如 MAC 协议、节点的地理位置等)。然而,我们选择去关注这三个挑战是因为它们在 WMN 中是最重要的。

1. 损坏 TAP 的发现

正如前面解释的那样,网状网络通常使用那些廉价的设备,这些设备容易被移动、损坏或复制,这样攻击者就能劫持一个 TAP 并篡改它的信息。注意到如果这个设备能够被远程管理,攻击者甚至都不用劫持实际的物理设备,远程劫持就能达到很好的效果。WHS 在 WMN 中扮演一个很特殊的角色并且有可能处理或存储重要的密码信息(例如与 MC 共享的临时对称密钥,与 TAP 共享的长期对称密钥)。因此,我们假定 WHS 受物理上的保护。

我们确定四种对于缺乏抵抗力的设备的主要攻击方式,这些攻击方式取决于攻击者想要得到什么。第一种攻击包括对 TAP 简单的移动替换,这样做的目的是改变网络的拓扑结构进而满足攻击者的需求。当一个粗暴的永久性拓扑改变被发现时,这种攻击就能被 WHS 或邻居节点检测到。

第二种攻击包括访问劫持设备的内部状态但不去改变它。检测出这种攻击是很困难的,因为 TAP 的状态没有改变。因为攻击者已经成功执行了这个攻击,所以也不需要断开 WMN 和这个设备的连接。并且即使需要去断开,这个设备的消失也不能被检测到,因为它能够因为拥塞问题而被同化。如果成功实施这次攻击,攻击者就能够控制这个设备并分析流过这个设备的所有流量。这种攻击比简单的无线频道监听更严重,因为攻击者能够通过劫持设备去得到它的秘密信息(比如其公/私钥对,与邻居 TAP 和 WHS 共享的对称密钥)并且能够利用这些信息去做一些破坏,如 WMN 的安全问题(特别是信息的机密性和完整性)及客户的匿名性。不幸的是,没有一种有效的方法能够检测到这种攻击。然而,一种可能的解决方案是对这些 TAP 进行周期性的重置和编程,这样攻击者就必须再次去劫持这个设备。

第三种攻击是攻击者修改 TAP 内部的状态(如设置参数、秘密信息等)。这种攻击的目的是修改劫持节点的路由算法从而改变网络拓扑图。

最后一种攻击是复制劫持的设备并在一些网状网络中的关键位置安装这些设备,这样就使得攻击者能够在 WMN 中部分区域注入错误信息。这种攻击能够严重干扰路由机制。

2. 安全多跳路由

通过攻击路由机制,攻击者能够修改网络拓扑从而影响整个网络的功能。攻击的原因很多,如这个攻击可能是合理的。这就是说,合理攻击者只有在本次攻击有收益、能得到有质量的服务或者节省资源的情况下才去实施攻击,否则它就是恶意的。例如,一个恶意攻击者有可能想分割网络,孤立一个指定的 TAP 或一个特定的区域,而一个合理的攻击者可能想强制流量通过网络中一个特定的 TAP(比如通过一个脆弱的 TAP),从而监督一个给定MC 或区域的流量。又如,攻击者想要人工增加 WHS 和 TAP 之间的路由跳数,这有可能严重的影响网络的性能。这种攻击可能是合理的,比如它要和一个竞争者竞争。

为了攻击路由机制,攻击者会损坏路由消息,修改网络中一个或多个 TAP 的状态,使用复制的节点或实施 DoS 攻击。为了防止对路由消息的攻击,操作者可以使用无线多跳网络中的一种路由协议;如果攻击者选择修改网络中一个或多个 TAP 的状态,操作者能够用工具检测出来,并且能够相应地重置 WMN;如果攻击者使用复制的节点,操作者能够通过发现网络拓扑不同于原始的部署而检测出这种攻击,这样就能使非法节点失效或安装新的节点。最后,DoS 攻击代表了一个简单但有效的攻击路由方式。这种攻击危害巨大,因为它很容易实施但不可能被阻止。事实上,攻击者能够干扰特定区域内 TAP 之间的通信并强制重启整个网络。为了解决这个问题,操作者必须找出干扰源并把它禁用。

注意到除了第一种攻击,解决其他的攻击方式都需要人工参与(例如到特定区域安装/移除 TAP 或无线电干扰设备),这可能被认为是成功的攻击。

3. 公平性

在 WMN 中,所有的 TAP 使用同一个 WHS 向基础设施传递消息。因此,TAP 获得的流量很大程度上来源于它们在 WMN 中的位置。事实上,离 WHS 两跳以上距离的 TAP 有可能出现"饥饿",比如他们的客户不能接收或发送消息,这就很不公平了。虽然有方案可以保证 TAP 公平地共享带宽,然而,基于 TAP 的公平性并不是 WMN 中最好的解决方法。事实上,对于图 6.7 所示的一维 WMN 图,一个公平的 TAP 机制将引导 $Flow_1 \sim Flow_3$ 拥有同样的带宽,而不考虑每个 TAP 所服务的客户的数量。我们相信带宽共享应该是"客户智能"公平的。这就是为什么在图 6.7 的例子中,$Flow_2$ 应该拥有 $Flow_1$ 和 $Flow_3$ 流量总量的一半,因为 TAP_2 只服务一个客户,而 TAP_1 和 TAP_3 服务两个客户。

公平性问题与 TAP 和 WHS 相离的跳数密切相关,这就意味着增加 TAP 和 WHS 之

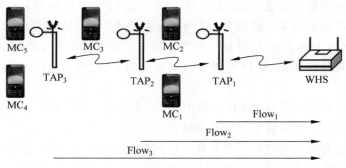

图 6.7   公平性问题

间的跳数时,能动态地降低这个 TAP 所得的带宽。一种可能的解决方案是周期性地重启
WMN,假设 WHS 和 TAP 是静态的,操作者能够定义基于 WMN 中的流量,这是 WMN 中
最合适的设置并强制 TAP 上的路由成为最优的路由。一旦这个网络拥有最优的设置,就
可以使用提出的机制保证 WMN 中客户的公平性和最优的带宽使用。

6.5.3   Mesh 的其他应用

WMN 在实际中是一个很广泛的概念,本节将展示两种特殊情况下的 WMN。

1. 车载网络

到目前为止,我们一直假定 TAP 是静止的。车载网络代表了 WMN 中一种特殊的情
况,这种特殊的 WMN 包括一些移动 TAP(由汽车承载)和路边的 WHS。由车载网络提供
的应用很宽泛,如报告重要信息的安全相关应用或者协作驾驶(如绕道防止交通堵塞)的优
化交通应用和基于位置的服务(如有针对性的营销)。

除了介绍 WMN 中的安全需求——特别是不同设备之间的认证(如汽车和路边的
WHS)和数据的完整性与保密性——车载网络还引入了一些特殊的需求,比如安全和精确
位置信息或实时限制(如重要事件的报告不应该延迟)方面的需求。另外,节点的移动性使
得一些(分布式的)网络操作的定义和实现更加脆弱。此外,由于每个车属于不同的人所有,
而这些人有可能会因为自私而且损坏这些嵌入式设备,所以对这些设备的保护变成了一个
很重要的问题。

2. 多操作者的 WMN

到目前为止,我们一直假定 WMN 由一个操作者管理,但是一个网状网络也能指派一
些属于不同网络的无线设备并通过不同的操作者控制,如基站、笔记本电脑、车载节点或者
手机等。

不管 WMN 是被一个还是多个操作者控制,选择这样一个网络背后的原因是一样的:
它可以简单、快速、廉价地进行网络部署。然而,安全的保障在多操作者共存的网络中还是
很脆弱。事实上,对于确定的安全挑战来说,这还会增加一些挑战,例如属于不同操作域节
点之间的认证或这些区域内不同的收费政策(这样甚至会影响公平性)。

另一个重要的安全问题是由不同的操作者使用同一个频段引起的。事实上,如果假定

一个 MC 能够自由地穿梭于由不同操作者管理的 TAP 并且它以最强的信号依附于它的邻居 TAP，每个操作者能够临时地配置它的 TAP 使得它一直能够以最大的认证级别进行传输（这样就保证它可以被最大数目的 MC 检测到），这种情形会导致 WMN 的性能变差但能通过使用多频率/多频道（multiradio/multichannel，MR-MC）TAP 去解决。注意，MR-MC 的使用能够减轻 DoS 攻击的效果，因为攻击者不能仅仅阻塞一个频道，而必须阻塞特定节点的所有频道，这样才能彻底地禁用它。

6.6　本章小结

移动 Ad Hoc 网络是一个临时的无中心基础设施的网络，它由一系列移动节点在无线环境中动态地建立起来，而不依赖任何中央管理设备。Ad Hoc 网络有区别于传统网络，而正是这些特点使它比传统网络更容易受到攻击，这也使得其安全问题的解决方案与其他网络不同。本章首先介绍了 Ad Hoc 网络的路由攻击种类以及安全路由的解决方案，密钥管理系统是一种同时用于移动 Ad Hoc 网络中的网络功能与应用服务的基本安全机制；然后详细介绍了 Ad Hoc 网络的入侵检测系统；最后，我们还介绍了无线 Mesh 网络，它作为移动 Ad Hoc 网络的一种特殊化形式使用非常广泛。

思考题

1. 移动 Ad Hoc 网络的哪些特点使其容易受到安全威胁？
2. 移动 Ad Hoc 网络的路由攻击包括哪些？
3. 移动 Ad Hoc 网络的安全路由解决方案有哪些？
4. 移动 Ad Hoc 网络中完全分布式密钥管理方案和部分密钥管理方案有什么区别？
5. 移动 Ad Hoc 网络的入侵检测体系结构有哪几类？

参 考 文 献

[1]　刘振华.无线 Mesh 网络安全机制研究[D].合肥：中国科学技术大学,2011.
[2]　李璐.基于双线性映射的无线 Mesh 网络分级接入控制的研究[D].天津：天津工业大学,2011.
[3]　杜成龙.探究无线网络安全问题[J].网络安全技术与应用,2016,16(5)：72-73.

第7章 车载网络安全

车载网络(vehicular Ad Hoc network,VANET)是一种使用无线网络在公路中进行数据传输的移动自组织网络(mobile Ad Hoc network,MANET),包括车辆与车辆之间以及车辆与路侧单元(road side unit,RSU)之间的通信。作为智能交通系统(intelligent transportation systems,ITS)的重要部分,VANET 为乘客与司机提供了一系列安全应用,如保证车辆安全、自动缴费、流量管理、定位服务、精确导航以及互联网接入等功能。

然而车载网络仍然面临着路由安全与隐私保护两大安全问题,窃听、重放攻击、拒绝服务攻击、女巫攻击、虫洞攻击、中间人攻击等安全威胁依然存在。

本章首先介绍了车载网络的特点与面临的安全威胁,总结了车载网络的安全目标,并从路由安全与隐私保护两大方面介绍了车载网络安全方面的进展与突破,同时补充介绍了车载内容中心网络下的污染攻击问题和时间攻击问题。

7.1 车载网络概述

车载网络如图 7.1 所示,是指在车辆与车辆之间、车辆与路侧单元(RSU)之间以及车辆与行人之间形成的通信网络,是将自组网技术应用于智能交通系统之中而形成的自组织的、方便搭建、成本低廉的开放移动自组网,具有无中心、支持多跳转发的数据传输能力,以使驾驶者在超视距范围内获得其他车辆的状况信息以及实时路况信息,从而实现交通预警、拥塞控制、路径查询以及互联网接入等功能。VANET 的应用范围涉及智能交通系统、计算机网络以及无线通信三大传统计算机研究领域,因而引起了学界和工业界的广泛关注。

VANET 包括车间通信(vehicle to vehicle,V2V)和车路通信(vehicle to infrastructure,V2I)两个部分。车间通信是指车辆之间的单跳或多跳通信;车路通信是车辆与 RSU 等基础设施以及 RSU 之间的通信,以使车辆接入互联网。

车载通信中比较权威的协议架构是 IEEE 给出的 WAVE 协议栈:物理层和数据链路层由 IEEE 802.11p、IEEE 1609.4 和 IEEE 802.2 构成;网络层和传输层使用传统的 TCP/IP 协议和为车载安全应用设计的 IEEE 1609.3 协议;应用层中将应用分成安全应用和非安全应用,并用 SAE 协议作为安全应用的消息子层;IEEE 1609.2 作为安全协议可以跨层使用。

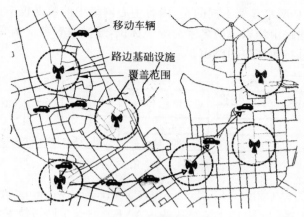

图 7.1 车载网络架构

车载自组网的主要特点如下。

（1）网络拓扑的高动态变化性：由于节点（车辆）不断进行高速移动，车载自组网网络拓扑结构变化快，路由路径寿命短。

（2）信道不稳定：由于暴露于交通系统与人为因素之下，车载自组网信道容易受多种因素（车辆类型、车辆相对速度、建筑障碍物和交通状况等）的影响。

（3）节点能量无限：节点可以通过发动机获得持久电力，因此具有长久的计算能力和存储能力，同时车辆的内部空间还可以部署天线以及其他通信设施。

（4）节点运动规律：节点移动只能沿着车道单/双向移动，具有一维性。

（5）节点轨迹可预测：道路的静态形状可以限制车辆的移动路径，因此车辆轨道一般可预测。

（6）精确定位：GPS能够为节点提供精确定位，利于获取自身位置信息。

（7）延时要求严格：由于交通系统的高速运行变化，信息与数据传输都需确保迅速准确，以达到低网络时延。

7.2 车载内容中心网络概述

在传统计算机网络中，自顶向下可以分为五层，分别是应用层、传输层、网络层、数据链路层和物理层，其中非常重要的网络层是基于 IP 数据包的网络通信。传统计算机网络的网络层基于 IP，IP 用于标记一个通信节点的身份和位置。正是由于基于 IP 的点对点通信的传统网络不再适应于如今内容大爆发的应用场景，内容中心网络应运而生。内容中心网络将网络节点从 IP 地址中解放出来，不再是基于 client-host 的通信模式，而是转变为以内容为中心的 request-get 的机制。这种机制实现了内容和地址的分离，用户不再关心内容存储的位置和单一地依赖源服务器获取内容，而可以从附近路由节点获取内容。内容中心网络同样也采用一个分层结构，将中间层部分替换为以内容块为基础的内容中心网，解决了现有 IP 网络容易出现网络拥挤、传输数据冗余、带宽出现瓶颈等一系列问题。

与传统 IP 网络类似，内容中心网络也采用了简洁明了的网络架构设计。如图 7.2 所示，网络层上方是各类服务应用层，下层是物理链路层，从而使得网络分层清晰、灵活和高效。另外，与 TCP/IP 网络显著不同的是，内容中心网络中的数据包不携带主机的任何地址信息。数据的请求和路由均以包的名字为唯一标识，通过内容名字来寻找数据包的位置，同样也通过内容名字进行数据包的路由。

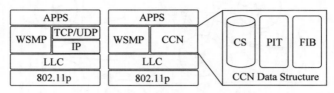

图 7.2   CCN 应用于 VANET

在网络模型方面，VCCN（vehicular content centric networking，车载内容中心网络）与 VANET 结构是相似的，但是 VCCN 已成为 VANET 的未来网络技术。与传统 VANET 中 "push-based" 的通信模型不同，VCCN 通常采用 "pull-based" 的通信模型方法。如图 7.2 所示，在 VCCN 中传统网络层中的 TCP/ IP 层由 CCN 层所代替，并且车辆之间的通信从以主机为中心转移到以内容信息为中心。请求兴趣包如果不携带源地址和目的地址，则转发节点可直接将请求兴趣包转发给可到达的邻居。请求兴趣包由网络中的车辆或 RSU 存储、携带并转发，直到它们的生存时间定时器到期或它们已经到达拥有内容的缓存节点。VCCN 也由路边基础设施 RSU 和一组车辆节点组成，其中车辆节点可以携带并转发内容数据，RSU 负责收集车辆的轨迹数据并将新内容推送到车辆；车辆与车辆之间或者车辆与 RSU 之间可以相互进行通信。

在本节中，每个车辆节点都维护表 7.1 中所示的三种数据结构，其内容存储表结构（content store，CS）用来记录每个已缓存的内容及其名称，待定兴趣表（pending interest table，PIT）用来记录、存储、跟踪转发的兴趣，车辆信息表（vehicle information table，VIT）用来记录、存储车辆的轨迹数据和社会属性。此外，每个路边基础设置仅需要维护内容存储表结构。

表 7.1   节点维护数据结构

表（a）   内容存储（CS）

符　号	描　　述
name	内容名称
content	所缓存内容

表（b）   待定兴趣表（PIT）

符　号	描　　述
name	内容名称
time	最后一次访问时间

表（c）   车辆信息表（VIT）

符　号	描　　述
VID	车辆标号
SA	车辆社会属性序列
ζ	车辆移动轨迹序列

　　当车辆接收到兴趣包时,将在其内容存储表中搜索对应名称,并在查找到内容后返回相应的数据包。如果所查询内容现在不在缓存列表中,则将其添加到它的待定兴趣表中;否则,它会将存储的兴趣的接收时间更新为新请求的接收时间,然后丢弃兴趣以避免重复存储。当接收到数据块时,每个车辆节点将根据所设定的缓存方案自行决定是否缓存它们。因此,给定的内容可以由多个发布者或中继节点提供,而不是在 VCCN 中的特定位置上进行存储。另外,由于图 7.3 中所示的动态网络拓扑,应答转发路径和请求查询路径不一定相同。

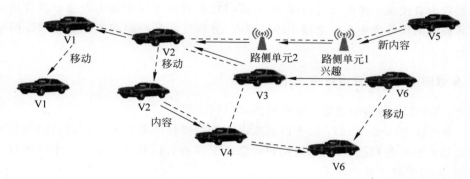

图 7.3　VCCN 网络模型

　　我们设置 VCCN 的数据流过程如下:首先,新生成的内容被发送到附近的路边基础设施(RSU),RSU 通过有线以太网将内容分发到其他 RSU 上,同时新生成的内容分发至通信范围中的移动车辆,以完成有效的内容分发与存储;当网络中新生成的内容分发周期结束之后,RSU 将丢弃该内容包;网络中的路由节点依据其本身的容量空间自行决定对所接收到的新内容的存储,并且当各路由节点对内容进行查询或转发时,依据所设定的缓存替换策略存储一些原先未存储的内容包,从而使得大批量的不同内容分散于整个网络中。

7.3　车载网络安全综述

　　目前,车载网络应用广泛,前景广阔,但其信息安全问题依然是研究人员需要关注的重点。由于车载网络无中心、自组织的特点,使用传统的安全机制难以有效管理自由松散的节点,这使得车载自组网面临着来自恶意节点的安全威胁。

1. 攻击分类

　　如今,车载网络中的攻击者可以从以下四方面进行分类。

1)访问权限

　　按照访问权限分类,可将攻击者分为内部攻击者与外部攻击者。内部攻击者是有权与网络中其他成员通信的网络成员,拥有 CA 颁发的证书,享有合法认证身份;外部攻击者则是网络外部的入侵者,没有证书和认证身份,未被授权与网络中成员进行正常通信。

2)攻击动机

　　按照攻击动机来分类,可将攻击者分为理性攻击者和恶意攻击者。理性攻击者是指利用破坏行为为自己谋利，因此其手段和目标较易预测；恶意攻击者是纯粹故意破坏网络，目标难测，有突发性。

3）主动性

按照攻击手段的主动性分类，可将攻击者分为主动攻击者与被动攻击者。主动攻击者主要利用篡改数据、盗用身份等途径发送伪造消息，干扰车辆获得的路况信息；被动攻击者主要通过监测信道、窃听数据包来获取隐私信息。

4）分散程度

按照攻击者控制实体的分散程度分类，可将攻击者分为集中攻击者与分散攻击者。集中攻击者控制的实体集中在一个很小的区域内，分散攻击者控制的实体则分散在网络中的不同部分。

2. 车载网络面对的安全威胁

因此，当今车载网络中面临的安全威胁可以列举如下。

（1）窃听攻击（snooping）：属于被动攻击。未被授权的恶意节点可以访问到普通节点之间的通信内容并为自己所用，造成用户的隐私泄露或者信息被窃取。由于窃听攻击没有篡改数据，所以它属于被动攻击。

（2）分析攻击（traffic analysis）：属于被动攻击。攻击者通过检测并分析车载网络的大量信息（如车辆的请求和回复信息），获得车辆间交流的模式，从而可以推断出车辆间交流的内容。由于分析攻击没有篡改数据，所以也属于被动攻击。

（3）数据篡改：攻击者捕获并篡改传递的数据包，是一种主动攻击。

（4）重放攻击（replay attack）：攻击者截获数据包并在目的节点已经收到该数据包后继续重复性或者欺诈性地发送该数据包给其他节点。这种攻击方式多用来截取用于身份认证的数据包，从而骗取目的节点的信任，破坏网络的认证性。重放攻击是一种主动攻击。

（5）伪装（masquerading）：攻击者使用普通节点的 ID 并伪装成合法用户，在两个节点的正常通信过程中，以接收方的身份截取发送方发送的消息。这种攻击方式可以篡改数据，发送伪造信息，因此是一种主动攻击。

（6）否认攻击（repudiation）：当系统不能追踪并记录用户的行为时，恶意操作就相当于被允许了，因为此时没有根据对一个人进行问责，攻击者可以否认自己的行为并嫁祸于他人。否认攻击发生时，系统无法找出真正的攻击者。

（7）女巫攻击（sybil attack）：攻击者可以同时创建多个身份，从而增强自己在网络中的控制力，例如掌控选举的投票方向等。

（8）虫洞攻击（wormhole）：又称隧道攻击，即多个恶意节点共同发起攻击，彼此间建立一条高质量、高带宽的路由路径（隧道），这条路往往比正常路径短，因此周围的节点在发送数据包时会选择这条由恶意节点建立的虚假路径。数据包在恶意节点建立的隧道中传递时，恶意节点可以窃听数据包或者篡改信息，因此，虫洞攻击是一种主动攻击。

（9）信号干扰（signal interfering）：攻击者通过发送比 GPS 更强的信号来破坏原有的正确信号，导致网络中的车辆节点收到错误的信息，做出错误判断。

（10）延时攻击（delay attack）：攻击者收到紧急消息却并不立即转发，导致其他节点接收消息时有延迟,从而导致系统性能下降。

(11) 中间人攻击(man-in-the-middle):攻击者作为两个直接通信节点的中间人,冒用一方身份与另一方通信,并通过插入新消息或者修改消息破坏节点正常通信。

(12) 暴力攻击法(brute force attack):暴力攻击法是一种穷举密钥查询技术,攻击者会尝试所有可能的密钥,直到找到正确值。在车载网络中,现存的认证协议都无法很好地预防这种攻击,一旦暴力攻击成功,攻击者几乎可以为所欲为,例如广播错误的路况信息、控制网络中的车辆节点、诱导交通堵塞或者交通事故。

(13) 恶意软件和垃圾攻击(malware and spam attack):攻击者一般为内部攻击者。网络中节点或者 RSU 进行软件更新时,网络非常容易遭受恶意软件(如病毒)感染,从而使网络性能遭受破坏。另外,攻击者可以发送大量垃圾信息消耗网络带宽,增加传输延迟,从而导致系统性能下降。车载网络中缺乏必要的中央管理设备,因此这种攻击行为很难控制。

(14) 选择转发(selective forwarding):攻击者总是选择丢弃部分特定的数据包,从而破坏网络通信。因为丢弃全部数据包容易被察觉,选择转发可以降低被发现的可能性。

(15) 污染攻击(cache pollution attack):攻击者通过大量请求流行度很低的内容,造成这部分低效数据长时间占据节点缓存,从而降低节点的缓存效率和缓存命中率,增加正常用户节点的访问时延。

3. 安全目标

当前研究表明,车载自组网中的信息安全有以下几个安全目标。

1) 可用性(availability)

可用性是保证网络在遭受攻击的情况下仍能够进行正常可靠地通信,不会因为遭受恶意攻击而陷入瘫痪无法使用。可用性对于紧急或者突发事故处理系统格外重要。因为在遇到紧急事故或者突发事故时,更需要网络通信进行现场调度与协调,此时网络的良好性能能够很好地指导人们处理事故,不至于造成混乱。

2) 完整性(integrity)

完整性是指信息能够完整准确地到达目的节点,不会在报文分组转发过程中被篡改。信息一旦被恶意节点篡改,就会产生错误信息或虚假信息,伤害用户的隐私或产生错误的诱导信息,阻碍节点之间正常的通信。

3) 认可性(non-repudiation)

认可性是指网络中信息的发送方不能否认已经发送的信息,这样可以检测恶意节点的攻击,防止恶意节点的抵赖行为。

4) 机密性(confidentiality)

机密性是指秘密信息不被非授权节点窃取,路由信息本身也需要加密,因为路由信息可能被攻击者用来识别身份,或者对网络中有价值的目标进行定位。

5) 认证性(authentication)

认证性是指节点间能够相互确认身份,以鉴别恶意节点,防止恶意节点伪装成正常节点进行非法通信及非法获取信息。

7.4　车载网络路由安全

车载网络的一个重要功能是实现网络节点的安全通信,其中最重要的环节就是保障路由安全。如今,车载网络面临着许多针对路由的攻击,如身份仿冒、路由修改、隐私攻击、拒绝服务攻击以及黑洞攻击。同时,由于车载网络自组织以及高速变化的特点,车载网络路由方案的确立需从四方面入手:车辆认证、密钥生成、密钥分发以及节点高速移动。

针对当今车载网络应用中的问题,本节介绍现存常用的一些安全路由算法,如Ariadne、ARAN、SAODV、CONFIDANT、DCMD,这些算法针对不同的网络架构与网络协议,分别采用数字签名、非对称加密以及信誉系统等安全机制实现路由安全。

7.4.1　安全路由攻击概述

在车载网络中,根据使用的通信方法不同,路由协议分为广播路由、拓扑路由以及地理路由。广播路由向网络中的所有节点转发数据包,在网络中引入大量数据与控制信息,有可能导致网络负载过重,性能下降。拓扑路由根据网络当前的拓扑状态建立路由表。地理路由根据节点的地理位置转发数据包,主要针对网络中地理位置相距较远的节点。

目前,车载网络的路由攻击有以下五种类型。

1)身份仿冒

攻击者盗用其他车辆节点的标识,非法与其他节点进行通信,从而非法获得数据或者传递伪造信息。

2)路由修改攻击

网络中的恶意节点修改路由信息,如源节点和目的节点标识,从而破坏路由查找过程,妨碍数据正确地转发,破坏节点之间的通信。

3)隐私攻击

由于车载自组网的自组织性,车辆的位置信息可自由地在网络之中传递,难以监管。攻击者可以利用收集到的位置信息对目标车辆节点进行追踪,从而造成对驾驶者的隐私伤害。

4)拒绝服务

与传统的传感器网络相同,攻击者可能对网络带宽进行消耗性攻击,从而使得合法用户无法访问服务器。例如,恶意节点不断向其他节点重复地发送数据包或者无效的数据,使节点无法响应别的请求,导致该节点服务器停止服务。

5)黑洞攻击

网络中的恶意节点不断向源节点回复路由应答,声明经过自己到达目的节点有最短路由,使源节点建立到达自己的路由,因此大量数据包将会涌向该恶意节点。但该恶意节点直接将涌来的数据包丢弃而不转发,从而网络在该恶意节点处丢包率急剧上升,就像产生了一个吞噬数据的"黑洞"。

7.4.2 安全路由解决方案

本节中详细介绍 DSR 与 AODV 路由协议,以及在 DSR 基础上扩展的 ARIADNE 与 CONFIDANT 安全路由协议,在 AODV 基础上扩展的 ARAN 与 SAODV 安全路由协议和基于传感数据的安全路由协议 DCMD。

1. DSR

动态源端路由协议(dynamic source routing,DSR)指的是在节点间进行数据包传输时,发送方在数据包的头部构造路由路径(源路由),给出路径中每一个主机的 IP 地址。发送方将数据包发送给源路由中第一跳的主机,当一个主机收到一个数据包时,如果该主机不是目的主机,它会按照数据包中的源路由中下一跳的 IP 地址转发数据包;如果该主机是目的主机,数据包就会传递到该主机的网络层。

网络中的每一个主机都有一个路由缓存(route cache)来记录学习到的路由路径。当一个主机向另一个主机发送数据包时,发送方首先检查它的路由缓存。如果存在一个路由记录,发送方就会按照这个路由来传输这个数据包;如果没有路由记录存在,发送方会使用路由发现(route discovery)过程来寻找一个合适的路由。当主机在使用任何源路由时,它会监测这条路由的可用性。例如,如果某一跳的主机移动出了它上一跳或者下一跳节点的传输范围,这条路由就不可用了;如果这条路由上的任何一个主机断电,这条路由同样也不可用。这个监测的过程称为路由维护(route maintenance)。当路由维护中发现了路由的问题时,需要再次使用路由发现来寻找一个新的并且正确的路由路径。

DSR 的路由发现过程如下:如图 7.4 所示,如果一个节点需要传送数据包并且此时该节点的路由缓存中没有到达目的节点的路由,这个节点就会发起路由发现过程。发送数据包的源节点就是路由发现的发起者(initiator),而目的节点就是路由发现的目标(target)。

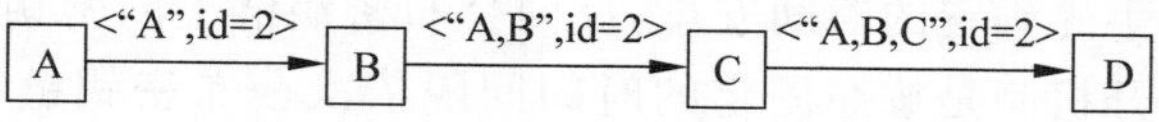

图 7.4 路由请求报文传递

如图 7.5 所示,发起者(节点 A)广播一个路由请求报文(route request packet,RREQ)指定路由发现的目标(节点 D)和一个独一无二的报文标识 id,同时记录着该 RREQ 经过路径的路由记录(route record)。每个收到 RREQ 的节点会对报文进行相应的处理。如果该节点已经收到过这个报文或者该节点的地址已经出现在报文的路由记录中,节点就丢弃这个报文不再继续转发;否则,节点将自己的地址附加在报文的路由记录中并继续转发。当 RREQ 到达它的目标后,目的节点会向路由发现的发起者(源节点)发送一个路由回复报文 (route reply packet,RREP),记录着 RREQ 所经过的路由路径。当发起者收到 RREP 时,它将报文中的路由路径记录在自己的路由缓存中。

DSR 路由维护过程如下:由于节点在移动,节点间可能由于距离过大而无法正常通信,从而导致链路中断,如图 7.5 所示。路由维护指的就是转发数据包的节点检测到了路由路径的中断并重新建立路由的过程。

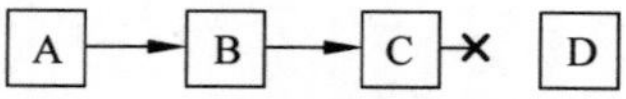

图 7.5　链路中断

DSR 是一种源端路由协议，当发送一个数据包时，源节点会在传递的数据包里列出路由路径中每一跳的节点，数据包就会按照这个路径在网络中进行转发。每一个中间节点转发数据包后，等待接收下一跳节点的确认。如果数据分组被重发了一定次数仍然没有收到下一跳的确认，则节点向源端发送路由错误报文（route error packet，RERR）。如果源端路由缓存中存在另一条到目的节点的路由，则使用该路由重发分组，否则重新开始路由发现过程。

DSR 协议与传统的周期性路由发现协议的不同之处在于，DSR 协议只在有数据包的传送和面临网络拓扑结构的改变时，才进行路由发现过程，因此网络负载更低。这能提高网络带宽与电池电量的有效利用率，减少在没有意义的路由发现过程中的网络带宽和电池电量浪费。同时，网络负载减少，代表着网络中需要验证的数据包也减少了，因此维护网络安全的计算量也相应降低，网络性能则相应提高。

2. ARIADNE

车载网络在 DSR 的基础上扩展使用了非对称认证机制 TESLA，即数字签名和成对共享密钥的 MAC 认证。TESLA 是一种广播认证协议，利用节点间的时钟同步与定时密钥公布来实现非对称验证。每一个节点生成一个随机数作为密钥 K_N 并且不断用单向散列函数 H 作用于 K_N，生成单向密钥链：

$$K_{N-1} = H[K_N]$$
$$K_{N-2} = H[K_{N-1}]$$
$$\vdots$$

因此，任何一个节点都可以根据密钥链上任何一个密钥 K_i 来计算密钥链上任何一个之前的密钥 K_j：

$$K_j = H_{i-j}[K_i] \tag{7-1}$$

每一个节点按照事先确定的时间安排，反向公布密钥链上的密钥 $K_0, K_1, \cdots, K_N$。一个比较简单的密钥公开机制是按照固定的时间间隔依次公布密钥链，即在 $T_0 + i \cdot t$ 时公布 K_i，T_0 是 K_0 公布的时刻，t 是每一次公开密钥时刻的时间间隔。

我们假设节点 S 和 D 的每个端对端源-目标对都共享 MAC 密钥 K_{SD} 和 K_{DS}，且每个节点具有 TESLA 单向密钥链，所有节点都知道其他任意节点的 TESLA 单向密钥链的真实密钥。路由发现有两个阶段：发起者用路由请求报文泛洪网络，目标节点返回路由回复报文。为了保护路由请求包，Ariadne 提供了以下属性：①目标节点可以验证发起者（使用具有发起者和目标之间共享的密钥的 MAC）；②发起者可以在路由回复中验证路径的每一跳（每个中间节点附加具有其 TESLA 密钥的 MAC）；③没有中间节点可以删除路由请求或者路由回复的节点列表中的节点（单向函数防止恶意节点从节点列表中删除节点）。

如果 Ariadne 路由发现使用 TESLA 协议，可在源节点传递数据之前向网络中广播数据请求报文。与传统的 DSR 不同，在 Ariadne 中，数据请求报文包括如下字段：

```
< ROUTE REQUEST, initiator, target, ID,
time interval, hash chain, node_list, MAC_list >
```

其中，ID 是该报文的唯一标识，散列链被源节点使用与目标节点共享的密钥 K_{SD} 初始化为 $h_0 = \text{MAC}_{KSD}(\text{REQUEST}, S, D, id, t)$；initiator 与 target 分别表示源节点与目标节点的地址；node_list 表示路由记录中的节点列表，被初始化为空；MAC_list 表示路由过程中在每个节点处计算得到的 MAC 列表，初始化为空。

收到路由请求报文的节点 A 会对报文进行相应的处理。如果该节点已经收到过这个请求报文，就丢弃这个路由请求报文不再继续转发。如果该报文中的 TESLA 时间间隔不合适，导致用于验证的 TESLA 密钥提前公开，此报文就无法验证正确性，那么节点也要丢弃这个路由请求报文不再继续转发。否则，节点 A 将自己的地址附加在路由请求报文的节点列表中，更新散列链 $h = H[A, \text{hash chain}]$，并使用 A 发布的 TESLA 密钥 K_{At} 计算 $M_A = \text{MAC}_{KAt}(\text{REQUEST}, S, D, id, t, h_1, (A), ())$，将其添加到 MAC 列表中，然后继续转发这个路由请求报文。路由请求报文依次经过 B,C…直到到达目标节点。目标节点收到路由请求报文后，若这个时间段的 TESLA 密钥还未公开且散列链等于

$$H[\eta_n, H[\eta_{n-1}, H[\cdots, H[\eta_1, \text{MAC}_{KSD}(S, D, id, t)]\cdots]]]$$

则该请求报文是有效的。此时，目标节点将会返回一个路由回复报文。

路由回复报文包括如下字段：

```
< ROUTE REPLY,target,initiator,time interval,
  node_list,MAC_list,target_MAC,key_list >
```

其中，TESLA 时间间隔、节点列表、MAC 列表都与路由请求报文中相同；target_MAC 表示目标 MAC，由密钥 K_{DS} 计算得到：

$$M_D = \text{MAC}_{KDS}(\text{REPLY}, D, S, ti, (A, B, C), (M_A, M_B, M_C))$$

密钥列表 key_list 初始化为空。

然后路由回复报文沿着路由请求报文节点列表中的节点顺序逆向传递给源节点。当源节点收到路由回复报文时，它会验证密钥列表中的所有密钥、目标 MAC M_D 以及 MAC 列表中的所有 MAC 是否有效。如果均有效，则源节点会接收这个路由回复报文，于是路由发现过程成功完成。

如果 Ariadne 路由发现与数字签名一起使用，路由发现过程中的 MAC 列表变为签名列表，其中用于计算 MAC 的数据将用于计算签名，同时路由回复报文中不需要密钥列表。

使用 MAC 的 Ariadne 路由发现是三种备选认证机制中最高效的，但它需要所有节点之间的成对共享密钥。以这种方式使用 Ariadne，需要使用在目标和当前节点之间共享的密钥来计算路由请求报文中的 MAC 列表，而不是使用当前节点的 TESLA 密钥。MAC 在目标节点处进行验证，不会在路由回复报文中返回，而且不需要在路由回复报文中的 MAC 列表上计算目标 MAC。

Ariadne 路由维护也是基于 DSR 协议的。如果数据分组被重发了一定次数仍然没有收到下一跳的确认，则节点向源端发送路由错误报文（route error packet）。Ariadne 能够验证路由错误报文的正确性，防止恶意节点发送路由错误报文。使用 TESLA 广播认证机制时，路由错误报文包括如下字段：

```
< ROUTE ERROR,sending_addr,receiving_addr,
```

```
time interval,error_MAC,recent TESLA key>
```

其中,发送节点地址 sending_addr 指的是遇到故障不能成功转发的节点地址;接收节点地址 receiving_addr 指的是发送节点的下一跳目标节点地址;错误 MAC(error_MAC)是由发送节点当前公布的 TESLA 密钥计算的路由错误报文的消息认证码;最近 TESLA 关键字(recent TESLA key)字段被设置为发送节点公开的最近的 TESLA 密钥。

路由错误报文是由发送节点发送给源节点的,其源端路由由遇到故障的数据包头部的源端路由反转而成。如果收到路由错误报文的节点的路由缓存中没有从发送节点到目的节点的路由,则节点丢弃该错误报文不再继续转发;如果该报文中的 TESLA 时间间隔不合适,导致用于验证的 TESLA 密钥提前公开,此报文就无法验证正确性,那么节点也要丢弃这个路由错误报文不再继续转发。如果以上两个条件都满足,即节点的路由缓存中包含从发送节点到目的节点的路由且 TESLA 时间间隔合适,则称为满足 TESLA 安全条件,节点进一步处理错误报文。

收到路由错误报文的节点进行报文验证,等待发送节点公布 TESLA 密钥。报文验证成功后,节点就会删除所有使用这段路径的路由并且丢弃所有收到的有关这段路径的其他错误报文信息。由于在等待 TESLA 密钥的过程中,节点需要缓存路由错误报文,但是节点存储容量有限,所以每个节点都只维护一个路由错误报文记录表,其中记录着一定数量的路由错误报文。因此,这种错误报文的验证机制能够抵御恶意节点使用恶意报文进行洪泛攻击。

当使用数字签名或者成对共享密钥时,就不会存在洪泛攻击了,而且验证机制更加简单。路由错误报文不需要包括时间间隔或者最近 TESLA 密钥。当使用数字签名时,错误 MAC 字段更改成数字签名。当使用成对共享密钥时,错误 MAC 字段是通过出错节点与源节点之间的共享密钥计算而不是通过出错节点的 TESLA 密钥。

在安全方面,ARIADNE 能够保护 DSR 免受路由环路、黑洞以及重放等多种攻击。在性能方面,由于每一个中间节点都增加了信号消息的长度,在网络中长距离传输的信号数据包变大,而且基于时间延迟的密钥公开机制增加了端到端路由发现过程的延迟,因此,网络的包传输率在高速移动的情况下会明显下降。

3. CONFIDANT

CONFIDANT(cooperation of nodes:fairness in dynamic Ad Hoc networks)的目标是通过观察或者报告攻击行为来检测恶意节点。它允许从路由发现中去除节点,对恶意节点进行路由并通过信誉系统来分隔它们。虽然 CONFIDANT 是为了拓展 DSR 而提出的,但CONFIDANT 也适用于拓展其他源路由协议。

CONFIDANT 在每个节点中引入了四个新元素:监测器(monitor)、信任管理器(trust manager)、声誉系统(reputation system)和路径管理器(path manager)。在无线网络环境中,最可能检测到有不合法行为的节点是恶意节点附近的节点。当检测到异常行为或者没有收到合适的回复时,源和目的节点也可能检测到恶意节点(重放情形除外)。CONFIDANT 协议的实施与检测其实是基于"临近监视"的,即节点在本地搜索恶意节点。

邻近监视的节点可以通过监听下一个节点的传输或通过观察路由协议行为来检测源路由上的下一个节点的行为偏离。通过在收听下一个节点的传输的同时保持分组副本,还可以检测任何内容改变。监测器就是负责来记录这些偏离行为的。

在车载网络中,信任管理器必须是自适应且是分布式的,它负责 ALARM 消息的输入和输出。ALARM 信息由节点的信任管理器发送,以警告其他节点恶意节点的出现。输出的 ALARM 信息由节点在经历、观察或者收到恶意行为报告后生成。ALARM 信息的接收者被称为朋友,在朋友列表中管理。输入的 ALARM 信息则有可能来自朋友或者其他节点,因此必须在触发反应之前检查 ALARM 信息的来源是否可信赖,依据报告节点的信任级别对 ALARM 信息进行过滤。信任管理器包括三个组成部分:包含所有 ALARM 信息的报警表、管理节点信任等级以决定 ALARM 消息可信度的信任表以及包含所有该节点能够发送 ALARM 消息的朋友。

声誉系统起初在一些在线拍卖系统中使用,该系统通过让买方和卖方给出关于其活动的评价反馈,提供了一种为交易参与者进行质量评级的方法。在 CONFIDANT 协议中,声誉系统用来为节点进行信任评级。声誉系统将节点及其信任等级记录在表中,只有在有充分证据证明恶意行为并且超过一定次数时,节点的信任等级才能改变。充分证据指的是 ALARM 信息来自完全可信赖的节点或者来自一些可以部分信赖但放在一起可以完全信赖的节点。节点的信任等级随着不同的证据而变化。证据有不同权重,节点自己发现的证据权重较高,邻居节点发现的证据权重较低,非邻居节点发现的证据权重更低。这种加权方案的原理是节点更信任自己的观察和经验。

当节点信任等级改变下降到一定程度时,路径管理者负责根据安全标准来为路径排序,去除包含恶意节点的路径,并处理包含恶意节点的路由请求。

CONFIDANT 协议工作流程如下:当节点检测到下一跳节点的恶意行为时,节点就会向声誉系统发送信息。如果该恶意行为是该节点的主要行为而且已经发生超过事先设定的阈值的次数,那么该恶意行为不是巧合,声誉系统会降低该节点的信任等级。如果节点的信任等级下降到了非常低的程度,路径管理器就会从缓存中删除所有包含恶意节点的路由。节点继续监测周围环境,并通过信任管理器发送 ALARM 信息。ALARM 信息包含协议违例的类型、观察出现次数、消息是否由发送方自己发起、报告节点的地址、观察节点的地址和目标地址。节点的监测器收到 ALARM 信息后,把它传递给信任管理器来进行信赖度的评价。如果 ALARM 信息的来源可信任,ALARM 表就会被更新。如果证据充足,可以证明 ALARM 信息中报告的节点就是恶意节点,ALARM 信息就会被传递给声誉系统进行信任等级的评级。

CONFIDANT 的可扩展性较差。在网络中节点较多时,节点声誉系统所维护的表可能会变得非常大。并且,在有高移动性的情况下,网络负载显著增加。然而,对于仅有少量节点和低移动性的网络来说,CONFIDANT 比 DSR 对负载和计算能力的要求更低。

4. AODV

AODV 与 DSR 都使用广播路由发现,但所不同的是,AODV 是依靠于中间节点建立路由表来进行路由发现的。

AODV 的路由发现过程如下：当源节点需要进行数据传输且路由表中没有到达目标节点的路径时，源节点会广播路由请求报文(RREQ)。RREQ 中包含如下字段：

```
< source_addr,source_sequence _ # ,broadcast_id,
dest_addr,dest_sequence _ # ,hop_cnt >
```

其中，source_addr 与 dest_addr 分别表示源节点与目的节点的地址；broadcast_id 表示源节点发送的 RREQ 的序列号；< source_ addr,broadcast _ id >可以用来唯一确定 RREQ；source_sequence_ # 与 dest_sequence_ # 分别表示源节点与目标节点的序列号，分别用来表示到达目的节点的正向路由与返回到源节点的反向路由的即时性，序列号越大，表示这条路由越新，产生得越晚；hop_cnt 表示 RREQ 到达此节点的跳数。

节点收到 RREQ 时，会判断之前是否已经收到过该报文，若收到过则丢弃此报文，否则记录以下信息并广播该报文：

（1）目标节点 IP 地址；

（2）源节点 IP 地址；

（3）RREQ 序列号；

（4）反向路由失效时间；

（5）源节点序列号。

路由建立有反向路由建立与正向路由建立两种途径。在反向路由建立的过程中，每个节点记录下第一个传递给自己 RREQ 的邻居节点的 IP 地址，因此当数据包要从目的节点向源节点逆向转发时，每一个中间节点就可以将其返回给上一跳节点，从而建立目的节点到源节点的反向路由。在正向路由建立的过程中，如果 RREQ 到达了有到达目的节点路由的中间节点，则中间节点首先将 RREQ 中的目的节点序列号与其路由表中目的节点的序列号相比较，如果路由表中的序列号较大，说明 RREQ 是以前产生的，还在网络中循环，则节点不做任何改动；否则，说明 RREQ 是最新产生的，有新的源节点或者新的路径，则节点向发送给自己 RREQ 的邻居节点返回 RREP。RREP 包含如下字段：

```
< source_addr,dest_addr,dest_sequence _ # ,hop_cnt,lifetime >
```

RREP 在返回源节点的过程中，每经过一个节点，该节点就产生一个前向指针指向发送给自己 RREP 的邻居节点，并记录下这条路径的源节点与目标节点、生存期以及目标节点的序列号，然后按照反向路由向其上一跳节点回溯。没有到达最终目标节点的反向路由将会被删除。当节点收到多个到达同一源节点的 RREP 时，如果该 RREP 的 dest_sequence_ # 更大，说明这是一条新路由，或者该 RREP 的 hop_cnt 更小，说明路径更短，则节点更新路由表并继续传递 RREP；否则，节点丢弃该 RREP 不做任何改动。

当源节点收到 RREP 时，源节点到目标节点的路由就正确建立了，可以开始进行数据传输。

AODV 进行路由表维护时，节点的路由表表项中记录有如下字段：

（1）目标节点 IP 地址；

（2）下一跳 IP 地址；

（3）跳数；

（4）目标节点序列号；

（5）超时时间；

（6）活跃邻居节点。

目标节点序列号的存在可以防止路由环路。在新路由目标节点序列号比已有路由表项中的目标节点序列号大或者目标序列号相等且新路由拥有更小的跳数时，路由表表项才会更新，否则路由表表项不更新。

对于反向路由表项来说，超时时间指的是路由请求超时时间，目的是清除不能到达目的节点的中间节点的反向路由；对于正向路由表项来说，超时时间指的是路由缓存超时时间，目的是清除超时的或者无效的路由表项。

此外，路由表中还记录着活跃邻居节点。活跃邻居节点指的是在超时时间内，进行过一次或多次数据传输的节点。包含活跃邻居节点的路由路径是活跃表项。从源节点到目的节点的传输过程中所经历的表项都是活跃表项的路径是活跃路径。记录活跃邻居节点与活跃路径可以保证所有的路由变化都能够及时通知到所有活跃节点。

AODV 的路由维护过程如下：当源节点移动脱离路径传感范围时，源节点可以重新发起路由发现；而当中间节点或者目标节点移动脱离路径传感范围时，特殊的 RREP 就会返回给相关的源节点。定时发送 hello 消息或者链路层确认机制可以用来检测链路中断或者故障。

一旦节点停止工作或者链路中断，那么中断点上一跳的节点将会返回一个目标节点序列号加 1、跳数无穷大的 RREP 给上游节点，并不断传递给整个网络中的活跃节点。收到这个特殊 RREP 之后，源节点就会重启路由发现过程。

AODV 能够很好地避免路由环路且具有可扩展性。在 AODV 中，节点只存储需要的路由，因此减少了内存消耗与广播所带来的网络负载。同时，AODV 能够使网络中的活跃节点很快感知到链路中断，并重新建立路由。

5. ARAN

与 AODV 很相似，ARAN(authenticated routing for Ad Hoc networks)只是在路由查找、建立与维护的过程中加入了认证机制。ARAN 的主要目标是在没有预部署网络基础设施的管理开放场景中检测和防御来自恶意节点的攻击。

ARAN 使用预定的密码证书来实现认证，并保护消息完整性和不可否认性，因此 ARAN 需要使用一个可信公钥为所有授权节点所知的证书服务器。在加入车载网络之前，节点 A 需要从服务器获取一个证书，证书上面记录着 A 节点的 IP 地址、A 节点的公钥、证书创建的时间戳以及证书过期的时间 e。这些证书用来在交换路由消息时进行节点之间的身份认证。

当节点 A 想要发起路由查找时，它会广播一个用 A 的私钥签名的路由发现报文(route discovery packet，RDP)，报文中包含由 A 签名的目的节点 X 的 IP 地址、A 的证书、随机数 N 和时间戳。随机数与时间戳用来确认报文在有限时间内的有效性。在路由路径上，每一个节点负责验证前一个节点签名的有效性、去掉前一个节点的证书和签名并记录前一个节点的 IP 地址。然后，当前节点在原消息上签名，附上自己的证书并转发。

当 X 收到第一个 RDP 时，它在一个回复报文(reply packet，REP)签名并且沿相反路径单播 REP。REP 包括报文类型标识符、A 的 IP 地址、X 的证书、A 所发送的随机数和时间戳。同样地，路径上的每个节点像之前一样，验证前一个节点签名的有效性、去除前一个节点的证书和签名并在原消息上签上自己的名字，然后附上自己的证书并将数据包单播给路径上的下一个节点。当节点 A 收到 REP 时，它会验证目的节点的签名和返回来的随机数。

路径生命周期内一直没有数据包流动时，该路由路径就会从路由表中清除。当节点接收到来自不活跃路径中的数据时，会产生签名的报错信息（error message，ERR）沿相反路径向源节点传递。ERR 信息也可用来报告因为节点移动而造成的链路中断。同时，因为 ERR 信息是被签名的，因此它具有不可否认性。

与基本 AODV 相比，ARAN 能够预防许多攻击，如路由信息窃听和路由修改，同时重放攻击也能够被随机数和时间戳阻止。ARAN 在路由发现与路由维护方面性能良好，但会带来更大的负载和网络延迟，因为网络中的每个节点都要被签名。

6. SAODV

SAODV（secure Ad Hoc on-demand distance vector routing）为 AODV 提供安全认证机制，从而使得路由发现与路由维护过程具有完整性、可验证性与不可否认性。SAODV 假定每个节点具有非对称的签名密钥对，此外，每个节点能够安全地验证给定节点的地址和该节点的公共密钥之间的关联。

SAODV 使用两种机制来保护 AODV 路由请求与回复消息：用于认证不可变字段的数字签名机制以及用于保护跳数信息（AODV 消息中唯一的可变信息）的散列链。这是因为对于不可变信息，可以以点对点的方式执行认证，但可变信息则不能。

SAODV 以不同的方式保护路由错误消息，因为它们具有大量的可变信息。但实际上路由错误信息的价值只是通知其他节点该路由不再可用，而具体哪个节点导致链路故障并无实际意义。因此，尽管消息中有大量可变信息，每个节点仍可以简单使用数字签名来签署整个路由错误消息，而接收到消息的任何节点只需验证这个签名就可以保证路由错误消息的正确性与安全性。

7. DCMD

DCMD（detecting and correcting malicious data，检测和纠正恶意数据）是一种传感器驱动的机制，依赖于节点收集的共享传感器数据，允许每个节点处理传感器数据并检测或移除恶意信息。各个节点使用 VANET 模型来检查传感器数据的有效性。当出现不一致时，使用对抗模型来搜索数据不一致的解释，使用简约原则对解释进行排序，使用最佳解释来纠正攻击的后果。

DCMD 使用了信誉系统的一些思想，但是为了满足车载网络的要求，例如可扩展性与可移动性，节点信誉只作用于一小段时间间隔。

7.5　车载网络污染攻击

在传统 TCP/IP 网络中，拒绝服务攻击（denial of service，DoS）和分布式拒绝服务攻击（distributed denial of service，DDoS）是常见的网络攻击方式。由于内容中心网络的缓存特点,内容包会存储在网络中的各个节点上,内容中心网对这类攻击具有一定免疫功能。但在车载内容中心网络下,容易遭受到缓存污染攻击,从而降低内容中心网络的性能。本节我们将详细介绍车载内容中心网络下污染攻击的概念和原理,列举常见的抗污染攻击方法。

7.5.1 污染攻击概述

拒绝服务攻击和分布式拒绝服务攻击是常见的网络攻击方式。攻击者通过向某台目标服务器发送大量请求,致使目标服务器系统出现过载,从而停止响应无法为正常用户提供服务和资源访问。在内容中心网络下,内容会存储在网络中不同的节点上,导致传统的 DoS 攻击的请求不会被集中在一个节点,从而无法对节点造成威胁。缓存污染攻击的攻击行为与 DoS 类似,都是向网络中发送大量的请求,但是其攻击的目的不是让节点崩溃,而是针对于目标节点的缓存。攻击者通过向邻近的路由节点发送大量的非流行内容,导致节点缓存中流行内容的位置被非流行内容挤占,达到污染缓存的目的,降低了内容中心网络中路由节点的缓存效率。正常用户本可以就近获取的内容,现在只能从源内容服务器获取,增大了用户节点访问数据的时间,降低了用户的体验。

在攻击中,攻击者还可以选择与恶意内容服务器合作,通过请求大量恶意虚假内容营造出一大批假流行的无效内容并将无效内容加入到缓存中,从而占据节点缓存,使得伪造的内容大量充斥网络节点来达到降低缓存效率的目标。这种攻击方式还被称为缓存中毒攻击(cache poisoning attack),可以实现降低内容中心网络运行效率的目标。但是本文不考虑这样的情况。本文考虑的场景是:攻击者只能控制恶意用户节点(如图 7.6 所示),通过大量请求流行度很低但是网络中实际存在的内容,造成这部分低效数据长时间在节点进行缓存替换甚至长期占据节点中缓存,这种攻击方式称为缓存污染攻击(cache pollution attack,CPA)。缓存污染攻击同样可以降低节点的缓存效率缓存命中率,增加正常用户节点的访问时延,达到其攻击的目的。

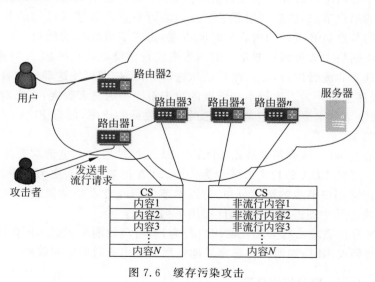

图 7.6 缓存污染攻击

根据恶意用户请求非流行内容的范围,可以将缓存污染攻击分为以下两种方式:

1) 分散攻击

分散攻击(locality disruption attack,LDA)是指攻击者通过请求大量不同种类的非流行内容,使得邻近网络节点的缓存被大量不同类型的低流行度内容占据,从而达到污染缓存的目的。

2) 集中攻击

集中攻击(false locality attack,FLA)是指攻击者通过大量请求某一范围内的低流行内容,营造一种假流行的假象,导致这部分非流行内容长时间滞留在缓存中,达到污染缓存和降低缓存效率的目标。

所以,可以看到不论是 FLA 还是 LDA,攻击者都是通过大量请求非流行内容的方式来达到目的的。正常用户的请求服从 Zipf 分布,即用户大量的请求集中于部分流行内容,而只有极少的请求分布于非流行内容。LDA 的攻击方式等于是平滑了 Zipf 分布,用户的请求近乎平均分布在了各类不同内容中,增大了非流行内容请求的概率。而 FLA 攻击是以某类内容作为攻击目标,即恶意用户的请求大量集中于部分非流行内容。

7.5.2 基于聚类的污染攻击检测和防御

缓存机制作为内容中心网最主要的特征,在大大提高内容中心网络的内容分发和共享能力的同时,也带来了新的网络安全问题。缓存污染攻击是一种针对网络缓存的攻击方式,主要是通过大量请求非流行内容的方式迫使节点存储低效内容,挤占缓存空间,降低流行内容存储比率和缓存时间,进而降低节点的缓存效率。本节首先介绍了一种基于局部密度的聚类算法 Density Peaks,进而提出了一种基于聚类的缓存污染攻击检测和防御机制。

1. 攻击模型

根据内容中心网络中缓存污染攻击的特点,本节对攻击模型进行了设计。假使攻击者可以控制恶意的用户节点,然后利用恶意节点向临近节点大量请求已知的非流行内容。这会使得网络中的节点被非流行的内容长时间占据,造成节点缓存的低效。在 LDA 攻击中,恶意节点通过向网络中大量请求非流行的内容来实现污染攻击;在 FLA 攻击中,攻击者只需要选择一小部分非流行内容,然后循环请求这部分内容,即可使这部分内容长时间驻留在缓存中,污染缓存空间。为了比较不同强度的攻击对网络的危害程度,本文对攻击进行了量化,用攻击强度 γ 表示恶意兴趣包请求占总的请求数目的比率,假设 FLA 攻击范围比例为所有内容数目的 10%。

在内容中心网络中,缓存污染攻击 LDA 与 FLA 都是通过大量请求非流行内容的方式来污染缓存的。虽然 LDA 的攻击方式更为分散,FLA 的攻击方式更为集中,但是两种攻击方式都改变了正常用户节点的请求分布,所以本节的研究重点是如何通过攻击的行为特点来检测到污染攻击并主动进行防御,因此提出下列问题:

(1) 如何区分污染攻击行为和正常用户行为,然后高效地检测到不同强度的攻击?

(2) 当检测到攻击时,如何标记恶意兴趣包然后做出有效的应对策略?

2. Density Peaks 聚类算法模型

下面介绍一种新型的基于密度的聚类算法 Density Peaks。这个算法是一个无监督学习的聚类算法,使用无标签的数据来对目标内容进行聚类。类簇是具有更高相似性元素的集合,本算法根据数据点的局部密度对边际节点接收到的兴趣包进行分类。该聚类算法主要分为聚类中心的计算与非聚类中心点的分类两个步骤。

1) 聚类中心点的计算

在计算聚类中心点之前,首先需要计算每个数据点的局部密度。

$$\rho_i = \sum_j \chi(d_{ij} - d_c) \tag{7-2}$$

$$\chi(x) = \begin{cases} 1, & x < 0 \\ 0, & x \geqslant 0 \end{cases} \tag{7-3}$$

其中,d_{ij} 是数据点 p_i 与数据点 p_j 之间的距离;d_c 是截断距离(本文按照论文中的推荐,将 d_c 设置为可以使数据点的平均邻居数目占所有数据点数目的比例为 2%)。

结合式(7-2)与式(7-3)可以看出 ρ_i 的值表示为 d_{ij} 小于 d_c 的节点数目,亦即表示一个节点的局部密度为与该节点的距离小于截断距离的邻居节点数目。

接下来介绍节点的另一个属性:节点的距离,即如果节点 p_i 具有最大的局部密度,那么节点 p_i 的距离公式定义为

$$\delta_i = \max_{j:\rho_j < \rho_i}(d_{ij}) \tag{7-4}$$

式(7-4)表示如果一个节点具有最大的局部密度,那么它的距离表示为它与其他所有节点距离的最大值;否则,其他非局部密度最大的节点的距离定义为

$$\delta_i = \min_{j:\rho_j > \rho_i}(d_{ij}) \tag{7-5}$$

式(7-5)表示非局部密度最大的节点的距离表示为其余比它局部密度值更大的节点之间距离的最小值。

然后,通过计算值 $\theta = \rho \times \delta$ 来获取聚类中心点,聚类中心点具有较大的 θ 值。

2) 非聚类中心点的分类

计算得到聚类中心点后,其他剩余节点将被分类到距离最近的聚类中心点。分类公式如下所示。

$$c_i = \begin{cases} k, & p_i \text{ 是第 } k \text{ 个簇中心} \\ c_j, & x_j \text{ 是 } x_i \text{ 的最近邻居} \end{cases} \tag{7-6}$$

其他非聚类中心点将与比它局部密度更大的距离最近的邻居节点分属于同一个聚类中,接着按照局部密度从大到小的顺序依次分类完成。

3. 污染攻击检测和防御机制设计

基于兴趣包的分布变化,利用聚类算法对兴趣包进行聚类,通过比较攻击发生前后聚类结果的异同来判断攻击的发生。

1) 检测和防御机制概述

基于聚类的缓存污染攻击检测与防御(detection and defense of cache pollution attack using clustering,DDCPC)机制旨在检测缓存污染攻击,然后立即启动防御措施来降低污染攻击造成的危害。DDCPC 主要包括两个模块(如图 7.7 所示):缓存污染攻击检测模块和缓存污染攻击防御模块。对于缓存污染攻击,不论是 FLA 还是 LDA 都会扭曲用户正常请求遵循的 Zipf 分布。当恶意节点发动 LDA 攻击时,攻击者通常以相同的概率请求所有内容,这使得请求内容的频率分布变得平坦。在 FLA 攻击下,恶意节点往往会选择一个非流

行的内容集合,大量请求集合中的非流行内容会锐化部分非流行内容的请求分布。DDCPC的工作原理概述如下。

(1)一旦收到兴趣包,路由节点将更新对应兴趣包的流行度表,并且对如下的兴趣包属性进行统计:周期内节点收到的兴趣包总数;对于某一相同内容的请求总数,两个连续相同请求之间的时间间隔。

(2)将基于相同内容的请求频率和两个相同兴趣包之间的请求平均时间间隔作为两个属性,周期性地对节点接收到的所有兴趣包进行聚类划分。

(3)根据聚类的结果,节点可以判断是否遭受到攻击,并且可以判断遭受到的是 LDA还是 FLA。

(4)一旦 LDA 或者是 FLA 被检测出来,节点会创建一个攻击表来记录可疑的恶意兴趣包,并且将攻击表传送给邻居节点。所有的节点在收到攻击表之后,对于接收到的包含在攻击表中的对应的数据包时,将不在节点中缓存数据包,从而达到保护节点缓存的目的。

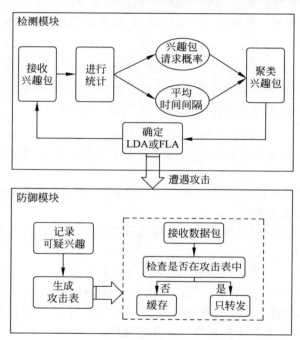

图 7.7　DDCPC 架构

2)缓存污染攻击检测机制

现在介绍检测模块,检测模块的主要目标是检测出 LDA 和 FLA。表 7.2 为该算法中符号的介绍。

定义 7.1　兴趣包请求概率(interest probability):它定义为在一个时间片内具有某一相同名称前缀的兴趣包的请求总数与所有兴趣包请求总数的比值。$p(c_i)$ 表示在时间片内请求数据包 c_i 的请求概率:

$$p(c_i) = n(c_i)/N \tag{7-7}$$

其中,c_i 表示内容对象 i;$n(c_i)$ 表示在一个时间片内请求数据包 i 的请求数量;N 表示在一个时间片内的兴趣包请求总数。

表 7.2 常用符号

符 号	描 述
p_i	第 i 个数据点
c_i	数据包 i
$p(c_i)$	数据包 i 的请求频率
$n(c_i)$	在一个时间片内请求数据包 i 的请求数量
N	内容总数
ε	检测时间片
ρ	最大时间间隔
$t_m(c_i)$	第 m 和第 $m+1$ 个兴趣包之间的时间间隔
$t(c_i)$	在一个时间片内对同一内容 c_i 的平均请求时间间隔
ω	转化率
ξ	阈值

定义 7.2 时间间隔(time interval)：它定义为在一个时间片内，对两个连续请求内容 c_i 的平均请求时间间隔。

$$t(c_i) = \begin{cases} \dfrac{\sum\limits_{m=1}^{n(c_i)} t_m(c_i)}{n(c_i)-1} & n(c_i) \geqslant 2 \\ \text{rand}(\rho,\varepsilon) & n(c_i)=1 \end{cases} \qquad (7\text{-}8)$$

其中，$t_m(c_i)$ 表示第 m 和第 $m+1$ 个兴趣包之间的时间间隔。

当在一个时间片内对于内容 c_i 的请求次数只有一次时，即认为该内容是不流行的，并且也无法直接计算出准确的时间间隔。为了便于对兴趣包进行聚类，我们为只有一次请求的数据包赋予了一个较大的时间间隔。为了区分在一个时间片内请求次数都为一次的兴趣包，我们为此类兴趣包的时间间隔赋予了一个的位于 ρ 与 ε 之间的随机值，其中 ρ 是其他兴趣包的最大时间间隔，ε 是时间片的大小。

在 DDCPC 中，检测 LDA 与 FLA 的算法步骤如表 7.3～表 7.5 所示。

表 7.3 兴趣包属性计算

输入：检测时间片 ε 和内容总数 N
输出：记录不同兴趣包请求频率的数组 m 与记录不同兴趣包请求时间间隔的数组 ψ

```
 1: for receive an interest for content i at t do
 2:     M[i]←M[i]+1
 3:     count←count+1
 4:     ψ[i]←ψ[i]+t-t₁
 5:     t₁=t
 6: end for
 7: for i=1→N do
 8:     m[i]←m[i]/count
 9:     if M[i]=1 then
10:         ψ[i]←rand(ρ,ε)
11:     else
12:         ψ[i]←ψ[i]/(M[i]-1)
13:     end if
14: end for
15: return m and ψ
```

表 7.4　聚类

输入：记录不同兴趣包请求频率的数组 m 与记录不同兴趣包请求时间间隔的数组 ψ

输出：聚类中心的数量 υ 与标记每个点所属分类的数组 υ_{mark}

```
1: for i = 1→N do
2:      for j = i + 1→N do
3:          ζ←m[i] - m[j]
4:          η←ψ[i] - ψ[j]
5:          ε[i][j]←√(ζ² + κ * η²)
6:      end for
7: end for
8: for i = 1→N do
9:      for j = 1→N do
10:         if ε[i][j]< dc &&i!= j then
11:             ρ[i]←ρ[i] + 1
12:         end if
13:     end for
14: end for
15: for i = 1→N do
16:     if ρ[i] equals the max value of ρ then
17:         ρ[i] equals the max distance between i and other points
18:     else
19:         δ[i] equals the minimus distance i and other points with larger ρ
20:     end if
21: end for
22: for i = 1→N do
23:     if i is cluster center then
24:         υ←υ + 1
25:         υmark[i]←υ
26:     else
27:         υmark[i] equals the cluster mark of its nearest neighbor with larger ρ
28:     end if
29: end for
30: return υ and υmark
```

在表 7.3 所示的算法中，第 1～6 行，首先计算所有兴趣包的请求次数、对内容 c_i 兴趣包的请求次数和在一个时间片内对同一内容 c_i 的请求时间间隔。其中 M 是一个数组，用来保存对内容 c_i 的兴趣包请求次数，t_1 是最近一个请求内容 c_i 的兴趣包的请求时间。第 7～14 行，每个路由器节点计算兴趣包请求概率（interest probability）与时间间隔（time interval）。

在表 7.4 所示的聚类算法中，第 1～7 行计算所有数据点的欧几里得距离 ε 和权重系数 κ，第 8～21 行计算每个数据点的局部密度 ρ 和距离 δ，第 22～29 行根据局部密度和距离属性对所有数据点进行聚类，其中 υ 表示聚类中心的数量，υ_{mark} 用来标记每个数据点所归属的分类。

表 7.5 污染攻击检测

输入：聚类中心的数量 υ，标记每个点所属分类的数组 υ_{mark}，数据点的总数 N，上一周期流行类中数据点的个数 τ 和转化率 ω

输出：判定结果 decision

```
1:if υ = 1 then
2:      decision = LDA
3:else
4:      for i = 1→N do
5:          if υmark[i] = 1 then
6:              φ←φ + 1
7:          else
8:              φ←φ + 1
9:          end if
10:     end for
11:     ω←|φ - τ|/τ
12:     if ω≤ξ then
13:         decision←No Attack
14:     else
15:         decision←FLA
16:     end if
17:end if
18:return decision
```

表 7.5 展示的是检测算法依据聚类结果来检测污染攻击 LDA 或者 FLA 的发生。正如本文之前讨论的，如果两个聚类聚合成为一个类，表明发生了 LDA(算法 1～2 行)；如果有大量非流行类中的数据点突然转移到了流行类，则表明了发生了 FLA(算法 4～11 行)。为了计算从非流行类数据点转移到流行类数据点的比率，本文定义转化率 ω 为

$$\omega = \frac{n_t}{\tau} \tag{7-9}$$

其中，τ 表示流行类中的数据点的个数；n_t 表示从非流行类转移到流行类的数据点的数量。

当遭遇到 FLA 时，ω 将突然变大，因为定义转化率的阈值为

$$\xi = \lambda \frac{\sum_{i=1}^{N} \omega_i}{N} \tag{7-10}$$

其中，N 是时间片的个数；ω_i 表示第 i 个时间片的转化率；$\dfrac{\sum_{i=1}^{N} \omega_i}{N}$ 表示转化率的平均值；λ 是一个调节参数，用来调节阈值。当没有发生攻击时，ω_i 的变化会比较小，通过设置调节参数可以降低误检率。

3）缓存污染攻击防御机制

(1) 预热周期兴趣包聚类。

在预热周期中，网络中的所有用户都是合法用户，其兴趣包请求分布符合 Zipf 分布。按照上文中介绍的聚类算法，计算兴趣包的请求概率与时间间隔并对其进行分类。如图 7.8(a)所示，具有较高请求概率的兴趣包类被标记为流行类，而具有较低请求概率的兴趣包类被标记

为非流行类。

（2）防御机制。

一旦在攻击的周期中检测到 LDA 或者 FLA，防御机制将被激活。缓存污染攻击的目标是让路由器节点缓存大量非流行内容，而不是流行内容；防御机制则是防止恶意内容被缓存。为此，我们通过生成一个攻击表来记录恶意兴趣包，对应的内容将不会被缓存到节点的 CS 中。在 DDCPC 中，使用下列步骤来保护网络的节点缓存。

① 通常情况下，如图 7.8（b）所示，集群会被分为流行的类和非流行的类。遭到 LDA 攻击时，兴趣包的分布会变平坦，非流行的类和流行的类会融合在一起。我们将上一个时间片内非流行类中兴趣包的名字加入到攻击表中。

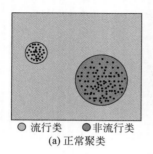 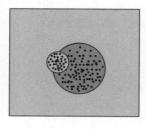 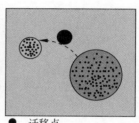

○ 流行类　● 非流行类
(a) 正常聚类　　　　　　　(b) LDA下的聚类　　　　● 迁移点
　　　　　　　　　　　　　　　　　　　　　　　(c) FLA下的聚类

图 7.8　不同场景下的聚类

② 遭受到 FLA 攻击时，攻击者会选择一小部分非流行内容进行大量请求。如图 7.8（c）所示，非流行类中的数据点转移到了流行类中。我们将转移的兴趣包的名字加入到攻击表中。

在设计防御措施时，不能简单地采用抛弃兴趣包的策略，因为考虑到可能存在大量用户突然对一些非流行的内容数据感兴趣的特殊情况。因此，我们的解决方案是转发所有的兴趣包，但是禁止缓存与异常兴趣包对应的内容包。在这种情况下，无论兴趣包是不是可疑的，每个兴趣包都将被转发，数据包也可以正常被回复以满足特殊用户的需求。

7.6　时间攻击

7.6.1　时间攻击概述

虽然命名数据网络（named data networking，NDN）路由器可通过缓存热门内容来降低整体延迟，提高带宽利用率，但内容缓存很容易导致隐私攻击。其中一种叫作时间攻击，是指攻击者通过时间攻击来推测出缓存内容对应的真正请求者。为了实现该目的，攻击者需要进行以下步骤：

1）判断内容是否在缓存中

攻击者使用不同路由器缓存内容的往返时延差来判断内容是否在缓存中。如图 7.9 所示，攻击者首先请求感兴趣的内容 C，记录往返时延 T_1；再请求其他内容两次，记录第二次的往返时延 T_2。如果 T_1 约等于 T_2，就可以推断出周围有用户请求过内容 C。

2）利用背景知识推测内容对应的请求者

判断内容是否在缓存中以后，攻击者可以利用背景知识来推测真正的请求者。比如，如

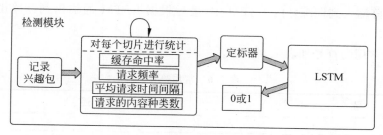

图 7.9　DTAL 框架

果在一个咖啡店里只存在一位攻击者和一位正常用户,那么攻击者可以判断这位用户是否请求了某些敏感内容。又比如,攻击者知道 Bob 是周围用户中唯一一位外国人,那么路由器中存在的国外内容有很大概率是 Bob 请求的。

在命名数据网络中,路由器会收到来自很多用户的兴趣包。因为攻击者发动时间攻击也只是在发送正常的兴趣包,从兴趣包上来看与其他正常的消费者并无区别,所以识别时间攻击是困难的。与传统的 IP 网络不同,命名数据网络中存在兴趣包的过滤,即当 PIT 表中存在对应兴趣包的记录时,路由器将不再转发之后的兴趣包,所以给每个用户发出的兴趣包添加独一无二的标识也是不可取的,只能通过分析所有的兴趣包来判断是否包含时间攻击。

在相关研究工作中,研究者提出了一些能反映时间攻击的特征值,例如缓存命中率、请求频率等,但是这些特征值会随着时间窗口取值的不同而不同,如何取一个适当的时间窗口大小也是需要考虑的。其次,不同特征值的取值范围存在很大的差异,例如缓存命中率的取值范围为 0～1,而请求频率可能是成百上千,因此如何给不同的特征值添加适当的权重也是值得考虑的。

(1) 如何设置时间窗口的大小?

(2) 如何给不同的特征值添加适当的权重?

下面主要从这两方面对上述提出的检测机制进行设计。

7.6.2　基于 LSTM 的时间攻击检测机制

本节设计了一个基于长短期记忆网络(long short-term memory,LSTM)的时间攻击检测机制(以下简称 DTAL)来检测流量中是否包含时间攻击。

1. 检测机制概述

为了成功地发起时间攻击,攻击者必须发送合法的请求,并通过分析相应的往返时延(round trip time,RTT)来判断相应的内容是否已经缓存在路由器中。然而,由于攻击者与正常消费者之间的行为相似,因此要成功检测到时间攻击是非常困难的。为了应对这一挑战,本文提出了基于 LSTM 的时间攻击检测方案 DTAL,如图 7.9 所示。为了检测异常行为,我们收集了所有兴趣数据包的一些统计数据:请求的内容名称、每个兴趣数据包来自哪里的接口、每个兴趣数据包的到达时间、每个时间窗口中对应的缓存命中率,以此为基础生成四个特征,分别是缓存命中率、请求频率、平均请求时间间隔和请求的内容种类数。

为了从流量中提取更丰富的特征,DTAL 将一个固定的时间窗口分成多个较小的切片,再依次从每个切片中抽取上述四个特征组成特征向量,然后将所有切片产生的包含四个特征的向量矩阵输入到训练好的 LSTM 中,最后根据 LSTM 的输出判断路由器是否受到时间攻击。

DTAL 中常用的符号如表 7.6 所示。

表 7.6　常用符号

符　　号	描　　述
t_i	第 i 个时间片
F_n	第 n 个接口
$\psi(t_i, F_n)$	保存在第 i 个时间片中的来自第 n 个接口的兴趣包
$\psi(t_i, F_n)[j]$	$\psi(t_i, F_n)$ 中的第 j 个兴趣包
$\zeta\{\psi(t_i, F_n)[j]\}$	缓存命中函数。如果缓存命中返回 1,否则返回 0
$h(t_i, F_n)$	缓存命中率
$\xi\{\psi(t_i, F_n)[j]\}$	第 j 个兴趣包的到达时间
$t(t_i, F_n)$	平均请求时间间隔
$\gamma[\psi(t_i, F_n)]$	由 $\psi(t_i, F_n)$ 组成的集合
$\|\psi(t_i, F_n)\|$	$\psi(t_i, F_n)$ 的大小
$f(t_i, F_n)$	请求频率
$c(t_i, F_n)$	请求内容的种类数

该检测方案的创新点如下:

(1) 为了更准确地检测时间攻击,统计多个与时间攻击相关的值来作为流量的特征;并创新性地将一个时间窗口分成多个小的时间窗口,然后从这些小的时间窗口中提取流量的特征,从而获得更准确的关于流量的特征。

(2) 利用深度学习模型 LSTM,根据缓存命中率、平均请求间隔、请求频率、请求内容类型数量等特征值检测时间攻击,获得非线性分类效果和更高的分类精度。

2. 抽取时间攻击特征

1) 时间攻击的四个特征

本节首先给出四个特征的定义。

(1) 缓存命中率。

缓存命中率(cache hit ratio,CHR)定义为缓存命中数与接收兴趣总数的比值。时间攻击需要推断内容是否已经被缓存。由于攻击者需要重复请求相同的内容,频繁的攻击会导致被害路由器的命中率较高。缓存命中率的公式定义如下。

$$h(t_i, F_n) = \frac{\sum_{j=1}^{|\psi(t_i, F_n)|} \zeta(\psi(t_i, F_n)[j])}{|\psi(t_i, F_n)|} \tag{7-11}$$

其中,$\psi(t_i, F_n)$ 中代表一个数组,用于存储第 i 个时间片中来自第 n 个接口的兴趣包;$|\psi(t_i, F_n)|$ 代表接收到的兴趣包数量;$\xi\{\psi(t_i, F_n)[j]\}$ 是一个函数,如果缓存命中返回 1,否则返回 0。

(2) 平均请求时间间隔。

平均请求时间间隔(average request interval,ARI)表示同一接口在某时间片内的平均

请求到达时间间隔。越频繁的请求会导致越短的平均请求时间间隔,其公式定义如下:

$$t(t_i,F_n)=\frac{\sum_{j=2}^{|\psi(t_i,F_n)|}(\xi\{\psi(t_i,F_n)[j]\}-\xi\{\psi(t_i,F_n)[j-1]\})}{|\psi(t_i,F_n)|-1} \qquad (7\text{-}12)$$

其中 $\xi\{\psi(t_i,F_n)[j]\}$ 代表第 j 个兴趣包的到达时间。

（3）请求频率。

请求频率(request frequency,RF)表示在一个时间片中来自同一接口的请求数,这个指标经常被用于检测时间攻击。此外,为了消除网络波动的干扰,获得准确的 RTT,重复请求和递归尝试是时间攻击中常用的手段。它的公式定义如下:

$$f(t_i,F_n)=|\psi(t_i,F_n)| \qquad (7\text{-}13)$$

（4）请求内容的种类数。

请求内容的种类数(number of types of requested contents,NTRC)表示同一接口在一个时间片中被请求的内容的种类数。在发起时间攻击时,攻击者请求内容种类较少的概率较高,因为路由器的缓存空间是有限的,如果攻击者发动攻击时请求了很多不同种类的内容,容易导致攻击者感兴趣的内容被其他内容替换掉。为此,我们选择请求内容的种类数量作为时间攻击的最后一个特征,它的公式定义如下:

$$c(t_i,F_n)=|\gamma[\psi(t_i,F_n)]| \qquad (7\text{-}14)$$

其中,$\gamma[\psi(t_i,F_n)]$ 代表来自第 i 个时间片中第 n 个接口的兴趣包的集合;$|\cdot|$ 表示集合的大小。

2) 生成特征值

下面介绍如何生成这些特征值。

我们从接收到的兴趣包中提取特征,并生成特征向量。首先,将所有兴趣包记录下来,在 α 秒的时间窗口中生成表 7.7。然后根据接口号对表 7.7 中的兴趣包进行分类。为了实现精确的统计,DTAL 将 α 秒的时间窗口划分为 β 个时间片,并对每个时间片进行统计。最后生成一个向量,包括每个切片的缓存命中率、平均请求间隔、请求频率、请求内容类型数量等,并对 β 时间切片生成向量矩阵,如式(7-15)所示。

表 7.7　兴趣包信息表

到 达 时 间	内 容 名 字	是否缓存命中	接口 ID
0.080 713	/domain1. com/files/movie. mp4/v2/s1	No	1
0.081 746	/domain1. com/files/movie. mp4/v2/s2	No	1
...	...	...	...
0.181 244	/domain5. com/pictures/pic6. jpg/s10	Yes	5
0.182 244	/domain5. com/pictures/pic6. jpg/s11	Yes	5
...	...	...	...

$$\begin{bmatrix} CHR_1 & ARI_1 & RF_1 & NTRC_1 \\ CHR_2 & ARI_2 & RF_2 & NTRC_2 \\ \vdots & \vdots & \vdots & \vdots \\ CHR_{\beta-1} & ARI_{\beta-1} & RF_{\beta-1} & NTRC_{\beta-1} \\ CHR_\beta & ARI_\beta & RF_\beta & NTRC_\beta \end{bmatrix} \qquad (7\text{-}15)$$

其中,第 i 行代表从第 i 个时间片中提取的特征向量,该向量包含的四个值分别是缓存命中率、平均请求时间间隔、请求频率和请求内容的种类数。并且该特征向量组成的矩阵一共包含 β 个特征向量,这是由于 DTAL 将时间片分割为了 β 个小的时间片。

3. 基于 LSTM 进行时间攻击检测

在该模块中,DTAL 采用 LSTM 模型来判断在 α 秒的时间窗口中,路由器是否受到时间攻击。为了实现分类效果,在 LSTM 最后的输出部分添加了一个分类层,如图 7.10 所示。

输入层
全连接层 预测分类
图 7.10 分类层

LSTM 经过 β 次循环,将所有时间片内的特征向量计算完毕后的最终输出会通过这个分类层最后输出 P_1 和 P_2,分别代表检测到攻击的概率和未检测到攻击的概率。该分类层的工作方式如式(7-16)所示。

$$z_i = s(w_i \cdot x + b_i) \tag{7-16}$$

其中,w_i 代表分类层的权重;x 是 LSTM 的最终输出;$s(\ )$ 代表 softmax 函数,该函数如式(7-17)所示。

$$S_i = \frac{e^{V_i}}{\sum\limits_i^{C} e^{V_i}} \tag{7-17}$$

其中,V_i 代表分类器之前的输出单元的输出,即上文中的 z_i;i 代表第 i 个类别;C 是总的类别数量。所以通过该函数可以将 z_i 归一化到 $0\sim1$,得到各个类别所占的概率,在本文中代表检测到攻击的概率和未检测到攻击的概率。

虽然,在抽取时间攻击特征的模块中,将路由器收到的流量抽象为 $\beta*4$ 的矩阵,其中矩阵的每一行代表一个时间片内从路由器流量中抽取到的特征向量。但矩阵中不同的特征值有不同的值域。例如,缓存命中率的值域为 $0\sim1$,但请求频率可能是几百或几千的值。请求频率会因为其值较大而在 LSTM 所用的学习算法中占主导地位,可能会影响其他特征的学习。但是常见的归一化方法,例如 StandardScaler 和 MinMaxScaler 等,无法很好地应对这个问题。因此,本文设计了一种新的归一化方法,将不同域中的值归一化为 $-1\sim1$。具体的公式如下:

$$\text{Scal}_i = \frac{f_i - \text{Ave}_i}{\max(f_i \text{Ave}_i)} \tag{7-18}$$

其中,Scal_i 代表第 i 个归一化特征;f_i 代表第 i 个原始特征;Ave_i 代表在正常情况下第 i 个特征的平均值。

然后,将归一化特征矩阵输入到训练好的 LSTM 模型中去检测路由器是否受到时间攻击。

7.7 本章小结

车载自组网 VANET 是一种特殊类型的移动自组网,它包含了若干固定的基础设施和车辆。VANET 的移动性导致了网络中节点的连接都是短暂的、间歇的,传统的以 TCP/IP

架构为基础的 VANET 在内容获取、内容分发方面显得力不从心。内容中心网络的出现为 VANET 提供了新的解决思路。内容中心网络能够将内容与地址解耦,将传统的端到端为中心的通信模式转变为以内容为中心的通信模式,内容不再以 IP 地址路由,而是使用名字来路由,使端到端数据传输不必一直保持链路连通,极大提高了网络对移动性的支持。本章主要针对车载自组网和车载内容安全问题进行了相关阐述,从路由攻击、污染攻击、时间攻击三个角度进行阐述。

思考题

1. 车载网络的特点是什么?
2. 车载网络面临的安全威胁有哪些?
3. 污染攻击的原理是什么?
4. 时间攻击的原理是什么?
5. 内容中心网络特点是什么?

参 考 文 献

[1] 王宇骐.车载内容中心网络下预测缓存机制的研究[D].大连:大连理工大学,2019.
[2] 江滨耀.命名数据网络中时间攻击检测与防御机制研究[D].大连:大连理工大学,2020.
[3] 范振桢.内容中心网络安全缓存机制研究[D].大连:大连理工大学,2020.

第 8 章 社交网络安全

随着无线网络与通信技术的发展,一大批社交软件如雨后春笋般产生并广泛应用,极大地改变了人们的生活与交友方式。社交网络以人们真实的关系为基础,结合不同人的兴趣爱好,意图将现实中人们的社交关系映射到虚拟网络中,以降低人们社交的成本,提高信息通信与分享的效率。

作为社会网络的一种,社交网络依赖于网络中的节点进行数据的接收与路由,同时由于社交网络的公开性,用户的隐私数据直接暴露于互联网中,社交网络具有保密性、完整性、可用性、可控性、可审查性和可保护性等安全目标。因此,社交网络安全的两大研究方向为安全路由与隐私保护。

本章介绍了社交网络的发展历程与基本特点,提出了社交网络的安全目标,并从安全路由与隐私保护两方面对社交网络安全的研究进展做了详细介绍。

8.1 社交网络概述

近年来,随着网络技术的发展,无线网络、5G 数据通信网络进入了部署与应用的环节。由手机、PAD 等移动网络设备构成的社交网络被广泛应用,极大地改变了人们的生活方式。

社交网络产生于最初的网络社交思想,起步于最初的 E-mail,之后出现的 BBS 论坛让人们可以向所有人发布消息、建立话题并进行讨论。后来,即时通信提高了交流的即时性和并行性,博客的出现增强了网络中节点的个体意识,让每个人的形象更加饱满丰富,融入了社会心理学与工程心理学的应用与调节。当人的主体性与个性在网络中得以充分体现时,社交网络便逐渐成形。

社交网络的出现极大地改变了人们的交流模式与商业模式,它的出现就是为了降低人们社交的成本,提高人们管理信息的能力,以实现现实社交的低成本替代。社交网络利用人们提供的个人信息与人际关系连接不同用户,用户在网络上可以互相了解、寻找同伴、即时通信,并实时分享多媒体数据,缩小了人们之间的距离,因此得到越来越广泛的应用。

但社交网站用户也面临着安全威胁。据调查,社交网站用户很容易遭遇身份信息被盗、密码被盗、恶意软件感染与钓鱼欺诈等安全攻击。

本节内容从网络安全的角度来认识社交网络,介绍社交网络的特点、安全性研究及其安全目标。

8.1.1　社交网络的特点

1. 社交网络的发展阶段

"社交网络是由有限的一组或者几组行动者及限定他们的关系所组成"。以人们现实的人际关系为基础建立的基于互联网平台的虚拟社交世界,包含各类硬件、软件、服务与应用。社交网络的发展经历了如下五个阶段。

(1)早期概念化阶段——以著名的六度分隔理论的提出为标志。

(2)结交陌生人阶段——以 Friendster 为代表,帮助人们在全球范围内交友并保持联系。

(3)娱乐化阶段——以 MySpace 为代表,集交友、即时通信、个人分享多功能为一体,创造了多样的多媒体个性化空间。

(4)社交图阶段——以 Facebook 为标志,复制现实人际关系网络,实现线上社交信息的低成本管理。

(5)云社交阶段——现在的社交网络正处于云社交阶段,整合大量的社会资源,向用户提供按需服务。

社交网络的发展历程就是不断地完善现实中人际社交关系与虚拟网络的映射,拓展人们的社交圈,缩小人们之间的距离,以降低人们社交的成本,提高信息通信的效率。

这里我们要注意,社交网络是对现实中人际关系网的拓展,其中的用户都是以真实身份进行交友、信息分享的,因此对每个个体来说,只有一个社交网络。而与其相关的另一个概念——在线社区——意义却大不相同。在线社区是由在现实中可能并没有直接关系的人所建立,他们因同样的志趣而相聚,进行资源的分享,每个人可能都会有多个兴趣爱好。所以对于每个个体来说,可以有多个在线社区。

2. 社交网络的特点

社交网络具有如下特点:

(1)节点移动性较强,社交网络中的数据在同属于一个社区的用户之间产生,通过节点的移动而传播。

(2)数据的分发方式是"存储-携带-转发",端到端的延迟较大。

(3)由于没有端到端的连接,数据的传递与转发依赖于用户之间的信任关系。

(4)与传统的无线网络相同,社交网络的能量和物理空间也是有限的。

社交网络是一种机会网络,不需要源节点和目标节点之间存在完整路径,利用节点移动带来的相遇机会实现网络通信。同时,由于机会网络中数据分发方式为"存储-携带-转发",每个移动节点既起到数据接收终端的作用,又要起到路由作用。此外,由于移动节点传递的资源有限,必须采用激励机制来鼓励自私节点参与资源分享,刺激节点之间的合作。

8.1.2　社交网络安全综述

社交网络的安全性研究一直是近些年学界的研究焦点。由于社交网络的机会性以及

"存储—携带—转发"的数据分发方式，节点通过移动带来的相遇机会实现网络通信，每个移动节点既作为数据接收终端，又需要起到路由作用，因此社交网络的路由安全对于保证社交网络中信息的完整性与保密性有重要意义。同时，由于在社交网络中用户个人信息暴露在整个网络中，隐私保护也是保障社交网络安全的重要内容。因此，社交网络安全主要围绕安全路由与隐私保护两方面展开研究。

如今，社交网络面临的安全威胁可以粗略分为传统型与非传统型两种。传统型安全威胁是指系统的业务功能失常，无法提供服务，是一种基于系统设计的缺陷而产生的威胁；非传统型安全威胁是指打破系统正常的秩序，非法利用系统特性，破坏系统的服务质量，是一种基于系统的正常功能而产生的威胁。社交网络面临的安全威胁具体有如下六类：

1. 社交网站攻击

社交网站攻击属于传统安全威胁，利用社交网站设计的缺陷而对系统安全、用户隐私造成破坏，主要有 SQL 注入、XSS、CSRF 三类。SQL 注入作用于使用拼接字符串来构造动态 SQL 语句的 Web 应用中，是一种很老的方法。由于现在的网络应用大多使用参数化查询的方式，SQL 注入已经基本不再使用。XSS（跨站脚本）是一种注入攻击，它不对服务器造成伤害，而是通过在网站正常的交互途径中运行恶意脚本对用户进行伤害。若服务器没有将这些注入的脚本过滤，用户在运行正常功能时，就会无意中触发并运行这些脚本，从而被攻击。跨站请求伪造（cross-site request forgery，CSRF）是一种跨站攻击，通过截取用户的 Cookie 伪造请求，冒充用户登录主页并在网站内进行非法操作。目前，CSRF 的最好实现方式是通过 XSS，即让用户自己在无意中发起自己未知的请求，省去了盗取 Cookie。

2. 钓鱼攻击

社交网络是基于真实社交关系的网络交流平台，真实的朋友、亲人、同学、同事之间构成多种多样的联系，建立信任关系。攻击者通过骗取用户的信任，诱使用户访问虚假的网银网站或其他重要网站，从而盗取用户的账号、密码及其他隐私信息，实施网络欺诈、窃取用户资产。在社交网络中，由于信息的公开性，钓鱼者很容易获取社交网络用户的个人信息，从而假冒该用户，向其好友发送钓鱼网站的链接。由于用户之间信任关系的存在，被假冒者的好友很容易上当，从而成为受害者。社交关系网络使得钓鱼攻击能够进行大范围传播，已成为社交网络的主要安全威胁。

3. 账号攻击

账号攻击是指攻击者通过一定手段截取用户的用户名与密码，使用用户的合法账号进行恶意信息的发送或者对用户的亲友进行敲诈勒索。账号攻击的一个手段就是暴力破解，类似于传统网络安全中对密钥进行的暴力破解，攻击者获取关于用户的部分信息，然后将这部分信息进行组合并尝试所有可能的密码，直至破解成功。

4. 虚假账号

虚假账号即攻击者创建的冒用他人身份的账号。攻击者通过创建虚假账号骗取他人的信任，从而对用户进行欺骗、敲诈或者其他伤害。虚假账号的存在是社交网络验证机制的不完善引起的,用户仅通过网站上的交流并不能辨认对方的真实身份,因此攻击者有机可乘,利用用户的信任对用户造成伤害。

5. 垃圾信息

社交网络的飞速发展与网络覆盖面的扩展与垃圾信息密不可分,这些垃圾信息以垃圾邮件为主,其中包含广告与恶意代码并能够通过好友列表传播。垃圾信息数量庞大,会加重网络负荷,降低网络性能,严重时将导致网络系统瘫痪,带来巨大的损失。

6. 隐私攻击

在社交网络中,用户会在自己的个人主页上公布自己的隐私信息,从而造成一定程度的隐私泄露。攻击者能够简单地通过访问用户的个人主页,获取其中的文字与图片信息,对用户进行定位和追踪,分析用户的行为特点,从而实施网络诈骗。

由上可知,社交网络中的安全威胁主要是由攻击者利用社交网站的漏洞并借助社交关系网所施行的大规模网络攻击,其中以网络诈骗为主要形式。攻击者利用用户自己公布的个人信息仿冒用户身份,对其社交网络中的用户进行诈骗,从而造成不可预知的后果。由于社交网络中的行为主体之间会进行真实信息的交流,个人信息也会暴露在网络上,社交网络中的安全威胁危害很大,用户应该提高社交网络安全意识,预防可能出现的网络攻击。

对于传统的安全威胁,我们应该加强网络的监控,制定严格的安全规范并严格实施;对于非传统的安全威胁,我们应该给出严格定义,对系统的正常业务与非正常业务进行区分,并按照业务对攻击行为进行布控,通过统计学方法与机器学习理论,对监控到的攻击链条进行分析,对攻击进行多点打击。

8.1.3　社交网络的安全目标

社交网络扩展了用户的社交圈,方便了用户获取自己感兴趣的即时信息,同时也发挥了用户在网络中的主体性与个性。用户的信息越完善,越有可能帮助其找到对自己最有价值的信息,但另一方面也会暴露自己的个人信息,受到恶意攻击者的关注。因此,社交网络安全以保密性、完整性、可用性、可控性、可审查性和可保护性为目标。

1. 保密性

保密性是指信息不能泄露给未授权的用户、设备或过程,或不能为未授权用户、设备或过程所利用。对于社交网络中的用户来说,社交网络中最重要的信息就是个人的隐私数据。个人信息的非法盗用以及不当使用会给自己的生活带来未知的后果,所以,社交网络的首要安全目标就是维护个人信息的保密性。

2. 完整性

完整性是指信息未经授权不能被篡改,即信息在存储或传输的过程中保持不被破坏、不被篡改和丢弃。社交网络中信息的完整性实质上就是为了维护虚拟与现实人际关系的一致性。

3．可用性

可用性是指合法的用户能够按照自己的需求访问网络中的资源。社交网络必须保证所有合法用户的访问需要，不能拒绝用户的请求。

4．可控性

可控性是指用户对于自己发布的信息的内容及流向都具有控制力，即用户是可以操控自己主页的数据的，也可以对自己主页的权限进行设置。

5．可审查性

可审查性是指网络中发布的信息都应当具有可审查性，即出现安全问题时，用户不能否认自己的不当行为，从而为之后的责任追究提供证据。

6．可保护性

可保护性是指社交网络应当对信息以及用户的软硬件系统给予适当保护，使用防火墙、安全网关、安全路由、系统脆弱性扫描软件以及黑客入侵检测等方法来防止信息被破坏或者用户的设备遭到损伤。

8.2　社交网络路由安全

与任何一种无线网络相同，社交网络应该首先保证数据的安全路由，保证信息从源节点无误地传输到目标节点，减少丢包率并保证数据的完整性。数据包验证指的是在机会网络的多跳数据转发过程中，对数据包进行身份验证和约束，是安全路由的一个重要部分。但传统的数据包验证机制，比如公共密钥数字签名机制，计算复杂度较大，带宽和存储资源消耗巨大，不适用于能量有限的社交网络。

因此实现社交网络中的安全路由一直是学术界研究的热点。目前，最常见的路由方式是传染路由，但该虽然方法在一定程度上保证了数据包的转发成功率，却为网络增加了负担。基于上下文的路由算法弥补了这一不足。该算法根据用户所具有的属性进行路由，在保证数据包转发成功率的基础上降低了数据包开销。但这些路由算法都假设网络中的节点是无私的，即自愿为其他节点转发数据包。然而在实际情况中，节点会存在一定的自私行为，保护自身的资源而不愿意转发，甚至有些恶意节点会监听、篡改、伪造非法数据在网络中进行传播。随着自私节点与恶意节点数量的增加，网络的性能显著下降，因此社交网络需要建立可靠的信任模型来识别自私节点与恶意节点，将数据包转发给那些会按照合法规则处理数据包的可信任节点。

由于社交网络本身的特殊性，一些现有的传统信任模型不能很好地应用到社交网络中。比如，社交网络拓扑结构变化较大，因此无法通过可信第三方或者建立端到端的连接来实现信任的判断；用户与用户之间关联性较大，而传统的信任模型没有利用这一特性；用户移动性较大，无法通过预先计算信任值选定路由路径。

本节首先介绍基于上下文的路由算法，再引入一种适于社交网络的信任模型。

8.2.1　安全路由算法概述

我们知道,在社交网络中,数据的转发方式为"存储-携带-转发",每个节点既作为数据接收终端,又能起到路由作用。特殊的数据转发方式决定了社交网络具有一定间歇性,具有机会网络与容迟网络的一些特点,比如节点具有高移动性、缺乏端到端的连接、节点的能量资源有限、网络延迟大等特点。社交网络的这些特性决定了它的安全路由算法有别于传统网络的安全路由算法。

1. 路由分类

如今,社交网络这种具有容迟网络特点的网络的路由算法可以大致分为传染路由(epidemic routing)、传统路由(traditional routing)、上下文路由(context-based routing)和机会路由(opportunistic routing)四类。

1) 传染路由

传染路由是应用最为广泛的一种路由机制,其基本原理是中间节点会将所有的数据包都转发给所有的相遇节点,其优点是只要源节点和目的节点之间存在路径,就能保证数据包的成功转发。但是传染路由会造成网络中大量冗余数据的存在,导致网络拥塞。一种改进的方式是根据节点相遇的概率进行转发,可有效地减少数据冗余。

2) 传统路由

传统路由即与传统网络中的路由相同,根据路由表项为数据包进行路由路径的选择。目前基于传统路由算法的信任模型较多,比如第 7 章中提到的基于 DSR 的信任模型 CONFIDANT 等。但是在社交网络中缺乏端到端的连接,因此无法满足传统路由算法的应用要求。

3) 上下文路由

相比于传染路由,上下文路由算法中节点不会向所有相遇的节点转发数据包,而是根据上下文信息与节点之间存在的属性关联来选择属性匹配度更高的节点进行转发。上下文信息的选择方法是根据具体的路由算法变化的。

4) 机会路由

机会路由是一种新型的路由算法,其核心在于监听和合作。机会路由利用了在无线网络中节点可以监听到其周围节点发送信息的特性,首先节点将数据广播给其通信范围内的所有节点,然后利用节点间的合作机制,选择一部分节点接收数据进行服务。

2. 上下文路由

1) 概述

本节详细介绍如今已经比较成熟的基于上下文信息的路由机制,它利用节点之间的属性关联对数据包进行路由,有效地减少了网络负载,并且充分利用了社交网络的特性。

基于上下文信息路由协议的基本思想是:节点之间相同的属性越多,相遇的概率越大,就像在同一所学校中的两名同学相遇的概率比较大。在这类路由协议中,中间节点是否存储与转发数据包,取决于该节点与数据包头部中属性的匹配程度。

假设一个网络中包含 n 个节点，每个节点的上下文是由一系列的属性 $A_{i,j}$ 定义的，每个属性 $A_{i,j}$ 都由属性名和属性值 $<N_{i,j},A_{i,j}>$ 组成。$N_{i,j}$ 是节点共享的公共属性的名称，不同节点属性值可能不同。最后一个节点的属性是所有属性的连接。

$$\text{ProfA}(i)=A_{i,1}\parallel A_{i,2}\parallel\cdots\parallel A_{i,j} \tag{8-1}$$

其中，所有的节点都有同样的属性类型，但是具体的属性值可能是不同的。

节点发送数据包的时候，数据包头部的 payload 字段包含的就是已知目的节点的属性信息（如工作单位、邮箱、职业等）。中间节点在接收到数据包的时候，会将数据包头部的属性信息与自己的属性信息进行匹配，并根据匹配的属性占所有属性的比例确定一个匹配值 M，依照匹配值确定自己是否是目的节点，做出转发数据包或者丢弃数据包的决定。当匹配值为 1 时，该节点就为该数据包的目的节点。

如图 8.1 所示，在社交网络中，每个节点都拥有一系列属性，每个节点有相同的属性类型，但是每个节点的属性值可能不同。在数据包转发的过程中，如图 8.2 所示，节点 n_1 想要发送给职位为学生的节点"今天晚上补课"的信息，数据包在头部中就会包含相应的属性值。数据包在转发给不同节点时，中间节点将数据包头部中的属性值和自己的"职位"属性值进行对比。如果数据包头部中属性信息有多个，中间节点会依次进行匹配，并根据自己的相应属性值与数据包头部属性值的匹配程度决定对数据包的操作。

n_1

工作单位	DLUT
身份	教师
邮箱	Claudia@dlut.com

n_2

工作单位	TUM
身份	教师
邮箱	Philip@tum.com

n_3

工作单位	DLUT
身份	学生
邮箱	Donghua@dlut.com

n_4

工作单位	TUM
身份	学生
邮箱	Feng@tum.com

图 8.1　社交网络节点示意

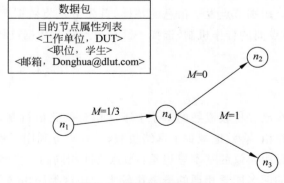

图 8.2　数据包转发过程

2）相关要求

虽然基于上下文信息的路由算法结合了社交网络的特点,利用了用户之间的关联进行数据包的转发,但是属性信息的暴露也对社交网络安全中数据的完整性与保密性提出了更高的要求。

（1）源节点需要在与目的节点不进行通信的前提下对数据包加密,并且为了保证数据的保密性,只有目的节点才可以对数据包进行解密,数据包的加密与解密的密钥也就只与目的节点的相关属性值有关。

（2）因为在基于上下文的路由算法中,节点根据上下文进行数据包的转发而不再根据MAC 地址,节点的相关属性需要进行保护,因此,中间节点不能访问非公共属性,只能根据自己的相关公共属性值与收到的数据包的相关属性值进行匹配值的计算。

（3）加入信任模型来解决自私节点问题。在大量相遇的节点中找到可信任的无私节点对数据包进行转发,以同时减轻网络负载,避免网络堵塞,提高数据包传输效率与成功率。

3）保护策略

如今,对于基于上下文信息的路由算法,已有一种成型的基于加密算法的保护策略:

假设拥有相同属性值的节点可以彼此访问属性相同的部分,但不能访问属性不同的部分。此保护策略依然没有考虑自私节点,因此,首先源节点用 ENCRYPT_PAYLOAD 对数据包的内容加密,ENCRYPT_HEADER 对数据包头部中目的节点的相关属性进行加密。密钥的分配可以在节点加入网络的时候由第三方服务器自动分配或者使用某种密钥分配策略。

中间节点接收到数据包后计算 MATCH_PAYLOAD 和属性匹配值。如果值为 1,则该节点是目的节点,执行 DECRYPT_HEADER 对数据包进行解密；如果值不为 1,根据指定的规则判断是否转发数据包。

8.2.2　安全路由解决方案

8.2.1 节中介绍了基于上下文信息的路由算法,并提出了此算法实现安全路由的新要求。

（1）源节点需要在与目的节点不进行通信的前提下对数据包加密,目的节点才可以对数据包进行解密,数据包的加密与解密密钥只与目的节点的相关属性值有关。

（2）中间节点不能访问非公共属性,只能根据相关公共属性值进行匹配。

（3）加入信任模型来解决自私节点与恶意节点问题。

8.2.1 节的末尾提出了一种简单的安全路由算法,但是该算法还是没有解决网络中存在的自私节点问题。若自私节点不加以激励或者避免,网络中数据包丢包率就会明显上升,数据包不能正常到达目的节点,就不能算是可靠的安全路由。因此,本节介绍基于模糊集合的上下文信息路由算法,该算法能够合理地判定节点的信任度,更好地处理自私节点与恶意节点。

1. 模糊集合

首先,我们介绍算法的基础——模糊集合。

在人类的关系网中,两个人之间的信任是无法用非 0 即 1 的评判标准来看待的。虽然我们用以前的交互行为作为信任度评判的依据,但却无法确定某一个人下一刻的想法与行为,因此我们对于一个人信任度的判断是带有主观性的。将信任引入社交网络中时,信任就是节点根据历史的通信信息以及其他节点的推荐,对其他节点行为是否可信任的预测:若该节点按照转发标准来对数据包进行转发和丢弃,则该节点可信,否则不可信。而且,在信任度的判定中,也很难用非 0 即 1 的评价准则来评判最后的信任结果。模糊集合就是为了解决这种带有主观性与不确定性的判断的。

模糊综合评价方法是模糊集合中应用较广的一种方法,通常与层次分析法结合起来,考虑多种因素,从而对主体进行综合评价。模糊综合评价方法分为划分评价等级、确定评价因素、建立隶属度函数、确定权重与最终评价五个步骤。

1) 划分评价等级

根据信任程度,我们可以将信任等级依次划分为完全信任、总体信任、部分信任、相对信任、不信任等多个等级。在这里我们用 Trust_level＝$\{A, B, C, \cdots, Z\}$ 表示信任等级集合。

2) 确定评价影响因素

评价影响因素决定着最终的评价结果,因此必须根据实际的需求来选择有效的评价影响因素。假设评价因素集合为 $F=\{f_1, f_2, \cdots, f_m\}$,其中每个元素代表一类评价标准。例如在评价一个球员的赛季表现时,我们应该结合多个因素进行综合评价,包括训练出勤率、比赛态度、技能发挥、伤病情况、身体状态等多个层面。多因素的引入使我们能从多个角度客观地对主体进行评价。在对社交网络建立信任模型时,确定评价因素也是最为重要的一步,对哪些因素进行判断会直接影响某个节点信任值的评判。

3) 建立隶属度函数

隶属度函数是模糊集合中的一个重要概念。如果对于信任值集合 T 中的每个元素 t,都有值 $Z(t) \in [0,1]$ 与之对应,则在 t 变动的过程中 $Z(t)$ 就是一个函数,即隶属度函数。对于元素 t,得到的值 $Z(t)$ 越接近 1,说明 t 属于 Z 的隶属度越好,反之则相反。因此需要根据确定好的评价等级建立相应的隶属度函数,从而计算每个评价影响因素的信任值对不同的评价等级的隶属度:

$$B=\{A(t_1), \cdots, A(t_m), B(t_1), \cdots, B(t_m), \cdots, Z(t_1), \cdots, Z(t_m)\} \tag{8-2}$$

4) 确定权重

权重是在确定评价影响因素的基础上,对评价影响因素的重要性的评估。不同评价影响因素对结果产生的影响不同,重要程度也不同,因此在计算最终的评判结果之前要首先对不同评价影响因素进行权重分析。由 $W=\{w_1, w_2, \cdots, w_m\} \sum w_i = 1$,结合隶属度函数计算的隶属度可以得到针对某个信任等级的信任度评价结果 V:

$$V_A = \sum_{i=1}^{m} w_i \times A(t_i) \tag{8-3}$$

5) 最终评价

计算出主体对于每个信任等级的信任度评价结果 V 后,可以根据一定的标准对主体信任等级做出最终判定。

2. 基于模糊集合的上下文路由算法

下面介绍基于模糊集合的上下文路由算法,它在基本的上下文路由算法的基础上引入了信任机制,能够考虑到自私节点与恶意节点的存在,保证社交网络的路由安全。

1) 网络模型

如图 8.3 所示,整个社交网络由几个更小的子网组成,每个子社交网络内部通过一定的属性进行联系,比如所在院校。用户自由地在整个社交网络内移动,每个用户都有自己特有的属性信息。当用户节点 n_3(属性列表为"<工作地点,DLUT >,<职位,学生>,<邮箱,Donghua@dlut.com >")想要向用户 n_1 发送数据的时候,n_3 将自己所知的 n_1 的属性信息加入数据包的头部。中间节点根据自己的属性信息和数据包头部信息的匹配程度来决定是否帮助转发该消息。

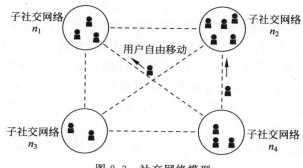

图 8.3 社交网络模型

(1)算法基于的假设。

算法基于如下几个假设。

① 所有节点在发送数据的过程中,均可以监听邻居节点的信息。

② 所有节点的通信半径都是相同的,在通信半径内节点之间可以相互监听。

③ 网络中存在自私节点和恶意节点,自私节点不为其他节点转发数据,恶意节点篡改原有数据并发送恶意数据包。

(2)节点的攻击方式。

在社交网络中,节点代表着理性的个人或社会组织。由于存储空间、带宽以及能量的消耗,出于自己利益最大化的考虑,就一定会存在一些自私甚至恶意节点。这些节点使用的攻击方式分为主动攻击和被动攻击。

① 被动攻击:以搜集数据为目标,不主动篡改数据或进行其他恶意攻击。常见的攻击手法有嗅探、窃听与信息搜集。

② 主动攻击:以篡改数据或者生成虚假数据为目的,常见的攻击手法有伪装、篡改、重放、拒绝服务攻击以及分布式拒绝服务攻击。

(3)社交网络中的节点类型。

从网络性能的角度来说,主动攻击危害更大,因此该算法主要考虑主动攻击。在社交网络中,主要存在三种节点,如图 8.4 所示。

① 正常节点:网络中最普遍的节点,以分享多媒体数据为目的。在得到其他节点服务

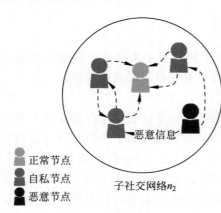

正常节点
自私节点
恶意节点

子社交网络n_2

图 8.4　社交网络节点模型

的同时，也为其他节点提供服务，帮助转发其他节点所需要的信息。

② 自私节点：由于存储资源、带宽资源以及能量的限制，网络中存在着一些自私节点，这类节点可以得到其他节点转发的数据，却不为其他节点转发数据提供服务。自私节点会影响网络数据转发的成功率与效率。

③ 恶意节点：恶意节点会篡改网络中传输的数据，并向网络中其他节点发送恶意数据。过滤掉这些被篡改的数据和恶意数据对社交网络中数据完整性与信息安全有至关重要的作用。

（4）信任模型的任务。

为了处理自私节点与恶意节点，网络模型中引入信任模型，节点通过彼此间的交互历史建立对其他节点未来信任度的预期，向可信度较高的节点转发数据。信任模型有如下任务：

① 识别不可信节点：携带数据包的节点能够区别自私节点与正常节点，将数据包转发给可信的正常节点而不是不加区分地转发给所有遇到的节点。

② 控制恶意信息：节点能够辨别恶意节点，恶意节点传播的恶意信息数量必须得到有效控制。

③ 惩罚自私节点：正常节点能在识别出自私节点后拒绝为自私节点转发数据，对自私节点进行惩罚。

④ 无限制地辨认不可信节点：由于社交网络拓扑结构变化快，节点不能保证全都彼此相遇。因此在没有数据交互记录的情况下，节点也应具有辨认自私节点和恶意节点的能力。

2）模糊综合评价法计算节点信任值

基于模糊集合的上下文路由信息引入了施用模糊综合评价法的信任模型。按照模糊综合评价法的五个步骤，我们可以构建起信任模型。

（1）划分信任等级。

该算法中有四个信任等级：完全信任、相对信任、一般信任和不信任。每个节点最终可以得到一个信任值，信任值与信任等级的对照如表 8.1 所示。

表 8.1　信任等级划分

信任等级	完全信任	相对信任	一般信任	不信任
信任值	4	3	2	1

（2）确定评价影响因素。

信任评价影响因素包括社会信息属性和服务质量属性。

① 社会信息属性。

社会信息属性即节点是否是自私节点或者恶意节点，衡量节点是否能够为自己提供可靠服务。社会信息属性包含成功转发率和多媒体信息反馈两部分。

成功转发率用来衡量节点成功转发数据包的能力。当节点 n_i 为邻居节点 n_j 转发信息的时候，会为 n_j 保存变量 $N_{s_{ij}}$ 来记录节点 n_i 为节点 n_j 转发数据包的总数，以及变量 N_{f_j}

来记录监听到的节点 n_j 所转发的数据包的个数。因此节点 n_i 对 n_j 的成功转发率 P_{ij} 可表示为：

$$P_{ij} = \frac{N_{f_j}}{N_{f_j} + \lambda(N_{s_{ij}} - N_{f_j})} \tag{8-4}$$

同时，可以通过改变参数 λ 的大小来调节对自私节点的惩罚力度。

多媒体信息反馈针对社交网络中的数据共享，对接收到的数据的安全性进行评估，得到介于 $0\sim1$ 的反馈值 $Feedback_{ij}$，1 表示接收的数据完全可以信任，而 0 表示接收到的数据是恶意数据。

② QoS 属性。

社会信息属性用来衡量节点为自己转发数据、提供服务的意愿，而 QoS 属性则用来衡量节点能够为自己正确转发数据的能力。社交网络中用户与用户之间存在属性关联，因此 QoS 属性包含上下文信息匹配率以及能量两个因素。

结合基于上下文信息的路由算法，上下文信息匹配率认为网络中每个节点都能通过属性信息来标识自己的身份。两个节点之间匹配的上下文信息越多，相遇的概率也就越大。因此上下文信息匹配率 P_{mij} 也就代表了数据从该节点转发到达目的节点的概率，用公式可表示为

$$P_{mij} = \frac{\text{Context}_i}{\text{Context}_j} = \frac{p_{i,1} \parallel p_{i,2} \parallel \cdots \parallel p_{i,m}}{p_{j,1} \parallel p_{j,2} \parallel \cdots \parallel p_{j,m}} \tag{8-5}$$

其中，m 表示节点中公共属性的个数；$p_{i,m}$ 表示节点 i 的第 m 个属性；Context_i 与 Context_j 分别表示节点 n_i 与节点 n_j 的属性集合。

网络中每个节点的上下文信息都是由一系列属性构成的，属性包括<属性名，属性值>，其中属性名是所有节点公共的属性名称，是相同的，但不同节点的属性值可能不同。

社交网络中节点的能量是有限的，因此节点是否能够正确转发数据包需要对节点能量进行评估。能量检测方法与本章内容不相关，所以略去不做介绍。

因此，社会信息属性表示节点的可信任度，节点正是通过社会信息属性中的因素对节点未来的行为进行预测的。因此计算信任值时，主要考虑社会信息属性的两个影响因素，即成功转发率以及多媒体信息反馈。

（3）建立隶属度函数。

得到信任值后，就要进行隶属度的计算。需要注意的是，与人类的信任一样，社交网络也有两种信任方式：直接信任和推荐信任。

① 直接信任。

直接信任来源于节点之间的直接信息交互。若节点曾经进行过交互，节点就会根据每次的交互记录来评估节点的信任度。直接信任的来源更可靠，在信任的评估上所占权重较大。

对于直接信任来说，得出两个评价因素的信任值（成功转发率 P_{ij} 与多媒体信息反馈 $Feedback_{ij}$，介于 $0\sim1$，分别作为隶属度函数的自变量 x）后，通过如下隶属度函数可求出成功转发率与多媒体信息反馈这两个因素对四个信任等级分别的隶属度：

$$\text{FH}_{i1} = \begin{cases} 0.5\left(1 + \dfrac{x_i - K_2}{K_1 - K_2}\right) & K_2 \leqslant x_i < K_1 \\[3mm] 0.5\left(1 - \dfrac{K_2 - x_i}{K_1 - x_i}\right) & x_i < K_2 \end{cases} \tag{8-6}$$

$$\text{FH}_{i2} = \begin{cases} 0.5\left(1 - \dfrac{x_i - K_3}{x_i - K_4}\right) & x_i \geqslant K_3 \\[3mm] 0.5\left(1 + \dfrac{K_3 - x_i}{K_3 - K_4}\right) & K_4 \leqslant x_i \leqslant K_3 \\[3mm] 0.5\left(1 + \dfrac{x_i - K_5}{K_4 - K_5}\right) & K_5 \leqslant x_i \leqslant K_4 \\[3mm] 0.5\left(1 - \dfrac{K_5 - x_i}{K_4 - x_i}\right) & x_i < K_5 \end{cases} \tag{8-7}$$

$$\text{FH}_{i3} = \begin{cases} 0.5\left(1 - \dfrac{x_i - K_6}{x_i - K_7}\right) & x_i \geqslant K_5 \\[3mm] 0.5\left(1 + \dfrac{K_6 - x_i}{K_6 - K_7}\right) & K_7 \leqslant x_i < K_6 \\[3mm] 0.5\left(1 + \dfrac{x_i - K_8}{K_7 - K_8}\right) & K_8 \leqslant x_i < K_7 \\[3mm] 0.5\left(1 - \dfrac{K_8 - x_i}{K_7 - x_i}\right) & x_i < K_8 \end{cases} \tag{8-8}$$

$$\text{FH}_{i4} = \begin{cases} 0.5\left(1 - \dfrac{x_i - K_9}{x_i - K_{10}}\right) & x_i \geqslant K_9 \\[3mm] 0.5\left(1 + \dfrac{K_9 - x_i}{K_9 - K_{10}}\right) & K_{10} \leqslant x_i < K_9 \end{cases} \tag{8-9}$$

得到直接信任的隶属度矩阵:

$$\boldsymbol{B}_D = \begin{pmatrix} \text{FH}_{1,1}, \text{FH}_{1,2}, \text{FH}_{1,3}, \text{FH}_{1,4} \\ \text{FH}_{2,1}, \text{FH}_{2,2}, \text{FH}_{2,3}, \text{FH}_{2,4} \end{pmatrix} \tag{8-10}$$

② 推荐信任

推荐信任建立在直接信任的基础上,使得节点在遇到从未接触过的节点时,可以依照邻居节点的推荐,推测该节点的信任值。如图 8.5 所示,节点 n_i 与节点 n_j 以及节点 n_j 与节点 n_k 之间均存在直接交互记录。当节点 n_i 与节点 n_k 相遇时,由于没有直接的交互记录,因此节点 n_j 将自己对节点 n_k 的直接信任信息发送给节点 n_i,作为推荐信任值。此时节点 n_i 就可以根据推荐信任值对节点 n_k 进行信任评判。推荐信任增强了节点的判断能力,使得节点可以根据其他节点的经验对未接触过的节点进行预测。这种推荐存在一定的风险,需要对推荐节点的可信任性进行考证。

对于推荐信任,首先要排除两个恶意节点相互串通从而恶意地推荐信任,使节点收到虚假的推荐信任值,因此我们在这里使用源节点 n_i 与推荐节点 n_j 之间的"相似度"来判断某节点的推荐信任值是否可靠。节点之间的"相似度"意为两个节点对于共同节点的评价的相

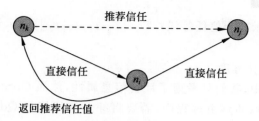

图 8.5 信任方式

似程度,两个节点对于相同节点的评价越相似,就可以认为其中一个节点为另一个节点计算的推荐信任值越可靠。节点之间相似度的计算公式为

$$S_{i,j} = \begin{cases} 1 - \dfrac{1}{n}\sum_{k=1}^{n} \mid U(x_k) - V(x_k) \mid & n > 0 \\ 0.5 & n = 0 \end{cases} \tag{8-11}$$

其中,x_k 表示节点 n_i 与 n_j 所交互的公共节点(假设共有 n 个);$U(x_k)$ 与 $V(x_k)$ 分别表示节点 n_i 与 n_j 对公共节点 x_k 的信任值集合。

因此,我们选择相似度最大的邻居节点作为提供推荐信任值的节点 n_j。根据节点 n_i 与节点 n_j 之间的相似度 $S_{i,j}$ 以及节点 n_j 发送给节点 n_i 的节点 n_k 的信任值来计算节点 n_i 对 n_k 的推荐信任值。

$$S_R = \begin{cases} S_{i,j} \times R_{j,k} & S_{i,j} > S_{\text{threshold}} \\ 0 & S_{i,j} < S_{\text{threshold}} \end{cases} \tag{8-12}$$

其中,$R_{j,k}$ 表示节点 n_j 计算的对节点 n_k 的信任值,作为发送给节点 n_i 的推荐信任值;$S_{\text{threshold}}$ 表示相似度的阈值,当节点 n_i 与 n_j 之间的相似度 $S_{i,j}$ 小于 $S_{\text{threshold}}$ 时,说明节点 n_j 非常不可靠,此时对节点 n_k 的推荐信任值为 0。

然后使用计算出的推荐信任值,利用式(8-7)～式(8-10)的隶属度函数,计算出两个评价因素对于各个信任等级的隶属度矩阵:

$$\boldsymbol{B}_I = \begin{pmatrix} \text{FH}_{1,1}^I & \text{FH}_{1,2}^I & \text{FH}_{1,3}^I & \text{FH}_{1,4}^I \\ \text{FH}_{2,1}^I & \text{FH}_{2,2}^I & \text{FH}_{2,3}^I & \text{FH}_{2,4}^I \end{pmatrix} \tag{8-13}$$

由直接信任的隶属度矩阵与推荐信任的隶属度矩阵可以得出一个综合的隶属度矩阵。

$$\boldsymbol{B} = \omega \times \boldsymbol{B}_D + \boldsymbol{B}_I \tag{8-14}$$

(4)确定权重。

得出综合的隶属度矩阵后,需要确定两个评价因素的权重,并计算出综合信任矩阵。

$$\boldsymbol{T} = \boldsymbol{W} \times \boldsymbol{B} = (\omega_p, \omega_{\text{feedback}}) \times \begin{pmatrix} B_{1,1} & B_{1,2} & B_{1,3} & B_{1,4} \\ B_{2,1} & B_{2,2} & B_{2,3} & B_{2,4} \end{pmatrix} \tag{8-15}$$

其中,ω_p 表示成功转发率的权重;ω_{feedback} 表示多媒体数据反馈的权重且 $\omega_p + \omega_{\text{feedback}} = 1$;$B_{i,j}$ 表示第 i 个影响因素对于评价等级 j 的隶属度。

(5)综合评价。

根据得到的综合信任矩阵,使用归一化算法,可以得到节点最终的信任值为

$$Q = \dfrac{\displaystyle\sum_{i=1}^{n} V_i T_i^k}{\displaystyle\sum_{i=1}^{n} T_i^k} \tag{8-16}$$

其中 $V=[1,2,3,4]$，表示四个信任等级；$T=[t_1,t_2,t_3,t_4]$，表示该节点的综合因素对各个等级的隶属度。

3）综合判定节点信任程度

之前的信任值计算中，我们只考虑了社会信息属性，然而 QoS 属性衡量了节点正确转发数据包的能力。在实际的路由过程中，需要将综合信任值与 QoS 属性中的两因素相结合。因此，最后的转发决策过程有两个步骤。

（1）计算决策值。

首先计算 QoS 属性信息（即上下文信息匹配率和能量），得到 QoS 属性的综合计算值。

$$V_{QoS}=\omega_{p_m}\times p_m+\omega_e\times e \tag{8-17}$$

其中，ω_{p_m} 与 ω_e 分别表示上下文信息匹配率 p_m 与能量因素 e 的权重。

将社会信息属性因素与 QoS 因素同相结合，就会得到最终用于路由决策的信任得分。

$$V=\omega_{QoS}\times V_{QoS}+\omega_{social}\times Q \tag{8-18}$$

其中，ω_{QoS} 和 ω_{social} 分别代表了 QoS 属性和社会信息属性对于最终路由决策的权重。

社会信息属性表示节点的可信任度，因此提高 ω_{social} 会保证数据包转发的可靠性；而 QoS 属性表示节点正确转发数据包的能力，因此增加 ω_{QoS} 有利于提高数据包的转发成功率。

（2）转发节点的选择。

最终，节点会对周围的邻居节点的信任得分 V 进行排序，选择排名较高的节点进行数据包的转发。

该算法存储空间消耗少，仅需要存储直接信任的隶属度矩阵与推荐信任的隶属度矩阵。在时间复杂度方面，该安全路由算法的时间复杂度与网络中节点的数量密切相关，主要分为直接信任计算、推荐信任计算与综合信任计算：直接信任计算得到直接信任的隶属度矩阵，因为隶属度函数为线性，因此若有 n 个邻居节点，直接信任计算的复杂度就为 $O(n)$。推荐信任计算包括相似度计算、信任值推荐以及推荐信任的隶属度矩阵计算。假设每两个邻居节点之间的共同节点个数为 K，且共有 n 个邻居节点进行相似度计算，对 m 个节点进行推荐信任值计算，则推荐信任计算复杂度为 $O(mnK)$。综合信任计算包括加权得到信任值与结合 QoS 属性进行决策值计算。由于加权运算是矩阵的线性运算，复杂度为 $O(1)$，QoS 属性的计算也是线性运算，复杂度也是 $O(1)$。所以对某一个节点进行综合信任计算的复杂度为 $O(1)$。假设网络中有 N 个节点，则综合信任计算的复杂度为 $O(N)$。因此，算法的整体时间复杂度为 $O(n+mnK+N)$。

8.3 图结构隐私保护

8.3.1 常用的隐私保护技术

隐私保护是指使个人或集体等实体不愿意被外人知道的信息得到应有的保护。社交网络的流行改变了人们对于隐私保护的观念。当人们在社交网络上分享自己的个人信息，例如生日、性别、家庭住址、兴趣爱好等，以寻找志同道合的朋友进行交流互动的时候，同样也给了许多网络诈骗、犯罪可乘之机。所以如何对发布的数据进行保护以防止隐私泄露成了受研究者和开发人员非常重视的一个领域,即社交隐私保护技术。

一般来说,有两种方法可以用来表示社交网络:图和矩阵。社交网络图包含节点和边,节点代表用户,边代表用户之间的关系。但是当用户节点或者边的类型非常多的时候,不容易建立模型,此时将会用矩阵来表示社交网络。在领接矩阵中,有 n 个用户的社交网络所对应的邻接矩阵的大小为 $n \times n$,$[i,j]$ 代表第 i 个节点和第 j 个节点之间的关系。

1. 隐私信息分类

在针对微数据(可理解为一个用户对象)的隐私保护中,数据的属性主要分为两类:敏感属性和非敏感属性,其中敏感属性的数据可以认为是用户的隐私信息。以下将社交网络中需要匿名及隐私保护的信息分为三大类。

1) 节点的隐私信息

(1) 节点存在性:指的是一个目标节点是否出现在某个社交网络中,能否被攻击者识别。在某些情况下,用户会将自己是否出现在某个社交网络中视为隐私信息,那么发布相关的社交网络数据就需要将节点存在性作为隐私信息来保护。

(2) 节点身份:指的是一个目标节点在现实生活中对应的真实身份信息。

(3) 节点属性:一般在社交网络中变化频繁,内容丰富,生动地描述了用户的个性化特征,能够帮助系统建立完整的用户轮廓。然而某些属性信息会涉及一些个人隐私,用户往往不希望将这些敏感属性都公开。

(4) 节点结构属性:指的是节点的度数,包括节点到中心节点的距离、节点的邻居拓扑等其他结构属性。

2) 边的隐私信息

(1) 边存在性:用来表示两个节点之间是否有关系或来往。某些用户出于某种原因不想让外界知道其与某个用户有来往或联系时,边存在性就是一种需要保护的隐私信息。

(2) 边权重:可以反映出两个用户的亲密程度或者他们联系的密切程度,也可能体现个体之间交流的代价。

(3) 边属性:可以表示两个节点之间的关系类型。

3) 图的隐私信息

图结构信息经常用来分析社交网络的相关信息,例如中介度、紧密度、中心度、路径长度、可达性等。

2. 可用性指标

社交网络隐私保护技术的可用性指标包括以下四点。

(1) 节点和边的可用性。一些隐私保护方法对这些属性进行的修改、泛化等匿名化操作会导致节点和边信息损失。评估和度量这些损失可作为隐私保护方法的可用性指标。

(2) 图结构的可用性。隐私保护技术会造成属性信息的损失,通常还会改变原始图的结构。衡量节点度序列、最短路径、传递性、聚类系数等信息可以作为隐私保护方法的可用性指标。

(3) 图谱的可用性。图谱通常由图的邻接矩阵和派生矩阵的特征值决定。研究图的邻接矩阵的最大特征值和拉普拉斯矩阵的次最小特征值的变化情况可以作为隐私保护方法的可用性指标。

(4) 图查询的精确度。从多方面评估图查询结果的变化,包括查询结果的错误率、与真实结果的偏差等可以作为隐私保护方法的可用性指标。

3. 攻击分类

针对匿名社交网络数据的攻击方法主要分为主动攻击、被动攻击和背景知识攻击。

主动攻击是指在发布社交网络之前,攻击者创建少量节点,并将这些节点随机连接构成一个可高度识别的子图 H,再建立该子图与目标节点之间的连接。当匿名化的社交网络数据发布后,攻击者有很大的概率可以识别出嵌入的子图 H,然后基于 H 和目标节点之间的联系来识别目标节点。Backstrom 基于真实社交网络数据的实验显示,嵌入由 7 个节点构建的特殊子图平均可以识别出 70 个目标节点和大约 2400 条目标节点之间的边。

被动攻击指的是攻击者并没有创建任何新的节点或者边,而是建立了一个联合体。攻击者试图在发布的社交网络数据中识别这个联合体,从而对相邻节点或者其中的边进行识别。被动攻击主要基于在现实的社交网络中,大多数节点都可构成一个唯一可识别的子图。

背景知识攻击主要是由于社交网络蕴含的信息具有多样化的特点,攻击者利用一种或多种类型的背景知识发动隐私攻击。攻击对象主要依据被保护的信息类型进行分类,在一个社交网络图中,其节点、边和图都可能成为攻击者的目标,对社交网络的隐私保护带来了很大的挑战。

4. 常用的隐私保护机制

1) K-匿名隐私保护机制

K-匿名是指通过修改、增加、删除数据记录,使得在发布的数据中,任意一个个体无法与其他至少 $K-1$ 个个体区分,从而增加了攻击者获取准确信息的难度。Hay 等提出了基于社交网络的 K-候选匿名思想——通过图修改,使得攻击者基于目标背景知识在发布的社会网络数据中进行匹配识别时,至少有 K 个候选节点符合,即目标节点的隐私泄露概率小于 $1/K$。

由于目标相关的各种信息都可能成为攻击者的背景知识,通过背景知识的不同,研究者们提出了不同的 K-候选匿名的方法,主要包括以下几种。

(1) K-度匿名(K-degree anonymity):是指通过边的增加或删除,使在匿名的社交网络中,任意一个节点的度至少与其他 $K-1$ 个节点的度相同。K-度匿名可以防止拥有节点度信息的攻击者识别出目标节点。考虑到边修改对发布后数据实用性的影响,必须保证在实现过程中边的修改数量是最小的。

(2) K-邻居匿名(K-neighborhood anonymity):如果一个社交网络中所有的节点都是 K-邻居匿名的,那么该社交网络是 K-邻居匿名的。对于一个节点 u,存在至少 $K-1$ 个其他节点,使得它们的相邻节点构成的子图均和节点 u 的相邻节点构成的子图同构,则称 u 是 K-邻居匿名。进一步地,令 d 是邻居节点到目标节点的跳数,还可以用类似的方式定义 d-邻居节点。

(3) K-自同构匿名(K-automorphism anonymity):如图 8.6 所示,在 K-自同构匿名网

络中,任意一个节点所在的任意一个子图,都有至少 $K-1$ 个其他子图与其同构。但是 K-自同构匿名网络保护模型同样具有不足,由图中的例子我们容易看出,K-自同构匿名能够阻止节点被攻击者识别,但是不能防止敏感边的隐私泄露。例如,如果攻击者知道 Bob 和 Carol 的邻居子图如图 8.6(b)中 G_b 所示,那么他虽然不能确定 Bob 和 Carol 是节点 1、2、3 中的哪一个,但可以肯定他们两者之间有边,即 Bob 和 Carol 有某种联系;如果攻击者还知道 Alice 的邻居子图如图 8.6(b)中 G_a 所示,那么他虽然不能确定 Alice 是节点 4、5、6 中的哪一个,但可以肯定 Alice 和 Bob 之间的路径长度不超过 2,这些都属于边的隐私信息泄露。为了加强边隐私的安全性,由 K-自同构隐私保护模型延伸出了 K-同构匿名。

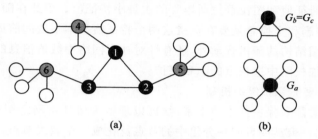

图 8.6 K-自同构匿名

(4) K-同构匿名(K-isomorphism anonymity):如图 8.7 所示,即匿名后的社交网络图中包含 K 个离散的子图,子图之间相互同构。要实现 K-同构匿名,首先要将社交网络划分为 K 个包含相同数目节点的子图,然后通过增删边,使得这 K 个子图同构。例如,图 8.7(b)是图 8.7(a)的 3-同构匿名图。不足之处在于,K-同构匿名虽然能够很好地保护节点和边的隐私信息,但是同构的子图之间的边会被删除,导致同构子图之间的图结构会受到影响;并且,随着匿名方案安全性的增强,对图的改动也越来越大,将严重影响发布后的数据可用性。另外,数据库和计算理论领域的科学家通过实验得出结论,关系图需要添加约 70% 的边才能满足自同构性,大大增加了算法的复杂度和计算机的工作量。

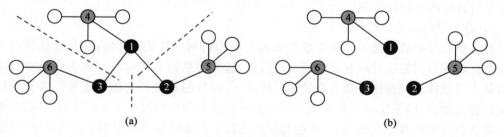

图 8.7 K-同构匿名

2) 随机扰动隐私保护机制

在微数据中,随机地向原始数据中注入噪声可以保护数据的安全性。同理,在社交网络中,通过随机进行图的扰动和修改可以阻止攻击者获得原始的社交网络图结构,从而保护社交网络中用户的隐私。随机扰动的主要方法包括以下两种:一是随机增删(rand add/del),随机地删除 K 条原始边,再在图中随机增加 K 条边,这种方法可以保证原始图中边的总数保持不变;二是随机交换(rand switch),随机选择一对边 (t,w) 和 (u,v),将其删除并增加两条新的边 (t,v) 和 (u,w),前提是这两条边原本并不存在,这种方法可以保证每个节点的度数保持不变。

随机扰动虽然在一定程度上保护了隐私信息，但是仍存在一些缺点：一是与 K-匿名不同，随机扰动无法提供量化的隐私保护，扰动后的社交网络中仍然存在隐私泄露的威胁，而 K-匿名可以保证匿名后隐私泄露的概率不大于 $1/K$。二是为了保证数据的可用性，需要保持图的某些特征值不变，而图的特征值的计算代价较高，每次随机扰动都需要进行特征值的计算，导致算法的计算代价巨大。

在对边进行随机扰动前，先评估这条边对图结构特征的影响，如果影响较大，就舍弃这条边再另外选择。图的很多重要拓扑属性均与图谱相关，图谱主要是由两个特征值决定：图邻接矩阵的最大特征值和图拉普拉斯矩阵的次最小特征值。因此在随机扰动隐私保护的算法设计中，边的增删和交换总是要在保持这两个特征值基本不变的前提下进行。

除了上述针对图结构的随机扰动外，还有针对社交网络中数值信息的随机扰动。目前，数值扰动主要用于加权图中边权重的隐私保护。

3）基于泛化和聚类隐私保护机制

基于泛化和聚类隐私保护从本质上来说，可以理解为将社交网络图中的节点和边聚类或者分组，然后将同一聚类或者同一分组中的节点泛化成一个超级节点，两个超级节点之间的边压缩为一条超级边。在发布的社交网络图中，所有超级节点内部的节点和链接都被隐藏，超级节点间的链接也无法确定两边的真实节点，社交网络中的隐私安全性也就被保证。

因为发布时只发布匿名后的超级图和每个分组及分组间的边密度，攻击者只能定位到某一个分组，而无法区分同一分组中的不同节点，即使攻击者拥有关于节点信息的背景知识。此外，攻击者可能只能定位到两个甚至多个分组，因为根据攻击者的背景知识，与其一致的分组可能多于一个。攻击者可以候选的节点数量越多，目标节点被识别的可能性越小，节点的安全性就越高。

基于泛化和聚类隐私保护能够避免攻击者识别出超级节点内部的真实节点，从而实现用户的隐私保护，在很大程度上降低了原始社交网络的大小，增加了图结构的不确定性，使得发布后数据的可用性降低。

4）差分隐私保护机制

差分隐私保护机制能够解决传统隐私保护模型的两个缺陷：首先，差分隐私假设攻击者能够获得除目标记录外所有其他记录的信息，这些信息的总和可以理解为攻击者所能掌握的最大背景知识。在这一最大背景知识假设下，差分隐私无须考虑攻击者所拥有的任何可能的背景知识，因为这些背景知识不可能提供比最大背景知识更丰富的信息。其次，差分隐私建立在坚实的数学基础之上，对隐私保护进行了严格的定义并提供了量化评估方法，使得不同参数处理下的数据集所提供的隐私保护水平具有可比较性。

对数据集的各种分析应用以及攻击者的各类攻击方法都可以看作是查询问题，因此，差分隐私技术主要关注针对数据集的各种查询问题。差分隐私要求对数据集的查询结果对于具体某个记录的变化是不敏感的，即对一个数据集插入或删除一条记录，查询结果基本不会改变。因此，一条记录因其加入到数据集中所产生的隐私泄露风险被控制在极小的、可接受的范围内，攻击者无法通过观察查询结果来获取准确的个体信息；同时，查询结果微乎其微的变化保证了数据的可用性。同理，在社交网络中，如果某个社交网络数据满足差分隐私，那么该社交网络可以认为是具有高安全性及高可用性的。

例如,表8.2中显示了一个医疗数据集,每条记录表示某个人是否患有癌症(1表示是, 0表示否)。该数据集为用户提供统计查询服务,但不能泄露具体记录的值。假设用户可以 输入参数 i,并调用查询函数 $f(i)=\text{count}(i)$ 来得到数据集前 i 行中满足"诊断结果"=1的 记录数量。如果攻击者想要推测 Alice 是否患有癌症,并且知道 Alice 在数据集的第5行, 那么他就可以用 $f(5)-f(4)$ 来推出正确的结果。但是,如果我们向查询结果 $f(i)$ 中注入 随机分布的噪声,使得 $f(i)$ 可能的输出均来自集合 $\{2,2,5,3\}$,那么攻击者就无法通过 $f(5)-f(4)$ 来得到想要的结果,从而保证该数据集中每个个体的隐私安全。这个例子是使 单个查询算法满足差分隐私的实现方法,但在现实生活中,通常是数据拥有者发布数据,分 析者对发布后的数据进行分析应用。在这种情况下,数据拥有者就需要寻找一个数据发布 机制,使其能够尽可能地让所有可能的查询算法都满足差分隐私。

表 8.2 医疗数据集

姓 名	诊 断 结 果
Eve	0
Dan	1
Carol	1
Bob	0
Alice	1

但是,由于社交网络的特性不同于表格数据,如何将表格数据的差分隐私保护模型应用 到社交网络中成为了研究者们面对的新难题。同时,相较于表格数据,社交网络对于微小的 改变敏感度更高,一个用户的加入或离开会影响其他用户、边以及整个网络结构的变化。

8.3.2 基于压缩感知的图结构数据隐私保护方案

1. 攻击模型

在社交网络的图结构数据中,如果仅仅去掉网络用户的身份信息,而不进行其他操作就 进行数据发布,在很大程度上可能会泄露用户的隐私信息。我们以图8.8为例,假设图8.8 是最终的数据发布图,那么我们可以将不同的攻击模型总结如下。

(1)基于节点的度攻击。在基于节点的度攻击模型中, 假设攻击者可以收集到目标节点的度信息,然后想要根据度 信息识别目标节点。在图8.8中,如果攻击者在数据发布前 可以收集到用户的节点信息,例如攻击者知道 Alice 的出度 是2,那么攻击者就很容易在图8.8中识别出哪个节点是 Alice,因为图8.8中出度为2的节点有且仅有一个。

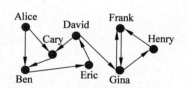

图 8.8 图结构发布示例

(2)基于边关系的攻击。在基于边关系的攻击模型中,假设攻击者可以获取到部分节 点之间的相互关系,然后想要根据这些关系推测出其他信息。如图8.8所示,如果攻击者已 经识别出用户 Alice,而且知道 Alice 经常借钱给 Ben,那么根据图8.8,攻击者就可以知道 和 Alice 相连的两个节点中一定有一个是 Ben。更特殊地,如果攻击者已经识别出 Ben,而 且知道 Ben 曾经借钱给 Eric,那就可以知道 Ben 节点指向的那个节点一定是 Eric。

(3) 基于图结构的攻击。在基于图结构的攻击模型中,攻击者通常会在数据发布前创建少量节点,并将这些节点连成一个高度可识别的子图,然后在数据发布后,通过该子图推测更多的信息。例如在图 8.8 中,如果 Alice、Ben 和 Cary 组成的三角形子图是攻击者加入的,那么一旦图 8.8 被发布,攻击者就能快速找到 Alice、Ben 和 Cary 对应的节点;然后根据收集到的其他信息继续进行边攻击或者度攻击,从而推导出更多的信息。

2. 基于压缩感知的隐私保护方案

本节提出的隐私保护方案主要是为了抵御上述三种攻击模型。其中,为了抵御基于节点的度攻击,需要保护节点的度信息;为了抵抗基于边关系的攻击,需要保护节点间的相互关系;为了抵抗基于图结构的攻击,需要对图结构进行相应的改变。本节引入了压缩感知技术,设计了基于压缩感知的隐私保护方案。该方案通过压缩感知改变节点的度和节点间的关系,可以有效地抵抗上述三种攻击。同时,本节还设计并实现了两个算法:观测矩阵生成算法以及数据压缩与匿名算法。

1) 方案设计

本节提出的隐私保护方案总体设计如图 8.9 所示,该方案共分为数据处理、隐私保护和数据发布三部分。

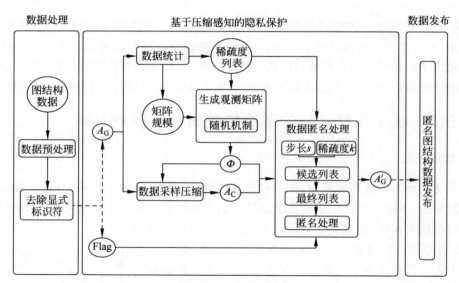

图 8.9　图结构数据隐私保护方案

(1) 数据处理部分。对于一个包含 n 个节点的社交网络图 $G=(V,E)$,数据处理部分通过数据预处理和去除显式标识符将图结构数据转换成一个 $N \times N$ 的关系矩阵 A_G,同时获取图的标记信息 Flag。Flag 用来标记社交网络图是无向图还是有向图。

(2) 隐私保护部分。隐私保护主要是对关系矩阵 A_G 进行处理,最终获取匿名矩阵 A_G'。在图 8.9 中,隐私保护部分主要包含四个模块:数据统计模块、观测矩阵生成模块、数据采样压缩模块以及数据匿名处理模块。各模块的详细介绍如下。

① 数据统计模块:数据统计模块对关系矩阵 A_G 的特征信息进行统计,得到 A_G 的矩阵规模($N \times N$)。同时,对 A_G 的每一列,我们将其看作一个稀疏信号 x,统计其稀疏度 k,

最终得到 A_G 的稀疏度列表(有向图的稀疏度列表按照入度进行计算)。

② 观测矩阵生成模块:观测矩阵 Φ 的生成以稀疏度列表和矩阵规模为输入,然后通过随机机制生成相应的观测矩阵。观测矩阵将会在数据采样压缩和数据匿名处理模块使用。

③ 数据采样压缩模块:数据采样压缩主要通过观测矩阵 Φ 对关系矩阵 A_G 中的每一列进行采样处理。针对每一个列信号 x,其所有元素由 0 和 1 构成。

其中 $t_1, t_2, \cdots, t_k$ 是信号 x 中非 0 元素的下标。所有的信号压缩完毕后形成新的矩阵 A_C,A_C 是一个压缩矩阵。

$$y = \sum_{i=1}^{N} x_i \Phi_i = \sum_{i=t_1}^{t_k} x_i \Phi_i = \sum_{i=t_1}^{t_k} \Phi_i \tag{8-19}$$

④ 数据匿名处理模块:数据匿名处理主要是对压缩矩阵 A_C 进行处理,通过观测矩阵 Φ 和稀疏度列表进行匿名操作,并按照 Flag 的标记进行修改,最终获得匿名矩阵 A_G'。

(3) 数据发布部分。数据发布部分主要是根据获得的匿名矩阵 A_G' 生成相应的社交网络,然后进行数据发布。

为了将压缩感知应用到图结构数据隐私保护中,观测矩阵 $\Phi(M \times N)$ 需要满足以下三个要求:

(1) 观测矩阵 Φ 必须满足 RIP 要求,如上文所介绍的那样,观测矩阵必须满足式(8-20)中的要求,这样观测矩阵 Φ 才是一个可用的观测矩阵。

$$(1 - \sigma) \|x\|_2^2 \leqslant \|\Phi x\|_2^2 \leqslant (1 + \sigma) \|x\|_2^2 \tag{8-20}$$

(2) 在压缩感知技术中,对于一个 N 维的信号 x,观测矩阵 Φ 中的 M 需要满足式(8-21),其中 c 是常数,k 是信号 x 的稀疏度。

$$M \geqslant ck \log(N/K) \tag{8-21}$$

(3) 为了减少存储开销,同时提高运算速度,观测矩阵 Φ 中的元素最好都是整形数据。

2) 观测矩阵生成算法

观测矩阵是压缩感知中的重要组成部分,一个好的观测矩阵能够有效地降低计算成本和存储开销。为了将压缩感知技术应用到社交网络的隐私保护中,同时满足上述三个需求,本节使用稀疏矩阵作为观测矩阵。

稀疏矩阵是由 0 和 1 组成的矩阵,可以有效地减少存储开销和计算开销,同时满足 RIP(p)性质。为了使观测矩阵适用于关系矩阵 A_G 中的所有信号 x,我们对式(8-21)进行了改进,按照式(8-22)对 M 进行取值:

$$M = \lceil ck_{\max} \log(N/k_{\min}) \rceil \tag{8-22}$$

其中,$k_{\max}$ 和 $k_{\min}$ 分别表示所有信号 x 中稀疏度的最大值和最小值。

观测矩阵的具体生成算法如表 8.3 所示。

表 8.3 观测矩阵生成算法

输入:矩阵规模 $N \times N$,稀疏度列表 k_list
输出:观测矩阵

```
1: k_max = Max(k _ list)
2: k_min = Min(k _ list)
3: M = ⌈ck_max log(N/k_min)⌉
4: d = ⌈log N⌉
5: Φ = Zero(M, N)
6: for j = 1 to N do
7:     H:{1, 2, ⋯, M}→D:{d₁, d₂, ⋯, d_d}
8:     Φ[D, j] = 1
9: end for
10: return Φ
```

(1) 算法前两步根据稀疏度列表获取稀疏度最大值 k_{max} 和最小值 k_{min},步骤 3 根据式(8-22)获取观测矩阵的列秩 M,步骤 4 中的 d 代表观测矩阵中每一列非 0 值的个数。

(2) 步骤 5～9 是观测矩阵的生成过程。首先,在步骤 5 中 Zero(M, N) 函数用来初始化一个 $M×N$ 的 0 矩阵;然后对于矩阵的每一列,随机从 1～M 个下标中选择 d 个下标 $\{d_1, d_2, \cdots, d_d\}$;将这些下标所在的位置置 1,其中 $H→D$ 代表一个随机函数,最终得到的矩阵就是观测矩阵 $Φ$。

3) 数据压缩与匿名算法

对于关系矩阵 A_G 中的所有信号 x,本文将使用数据压缩与匿名算法对其进行处理,最终生成匿名矩阵 A_G' 中的信号 x'。数据压缩与匿名算法的具体实现如表 8.4 所示,其中步骤 1～5 是数据压缩过程,步骤 6～16 是匿名处理过程。

表 8.4   数据压缩与匿名处理算法

输入：关系矩阵 A_G,观测矩阵 $Φ$,稀疏度列表 k_list

输出：匿名矩阵 A_G'

```
1:     A_C = Zeros(M, N)
2:     for i = 1 to N do
3:         index_list = Find(A_G[ * , i])
4:         A_C[ * , i] = Sum(Φ[ * , index_list])
5:     end for
6:     A_G' = Zeros(N, N)
7:     for j = 1 to N do
8:         y = A_C[ * , j]
9:         A_G'[ * , j] = Anonymity(y, Φ, k _ list_j)
10: end for
11: if Flag then
12:     return A_G')
13: else
14:     A_G' = A_G' | A_G'ᵀ
15:     return A_G'
16: end if
```

(1) 数据压缩。在步骤 1～5 中,首先初始化压缩矩阵 A_C 为一个 $M×N$ 的 0 矩阵;然后针对关系矩阵的每一列,在步骤 3 中找到其非 0 元素的下标列表 index _ list。根据式(8-19)可知,压缩矩阵 A_C 的每一列 $A_C[*,i]$ 其实是 index _ list 这些下标所对应的观测矩阵 Φ 中相关列的线性和。

(2) 在步骤 6~16 中,匿名矩阵 A_G' 首先被初始化为一个 $N \times N$ 的 0 矩阵;之后在步骤 7~10 中,压缩矩阵 A_C 的每一列被看作一个观测向量 y,匿名矩阵的每一列 $A_G'[*,i]$ 由匿名函数 Anonymity 生成;最后,根据标记 Flag 对匿名矩阵进行处理,如果 Flag 标记的是有向图,则直接返回匿名矩阵 A_G';否则,需要将匿名矩阵与其本身的转置进行或运算,得到一个无向图的关系矩阵,如步骤 14 所示。

表 8.5 所示是 Anonymity 函数的实现伪代码,对于每一个观测向量 y,使用该算法对其进行匿名处理,最终得到匿名信号 x'。

表 8.5 匿名函数

输入:观测向量 y,观测矩阵 Φ,稀疏度 k

输出:匿名信号 x'

```
1: s = Max(y)
2: x' = Zeros(N,1)
3: C = θ
4: index_list = Find(y)
5: for i = 1 to N do
6:     if Φ[index_list, i] == 0 then
7:         C = C ⋃ {i}
8:     end if
9: end for
10: if length(C) == k then
11:     x'[C] = 1
12: else
13:     if length(C) == 0 then
14:         C = [1:N]
15:     end if
16:     A = Φ[ * ,C]
17:     r = y
18:     F = θ
19:     for i = 1 to ⌊k/s⌋ do
20:         F = F ⋃ Max(|Aᵀ × r|,s)
21:         r = y − A_F × A_F↑ × y
22:     end for
23:     x'[F] = 1
24: end if
```

(1) 步骤 1~3 是初始化,步骤 1 首先获取匿名步长 s,根据式(8-19)可知,y 是原始信号 x 非 0 元素下标所对应的观测矩阵中列的线性和,因此 y 中元素的最大值 $\leqslant x$ 的稀疏度 k;步骤 2 初始化 x' 为一个 $N \times 1$ 的列向量,所有元素初始化为 0;步骤 3 初始化候选列 C 为一个空集合,候选列用来存储下标。

(2) 步骤 4~9 用来获取候选列的元素,针对观测矩阵 Φ 中的每一列,找到与观测信号 y 拥有相同位置 0 元素的列,这些列是组成观测信号 y 的可能列。

(3) 在步骤 10~12 中,如果候选列的数量刚好等于稀疏度 k,说明这些候选列就是组成

y 的那些列，我们根据这些列得到的 x' 和原始信号 x 完全相同。否则，我们需要在步骤 12～24 中使用最小二乘法进行匿名，过程如下：

① 步骤 13～15 中，首先判断 C 中候选列个数是否为 0，为 0 说明 y 中没有 0 元素，我们需要将所有的 n 个下标作为候选列。

② 步骤 16～18 中，我们将观测矩阵 Φ 中所有的候选列作为一个新的矩阵，初始化残差 r 为观测信号 y，初始化最终列 F 为一个空集合。

③ 在步骤 19～22 中，我们根据最小二乘法来更新残差，每次利用最小二乘法选取绝对值最大的 s 列，放入到最终列 F 中，如步骤 20 所示；在步骤 21 中，对残差 r 进行更新。经过 $\lfloor k/s \rfloor$ 次循环，得到的最终列 F 用来匿名恢复信号。

④ 在步骤 23 中，我们根据最终列 F 来获得匿名信号 x'，这里得到的匿名信号 x' 与原始信号 x 有着高度的相似性，但在稀疏度和 0 元素的位置上可能都有差别。

8.4 基于链路预测的隐私保护机制

8.4.1 链路预测概述

网络中的链路预测（link prediction）是指如何通过已知的网络节点以及网络结构等信息预测网络中尚未产生连边的两个节点之间产生链接的可能性。这种预测既包含了对未知链接的预测，也包含了对未来链接的预测。该问题的研究在理论和应用两方面都具有重要的意义和价值。

在静态网络 $G=(V,E)$ 中，定义边的集合 U 为所有节点相连后可能存在的链接的集合，那么，$Z=U-E$ 就表示目前网络中不存在的链接的集合。链路预测就是从集合 Z 中找出在未来可能会出现的链接和那些其实是存在的但未被显示出来的缺失边。

静态网络是网络拓扑结构不变的一张图，动态网络则是一个图序列。图序列中的每张图刻画了社交网络某一个时刻的拓扑结构，并且该图序列中的每张快照是随着时间的变化进行排序的。我们定义动态网络 $G=(G_1,G_2,G_3,\cdots,G_T)$ 是一个按照时刻 $1,2,3,\cdots,T$ 排序的有序图集，其中，G_t 是第 t 时刻的网络拓扑图，V_t 和 E_t 分别是该时刻的节点集和边集。动态网络中的链路预测就是根据图集 G 预测在时间 T 内尚未有链接的两个节点在 $T+1$ 时刻是否可能存在联系。

8.4.2 静态网络中的隐私保护机制

1. 节点身份的保护方法

Bhagat 等人提出了一个基于分组的匿名方法。在社交网络 $G=(V,E)$ 中，每个节点都有对应的真实身份 u，真实身份集为 U。为了保护节点的真实身份，节点集 V 将被泛化分组，每个分组中节点的数量大于或等于 k 个，每个节点将被赋予一个标签集 $l(v) \subset U$，节点的真实身份在标签集 $l(v)$ 中，并且同一分组中节点的标签集 $l(v)$ 相同。当匿名后的社交网络图发布后,节点将用标签来表示,而不是用它的真实身份表示。

由于每个分组中的节点数量大于或等于 k 个,并且同一分组中的节点的标签相同,无法被区分,那么对于任意一个节点来说,其真实身份 u 被攻击者识别出来的可能性 p_u 都将小于或等于 $1/k$,k 越大,p_u 越小。

2. 边存在性的保护方法

Bhagat 等人认为泛化分组后,如果分组内或分组间的边比较稠密,那么攻击者有较高的可能性识别出两个节点之间是否存在边,这样的话,虽然节点身份被保护了,但是边存在性隐私会被泄露出去。如图 8.10 所示,分组大小 $k=2$,节点 1 和节点 5 在同一个分组中,这两个节点之间有一条边。根据这张拓扑图,攻击者虽然不清楚哪个节点是身份是 1,哪个节点的身份是 5,但是他可以确定节点 1 和节点 5 之间必然存在联系,如此,边存在性隐私被泄露了。又如图 8.11 所示,分组大小 $k=2$,图中有两个分组,分别为节点 4 和节点 7,节点 8 和节点 9。由于这两个分组之间的边较稠密,因此攻击者不用了解这些节点的真实身份,就可以确定这 4 个节点之间两两相互都有联系。

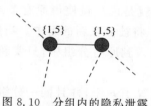

图 8.10 分组内的隐私泄露

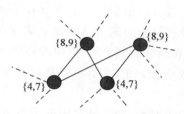

图 8.11 分组间的隐私泄露

分组内或分组间的边比较稠密将会引起隐私泄露,因此 Bhagat 等人提出了"安全分组条件"来保证将节点分完组后,分组内和分组间的边都具有一定的稀疏性,以此保护边存在性隐私。安全分组条件的定义如下所示:

定义 8.1 对于任意一个节点 $v \in V$,如果 v 与其他任意一个分组 $S \subset V$ 中至多一个节点有边,那么这些分组满足安全分组条件。

也就是说,$\forall (v,w) \in E: v \in S \land w \in S \Rightarrow v=w$,该条件保证分组内边的稀疏性,并且 $\forall (v,w),(v,z) \in E: v \in S_1, w \in S_2 \land z \in S_2 \Rightarrow w=z$,该条件保证分组间边的稀疏性。由于每个分组内最少有 k 个节点,因此当分组满足安全分组条件时,攻击者识别出两个节点之间存在边的可能性将小于或等于 $1/k$。

图 8.12 展示了一个简单的网络拓扑结构图,图中有 10 个节点,即 $V=\{1,2,3,\cdots,10\}$。为了保护这 10 个节点的真实身份,我们利用安全分组条件对其进行分组匿名。图 8.13 展示了匿名后的网络拓扑结构图,从中可以看出,这 10 个节点分成了大小为 2 的 5 个分组:$A=\{1,8\}$,$B=\{2,9\}$,$C=\{3,10\}$,$D=\{4,6\}$,$E=\{5,7\}$。这些分组满足安全分组条件,并且每个节点的真实身份都用标签代替表示,由此保护了节点的身份信息以及边存在性的隐私。

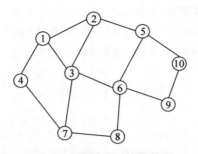
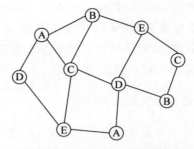

图 8.12　简单的网络拓扑图　　　　　图 8.13　匿名后的网络拓扑图

8.4.3　动态网络中的隐私保护机制

1. 基于安全分组

1）节点身份的保护方法

由于攻击者可以根据每个节点 v 在不同时刻标签集的变化来确定其真实身份，因此我们需要尽量使得每个时刻节点的标签集保持不变，也就是说尽量使得原有节点 V_t 的分组保持不变，而在新的时刻 $t+1$ 新加入的节点 $V_{t+1}\backslash V_t$ 将被分在新的组中。当然，如果新加入的节点个数小于 k 个，那么可以将这些节点随机插入到原有分组中，只要新的分组满足安全分组条件。

由于在每个时刻，每个分组中的节点数量大于或等于 k 个，并且同一分组中的节点的标签在不同时刻都相同，无法被区分，因此对于任意一个节点来说，其真实身份 u 被攻击者识别出来的可能性 p_u 都将小于或等于 $1/k$，k 越大，p_u 越小。

2）边存在性的保护方法

由于在新的时刻 $t+1$ 新加入的节点将被分到新的组中，我们在 t 时刻可以不去考虑 $t+1$ 时刻新加入的节点之间的边，以及 $t+1$ 时刻新加入的节点与原有节点之间的边，而只需要考虑原有节点 V_t 之间在 $t+1$ 时刻可能新出现的边给安全分组所带来的影响。如果我们可以确定原有节点之间可能出现的新边，并在分组时考虑到这些新边，那么在新的时刻，分组不需要进行变化就能满足安全分组条件，由此保护了边的隐私信息。

在这种情况下，我们引进了链路预测算法。链路预测是指通过现有的网络节点以及网络拓扑结构图等信息来预测网络中尚且没有联系的两个节点之间产生联系的可能性。在 t 时刻，通过链路预测算法预测出原有节点 V_t 之间在 $t+1$ 时刻可能产生的新边 $\widetilde{E}_t$，将 $\widetilde{E}_t$ 加入到现有的网络拓扑图 G_t 中形成带有预测边的网络拓扑图 $\widetilde{G}_t=(V_t,E_t\cup\widetilde{E}_t)$，我们根据 $\widetilde{G}_t$ 对在该时刻新加入的节点 $V_t\backslash V_{t-1}$ 进行分组，由此使得所有分组满足安全分组条件。由于在每个时刻，每个分组内最少有 k 个节点，并且分组满足安全分组条件，因此攻击者识别出两个节点之间存在边的可能性将小于或等于 $1/k$。

加入了预测边 $\widetilde{E}_t$ 的新的安全分组条件的定义如下所示。

定义 8.2　在任意一个时刻 t，对于任意一个节点 $v\in V_t$，如果 v 与其他任意一个分组

$S \subset V_t$ 中至多一个节点有边,包括预测边 $\widetilde{E}_t$,那么这些分组满足安全分组条件。

也就是说,$\forall (v,w) \in (E_t \cup \widetilde{E}_t): v \in S \wedge w \in S \Rightarrow v = w$,该条件保证分组内边的稀疏性;$\forall (v,w),(v,z) \in (E_t \cup \widetilde{E}_t): v \in S_1, w \in S_2 \wedge z \in S_2 \Rightarrow w = z$,该条件保证分组间边的稀疏性。

图 8.14 展示了一个带有预测边的网络拓扑结构图,其中实线代表当前已经存在的边,虚线代表通过链路预测算法预测出来的边。如果按照静态网络中的安全分组条件来进行分组,节点 1 和节点 10 是可以被分在同一组中的。但是如果按照动态网络中新的安全分组条件来进行分组,节点 1 和节点 10 是不能被分在同一组中的,因为节点 5 与节点 10 之间存在链接,而节点 1 和节点 5 之间被预测出来将会有一条边。节点 5 不能与同一个分组中的两个节点存在链接(包括预测边),因此节点 1 和节点 10 无法被分在同一组中。

2. 基于共同邻居的链路预测方法

本节介绍用于支持动态社交网络中链路预测的三个度量标准:时间权重、共同邻居的变化程度和共同邻居间的亲密度。时间权重反映了网络拓扑结构是随着时间进行变化的,并且在越接近当前的时刻权重越大。共同邻居的变化程度表示每个邻居节点在当前时段的稳定性,每个邻居节点在当前一段时间内越稳定,即变化越小,该权重就越大。共同邻居间的亲密度用于衡量两个节点之间的

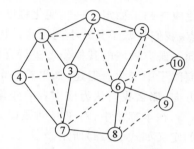

图 8.14　带预测边的网络拓扑图

相似度,如果两个节点之间的共同邻居趋于相同,那么这两个节点之间的相似度也就越高。

1) 时间权重

静态社交网络中的链路预测方法通常只关注于链路的存在与否,而不是链路存在的时间或者出现的频率。但是在实际的社交网络中,链路的状态是时刻变化的,在不同时刻存在的链路对预测结果会有不同的影响。如图 8.15 中,如果只考虑当前时刻 t_3 的网络拓扑结构,可以看出两个黑色节点之间建立链接的可能性比较低;但如果我们考虑了网络的历史信息,通过 t_1 时刻和 t_2 时刻的网络拓扑结构图可以看出,这两个黑色节点之间的联系还是比较紧密的,相对而言它们建立链接的可能性也比较高。这就凸显了时间权重对动态社交网络中链路预测的重要性,加入时间权重使得预测的信息更加全面和客观,预测的结果更为准确。当然,越接近当前时刻的网络拓扑结构图对链路预测的影响就越大。例如,三年内曾经合作过的研究者在未来合作的概率显然要大于十年前合作过的研究者。因此,时间权重将随着时间的临近而增长。在本算法中,我们定义时间权重 $W(t)$ 为一个时间衰减函数,如

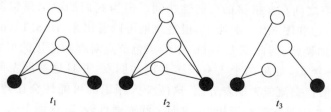

t_1　　　　t_2　　　　t_3

图 8.15　时间权重的一个例子

式（8-23）所示。

$$W(t) = e^{-\lambda(T-t)} \tag{8-23}$$

2）共同邻居的变化程度

在不考虑网络历史信息的链路预测算法中，共同邻居算法是最常用的一种。共同邻居算法认为两个节点之间共同的邻居越多，这两个节点在未来产生链接的可能性就越大。共同邻居算法因为计算复杂度低又具有较好的性能而被广泛使用。然而，由于没有将共同邻居节点的行为变化考虑在内，共同邻居算法对于实际的动态社交网络是有缺陷的。在共同邻居算法中，每个共同邻居节点的权重可以认为都是 1；但是在本文提出的算法中，我们定义了共同邻居的变化程度，算法将根据共同邻居节点在动态社交网络中的行为变化，赋予其各自不同的权重。

在动态社交网络中，节点之间的关系会不断发生变化，但从长时期来看，每个节点的变化应该趋于稳定。一些变化程度非常大的、与其他大多数节点都不同的可以认为是异常节点，我们将赋予其较小的权重。比如说，在学术论文合作系统中，一个作者通常会与和自己同一研究领域的其他作者进行合作，那么即使该作者的链接关系发生变化，也只会在这一研究圈子中变化。但是，如果某一个作者经常跳出其当前的研究圈子，也就是经常改变其研究方向，那么我们认为该作者的变化程度较大，属于异常点，对链路预测结果的贡献较小。

在本算法中，对于时间段 $(1,2,3,\cdots,t,\cdots,T)$，共同邻居节点 v_m 的变化程度 $W_t(v_m)$ 的定义如式（8.24）所示。

$$W_t(v_m) = \frac{1}{\sum_{t=2}^{T} d_{t-1,t} / \Delta t} \tag{8-24}$$

其中，v_m 是 t 时刻网络拓扑图中节点 v_i 和节点 v_j 之间的某个共同邻居；T 为当前时刻；ΔT 为从时刻 1 到当前时刻 T 之间的时间间隔；$d_{t-1,t}$ 为节点 v_m 在 $t-1$ 时刻和 t 时刻之间的欧氏距离。

3）共同邻居间的亲密度

在进行链路预测时，链路预测方法利用节点的属性信息以及网络拓扑结构。信息越多越充分，预测的效果必然越好。但是，目前几种经典的链路预测算法均存在问题，它们运用的网络拓扑结构信息有限。就拿共同邻居算法来说，共同邻居算法仅仅利用了两个节点之间的共同邻居的数量信息，而没有考虑这些共同邻居节点之间的联系，忽略了这些共同邻居节点组成的局部群体的紧密程度。

图 8.16（a）和图 8.16（b）的白色节点是黑色节点对的共同邻居集合，两图中的共同邻居节点个数相等。如果利用共同邻居算法进行链路预测，两图中黑色节点对的相似度是相等的，即两个黑色节点之间存在链接的可能性相同。但当我们抽取出只包含共同邻居节点的子图后，如图 8.16（c）和图 8.16（d）所示，很直观地可以看出来，图 8.16（d）中的共同邻居比图 8.16（c）中的更加稠密，因此图 8.16（b）中的黑色节点对存在链接的可能性更高。这也与现实社会中的交际类似，如果两个人有很多共同的朋友，并且这些朋友间的联系也比较紧密，那么通过彼此信息交流或者朋友介绍，这两个人相识的可能性会比较大，即存在链接的概率较高；但如果这些朋友彼此不相识，他们之间连通性较差，这两个人交流相识的机会就比较少，即存在链接的概率较小。这就表明两节点间共同邻居的紧密程度会影响两者之间

链接存在的概率。

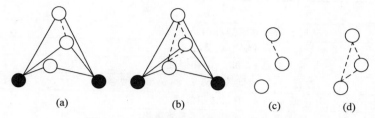

图 8.16　共同邻居间亲密度的一个例子

基于上述思想，下面定义了一个在 t 时刻表示共同邻居节点之间关系紧密程度的参数指标。

共同邻居间的亲密度 $W_t(v_i,v_j)$，具体定义如式（8-25）所示。

$$W_t(v_i,v_j)=\ln(|N|) \tag{8-25}$$

其中，$N=\{<v_a,v_b>|<v_a,v_b>\in E,v_a\in \Gamma(v_i)\bigcap\Gamma(v_j),v_b\in \Gamma(v_i)\bigcap\Gamma(v_j)\}$，$\Gamma(v)$ 为节点 v 的邻居节点，$|N|$ 即为共同邻居节点之间存在的边数。

4）重定义的共同邻居

共同邻居算法的核心思想是找到两个待预测节点对之间的共同邻居。但是，共同邻居算法以及目前许多基于共同邻居思想改进的链路预测算法都只考虑了一跳以内的共同邻居。例如，如果利用共同邻居算法来进行链路预测，图 8.17 中的黑色节点 1 和节点 6 之间没有共同邻居，也就是说节点 1 和节点 6 之间的预测值为 0，即在未来节点 1 和节点 6 之间不可能产生联系。但是，从直观上来看，节点 1 和节点 6 之间产生链接的可能性还是较大的。

为了解决共同邻居算法的这个问题，本节根据定义 8.3 重定义了两个待预测节点对 (v_i,v_j) 之间的共同邻居，利用我们提出的算法，图 8.17 中的黑色节点 1 和节点 6 之间将会拥有共同邻居：节点 3 和节点 4，由此，在未来节点 1 和节点 6 之间是有可能产生联系的。由上述例子可以看出，重定义的共同邻居将会提高链路预测的准确度。

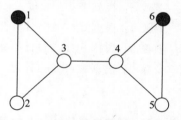

图 8.17　重定义共同邻居的一个例子

定义 8.3　如果 $F(v_i,v_k)>0$，并且 $F(v_j,v_k)>0$，那么节点 v_k 是节点 v_i 和节点 v_j 之间的共同邻居，其中，$F(v_i,v_j)$ 代表了节点 v_i 和 v_j 之间的相似度。

整体算法描述如下。

（1）算法中的符号描述。

在本节中，我们首先为大家介绍算法中常用的一些符号及其意义，如表 8.6 所示。

表 8.6　常用的符号描述

符　号	描　　述
$V_t\backslash V_{t-1}$	t 时刻新加入的节点
$\widetilde{E}_t$	原有节点之间在 $t+1$ 时刻可能产生的新边

符　　　号	描　　　述
$\widetilde{G}_t$	t 时刻带有预测边的网络拓扑图
$\Gamma(v_i)$	节点 v_i 的邻居节点集合
$f_t(v_i,v_j)$	t 时刻节点 v_i 和 v_j 的相似度
$F(v_i,v_j)$	综合 $1\sim T$ 时间段节点 v_i 和 v_j 的相似度
$P(v_i,v_j)$	节点 v_i 和 v_j 的最终相似度
$S_t(v_i,v_j)$	t 时刻节点 v_i 和 v_j 的共同邻居集合
$W_t(v_i,v_j)$	t 时刻节点 v_i 和 v_j 的共同邻居间的亲密度
$W_t(v_i)$	$1\sim t$ 时间段节点 v_i 的变化程度
$W(t)$	t 时刻的时间权重
$N_T(v_i,v_j)$	T 时刻节点 v_i 和 v_j 以及它们之间重定义的共同邻居的集合

(2) 算法流程及伪代码。

算法的大致流程如下。

步骤1:根据当前的网络拓扑结果图 G_t 以及预测模型,预测出原有节点 V_t 之间在 $t+1$ 时刻可能产生的新的链接 $\widetilde{E}_t$,并形成带有预测边 $\widetilde{E}_t$ 的网络拓扑图 $\widetilde{G}_t = (V_t, E_t \bigcup \widetilde{E}_t)$。

步骤2:根据 $\widetilde{G}_t$ 对在该时刻新加入的节点 $V_t \backslash V_{t-1}$ 进行分组,分组满足新的安全分组条件。其中,当 $t=1$ 时,该步骤忽略。

对于 G_t 中的每一对待预测节点对 (v_i, v_j),利用预测模型进行链路预测的步骤如下所示:

步骤3:找到节点 v_i 和 v_j 之间的共同邻居集合 $S_t(v_i, v_j)$。

步骤4:根据式(8-25)计算集合 $S_t(v_i, v_j)$ 内的节点之间的亲密度 $W_t(v_i, v_j)$。

步骤5:根据式(8-23)计算集合 $S_t(v_i, v_j)$ 内的每个节点的变化程度 $W_t(v_i)$。

步骤6:根据式(8-26)计算 t 时刻节点 v_i 和 v_j 的相似度 $f_t(v_i, v_j)$ 为

$$f_t(v_i,v_j) = W_t(v_i,v_j) \cdot \sum_{v_m \in S_t(v_i,v_j)} W_t(v_m) \tag{8-26}$$

步骤7:综合考虑 $1\sim T$ 时间段,根据式(8-27)计算节点 v_i 和 v_j 的相似度 $F(v_i, v_j)$ 为

$$F(v_i,v_j) = \sum_{t=1}^{T} W(t) \cdot f_t(v_i,v_j) \tag{8-27}$$

步骤8:根据 F 重定义节点 v_i 和 v_j 之间的共同邻居。如果 $F(v_i, v_j) > 0$,并且 $F(v_j, v_k) > 0$,那么节点 v_k 是节点 v_i 和节点 v_j 之间的共同邻居,由此可以得到重定义的共同邻居集合 $N_T(v_i, v_j)$。

步骤9:根据式(8-28)计算节点 v_i 和 v_j 的最终相似度 $P(v_i, v_j)$ 为

$$P(v_i,v_j) = \sum_{v_x, v_y \in N_t(v_i,v_j)} F(v_x,v_y) \tag{8-28}$$

其中, $F(v_x, v_y)$ 是 $N_t(v_i, v_j)$ 内的节点之间边的权重。 $P(v_i, v_j)$ 越高意味着节点 v_i 和 v_j 之间产生链接的可能性越大。

算法的伪代码如下所示。

算法 1：动态社交网络基于链路预测的隐私和匿名保护机制

```
1:for t = 1→T do
2:     PREDICTION(vi,vj);
3:            for v ∈ V_t \ V_(t-1) do
4:            flag←true;
5:            for class c do
6:                   if NEWSAFETYCONDITION(c,v) and SIZE(c)< k then
7:                         INSERT(c,v);
8:                         flag←false;
9:                         break;
10:                end if
11:           end for
12:           if flag then
13:                  INSERT(CREANEWCLASS(),v);
14:           end if
15:     end for
16:end for
17:
18:function PREDICTION(v_i,v_j);
19:     for t = 1→T do
20:           S_t(v_i,v_j)←T(v_i)∩T(v_j);
21:           w_i←W_t(v_i,v_j);
22:           cnd←    ∑      W_t(v_m);
                 (v_m∈S_t(v_i,v_j))
23:           f_t(v_i,v_j)←wi·cnd;
24:     end for
25:     F(v_i,v_j)← ∑_{t=1}^{T} W(t)·f_t(v_i,v_j);
26:     P(v_i,v_j)←    ∑      F(v_x,v_y);
                  v_x,v_y∈N_T(v_i,v_j)
27:end function
```

8.5　本章小结

　　本章主要对社交网络中的安全威胁与隐私保护进行了主要介绍。在安全路由方面，需要考虑两个因素：路由方式与安全保证。路由方式即选择正确的路由方式，从而使得数据包能够以尽可能短的路径以最大的概率到达目标节点；安全保证即在路由过程中要及时排查自私节点与恶意节点，以防止丢包与信息篡改。在隐私保护方面，我们将社交网络建模为一个巨大的图结构，分别对节点、路径以及图结构的隐私进行保护。最后从静态网络和动态网络两方面对链路预测机制在社交网络隐私保护中的应用做了详细介绍。

思考题

　　1. 社交网络的特点是什么？

2. 社交网络面临的安全威胁有哪些?

3. 基于上下文信息的路由算法的原理是什么?

4. 列举一种针对图数据的隐私保护发布方案。

5. 链路预测的目的是什么?

参 考 文 献

[1]　王路宁. 动态社交网络下面向隐私保护的链路预测研究[D]. 大连：大连理工大学,2016.

[2]　刘栋. 社交网络数据发布中隐私保护机制的研究[D]. 大连：大连理工大学,2018.

[3]　刘坐松. 基于模糊集合的可信上下文社交网络路由算法[D]. 大连：大连理工大学,2014.

附录 A

密码学基础

无线网络技术的飞速发展,给我们的生活带来了各种各样的便利,但是如果被犯罪分子利用,就将危及我们的生活。例如,在当今的美国社会,窃取身份证是增长次数最快的犯罪方式之一。它之所以盛行,正是因为法律惩罚没有跟上犯罪的步伐,而且这种犯罪很容易实施。这是因为大多数的个人信息缺乏保护。要享受新技术给予的好处,避免陷阱,就必须采用一些保护我们消息传递的方法。如何实现这些,正是本章内容的主题。

密码学是研究编制密码和破译密码的技术科学。David Kahn 在其被称为"密码学圣经"的著作中是这样定义密码学的:"密码学就是保护。通信对于现代人来说,就好比甲壳对于海龟、墨汁对于乌贼、伪装对于变色龙一样重要。"它已经有了好几百年的历史,但它仍然年轻、新颖和令人兴奋。它是一个不断变化而且出现新挑战的领域。

A.1 基本知识

密码技术通过信息的变换或编码,将机密消息变换成乱码型文字,使非指定的接收者不能从其截获的乱码中得到任何有意义的信息,并且不能伪造任何乱码型的信息。研究密码技术的学科称为密码学,它包含两个分支,即密码编码学和密码分析学。前者意在对信息进行编码实现信息隐蔽,后者研究分析如何破译密码。两者相互对立,相互促进。最好的算法是那些已经公开的,并经过世界上最好的密码分析家们多年攻击还是不能破译的算法。

密码攻击的方法一般分为穷举法和分析方法两类。如果在现在或将来,一个算法用可得到的资源都不能破译,这个算法则被认为在计算上是安全的(或者说强的)。

根据生成密文所使用的算法本质,加密法可以进一步分类,如图 A.1 所示。

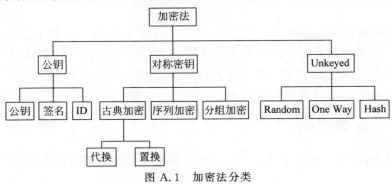

图 A.1　加密法分类

本章我们将讨论密码学的一些基本内容,主要包括以下三方面。

(1) 对称密钥密码;

(2) 非对称密码;

(3) 消息认证。

A.2　对称密码机制

对称密码是一种加解密使用相同密钥的密码体制,也称为传统密码。在对称密码中,主要可以分为两个大类:古典密码和现代密码。古典加密法就是以单个字母为作用对象的加密法,而现代加密法则是以明文的二元表示为作用对象。以这种方式描绘其区别,能更加清楚地明白古典加密法是有其历史原因的,而现代加密法更注重的是实用性。

所谓对称,就是指同一个密钥可以同时用于信息的加密和解密。采用这种加密方法的双方使用同样的密钥进行加密和解密。

对称加密方案主要包含以下五个相关部分。

(1) 明文:算法的输入,可以理解的原始消息或者数据。

(2) 加密算法:负责对明文进行各种代换和变换。

(3) 密钥:也是加密算法的输入。密钥独立于明文。算法将根据所用的特定密钥而产生不同的输出,算法所用的代换和变换也依靠密钥。

(4) 密文:算法的输出,看起来完全随机而杂乱的数据,依赖于明文和密钥。对于给定的消息,不同的密钥将产生不同的密文。密文是随机的数据流,并且其意义是不可以理解的。

(5) 解密算法:本质上是加密算法的逆。输入密文和密钥可以用解密算法恢复出明文。

根据上面的介绍,我们知道,发送方产生的明文消息 P,一般由英语字母组成。而目前最常用的是基于二进制字母表{1,0}的二进制串。加密的时候,先产生一个密钥 K。一种方案是密钥由信息的发送方产生,需要通过某种安全渠道将其发送给接收方;另一种方案是由第三方产生密钥后再安全地分发给发送方和接收方。

加密算法 E 根据输入的信息 P 和密钥 K 最终生成密文 C,即

$$C = E_K(P)$$

该式表明密文 C 是明文 P 的函数,而具体的函数由密钥 K 的值决定。

拥有密钥 K 的接收者,可以通过解密算法 D 进行转换,以得到明文:

$$P = D_K(C)$$

假设某密码破译人员窃得密文 C,但是并不知道明文 P 以及密钥 K,而企图得到密钥 K 和明文 P。如果他知道加密算法 E 和解密算法 D,并且只对某些特定信息感兴趣的话,那么他将分析密文,并根据这种加密算法的特点,将注意力集中在计算明文的估计值 P 上,然后通过计算的明文 P 计算得到密钥 K。

A.2.1　古典密码

广义上说,古典密码可以定义为不要求用计算机来实现的所有加密算法。这并不是说

它不能在计算机上实现,而是因为它们步骤简单,可以通过手工加密和解密。大多数古典加密法在计算机普及之前就已经开发出来了,到目前,它们已经很容易被破解,任何重要的运用程序都不会再使用这些加密方法,所以我们在这里也就简单讨论下。

实际上,在古典加密方法中,主要就用到了两种加密技巧:代换和置换。

1. 代换法

代换法是将明文字母替换成其他字母、数字或符号的方法。如果把明文看作二进制序列的话,那么代换就是用密文位串来代换明文位串。

已知最早的代换密码是由 Julius Caesar 发明的 Caesar 密码。它非常简单,就是对字母表中的每一个字母用它之后的第三个字母来代换。例如:

明文: Hello world
密文: khoor zruog

苏托尼厄斯在公元二世纪写的《恺撒传》中提到三个位置的恺撒移位,但显然从 $1\sim25$ 个位置的移位我们都可以使用,但是就算 Caesar 有 25 种可能,也依旧很不安全。通过允许任意代换,密钥空间将会急剧增大。例如,Caesar 密码的对应为

明码表 ABCDEFGHIJKLMNOPQRSTUVWXYZ
密码表 DEFGHIJKLMNOPQRSTUVWXYZABC

如果密文是 26 个字母的任意置换,那么就有 26! 或者大于 4×10^{26} 种可能的密钥,这比 DES 的密钥空间要大 10 个数量级,应该可以抵抗穷举攻击了。这种方法称为单表代换密码,这是因为每条消息用一个字母表(给出从明文字母到密文字母的映射)加密。例如:

明码表 ABCDEFGHIJKLMNOPQRSTUVWXYZ
密码表 QWERTYUIOPASDFGHJKLZXCVBNM
明文 FOREST
密文 YGKTLZ

我们可以通过使用字母频度分析法来破解恺撒密码和单表代换加密方法。

尽管我们不知道是谁发现了字母频度的差异可以用于破解密码,但是 9 世纪的科学家阿尔·金迪在《关于破译加密信息的手稿》对该技术做了最早的描述:

"如果我们知道一条加密信息所使用的语言,那么破译这条加密信息的方法就是找出同样的语言写的一篇其他文章,大约一页纸长,然后我们计算其中每个字母的出现频率。我们将频率最高的字母标为 1 号,频率排第 2 的标为 2 号,第 3 标为 3 号,以此类推,直到数完样品文章中所有字母。然后我们观察需要破译的密文,同样分类出所有的字母,找出频率最高的字母,并全部用样本文章中频率最高的字母替换。第 2 高频的字母用样本中 2 号代替,第 3 则用 3 号替换,直到密文中所有字母均已被样本中的字母替换。"

以英文为例,首先我们以一篇或几篇一定长度的普通文章建立字母表中每个字母的频度表。在分析密文中的字母频率,将其对照即可破解。

虽然设密者后来针对频率分析技术对以前的设密方法做了些改进,比如说引进空符号等,目的是打破正常字母的出现频率,但是这种微小的改进已经无法掩盖单字母替换法的巨大缺陷了。到 16 世纪,最好的密码破译师已经能够破译当时大多数的加密信息。

2. 置换法

上面我们讨论的例子是将明文字母代换为密文字母。与之极不相同的另外一种对称加密算法中常用到的是通过置换而形成新的排列，这种技术称为置换法。

最简单的例子是栅栏技术，按照对角线的顺序写入明文，而按行的顺序读出作为密文。例如，我们用深度为 2 的栅栏技术加密信息"john is a programmer"，可以写成

```
j h i a r g a m r
o n s p o r m e
```

加密后的信息可以写成 jhiargamronsporme。

这种技巧对密码分析人员来说实在微不足道。一种更加复杂的方案是把消息一行一行地写成矩阵块，然后按列读出，但是把列的次序打乱。列的次序就是算法的密钥。例如：

```
密钥：4 3 1 2 5 6 7
明文：j o h n i s a
     p r o g r a m
     m e r w x y z
密文：horngworejpmirxsayamz
```

单纯的置换密码因为有着与原始明文相同的字母频率特征而容易被识破。如同列变换所示，密码分析可以直接从将密文排列成矩阵入手，再来处理列的位置。双字母音节和三字母音节分析办法可以派上用场。

A.2.2　序列密码

1. 概述

因为计算机网络的出现，使得信息不论是什么形式，不论数量有多大，都可以不受距离的限制，极为方便地在网络上共享资源。但是，这种变革的代价是使消息完全失去了安全性，可能随时都有第三方在"监听"你的通信。加密成为了信息保护的关键，它是确保他人偷听到消息但是无法理解的唯一方案。

但是，由于计算机改变了数据信息的管理方法，它将信息都变成了 0 和 1 的数据流，所以信息的隐藏方法也随之改变。新的加密方法是基于计算机的特征而不是语言结构了，其设计与使用的焦点放在二进制（位）而不是字母上。本节介绍的序列密码以及下节介绍的分组加密都是基于计算机特征设计的。

序列密码也称为流密码（stream cipher），它是对称密码算法的一种。

序列密码具有实现简单、便于硬件实施、加解密处理速度快、没有或只有有限的错误传播等特点，因此在实际应用中，特别是专用或机密机构中保持着优势，典型的应用领域包括无线通信和外交通信。

1949 年，Shannon 证明了只有一次一密的密码体制是绝对安全的，这给序列密码技术的研究以强大的支持。序列密码方案的发展是模仿一次一密系统的尝试，或者说一次一密的密码方案是序列密码的雏形。如果序列密码所使用的是真正随机方式的、与消息流长度相同的密钥流，则此时的序列密码就是一次一密的密码体制。若能以一种方式产生一个随

机序列(密钥流),这一序列由密钥所确定,则利用这样的序列就可以进行加密,即将密钥、明文表示成连续的符号或二进制,对应地进行加密。

　　一个简单的流加密法需要一个"随机"的二进制位流作为密钥。通过将明文与这个随机的密钥流进行 XOR 逻辑运算,就可以生成密文;再将密文与相同的随机密钥流进行 XOR 逻辑运算即可还原明文,该过程如图 A.2 所示。

图 A.2　简单的序列加密法

　　要实现 XOR 逻辑运算很简单,当作用于位一级上时,这是一个快速而有效的加密法。唯一要解决的是如何生成随机密钥流。这之所以是一个问题,是因为密钥流必须是随机出现的,并且合法用户可以很容易地再生该密钥流。如果密钥流是重复的位序列,容易被记住,但会很不安全;而一个与明文一样长的随机序列记忆起来却很困难。所以这是一个两难的问题:如何生成一个"随机"位序列作为密钥流,既能保证易于使用,又不会因为太短以至于不安全。通常的解决方案是开发一个随机位生成器,它是基于一个短的密钥来产生密钥流的。生成器用来产生密钥流,而用户只需要记住如何启动生成器就可以了。

　　有两种常用的密钥流生成器:同步与自同步的。同步生成器所生成的密钥流与明文流无关。因此,如果在传输时丢失了一个密文字符,密文与密钥流将不能对齐。要正确还原明文,密钥流必须再次同步。自同步流加密法是根据前 n 个密钥字符来生成密钥流的。如果某个密文字符有错,在 n 个密文字符之后,密钥流可以自行同步。

2. RC4

　　下面介绍一种运用广泛的序列加密方法——RC4。

　　RC4 是由麻省理工学院 Ron Rivest 开发的,Ron Rivest 同时也是 RSA 的开发者之一。RC4 可能是世界上使用最为广泛的序列加密算法簇,已应用于 Microsoft Windows、Lotus Notes、无线系统和其他软件应用程序中。它使用安全套接字层(secure sockets layer,SSL)来保护因特网的信息流。之所以称其为簇,是由于其核心部分的 S-box 可为任意长度,但一般为 256B。该算法的速度可以达到 DES 加密的 10 倍左右,且具有很高级别的非线性。RC4 起初是用于保护商业机密的,但是在 1994 年 9 月,它的算法被发布在互联网上,也就不再具有商业机密了。RC4 也被称为 ARC4(alleged RC4,所谓的 RC4)。

　　RC4 的大小随参数 n 的值而变化。RC4 可以实现一个秘密的内部状态,对 n 位数,有 $N=2^n$ 种可能,通常 $n=8$。RC4 可以生成总共 256 个元素的数组 S,每个输出都是数组 S 中的一个随机元素。其实现共需要两个处理过程:一个是密钥调度算法(key scheduling algorithm,KSA),用来设置 S 的初始排列顺序;一个是伪随机生成算法(pseudo random generation algorithm,PRGA),用来选取随机元素并修改 S 的原始排列顺序。

　　RC4 的具体步骤为:KSA 先初始化 S,即 $S(i)=i$(其中 $i=0\sim255$)。选取一系列数字,并加载到密钥数组 $K(0)\sim K(255)$。你不用去选取这 256 个数,只要不断重复直到 K 被填满即可。数组 S 可以利用以下程序来实现随机化:

```
j = 0;
for i = 0 to 255 do
    begin
    j = i + S(i) + K(i)(mod 25);
    swap(S(i),S(j));
    end
```

KSA 完成 S 的初始随机化后,PRGA 就将接手工作。它为密钥流选取字节,即从 S 中选取随机元素,并修改 S 以便下一次选取。选取过程取决于索引 i 和 j,这两个索引值都是从 0 开始的。下面程序就是选取密钥流的每一字节,加密部分的代码如下:

```
i = i + 1(mod 256);
j = j + S(i)(mod 256);
swap(S(i),S(j));
t = S(i) + S(i)(mod 256);
k = S(t);
```

由于 RC4 算法加密采用的是 XOR,所以,一旦子密钥序列出现了重复,密文就有可能被破解。关于如何破解 XOR 加密,请参看 Bruce Schneier 的 *Applied Cryptography* 一书 1.4 节 Simple XOR,在此就不细说了。那么,RC4 算法生成的子密钥序列是否会出现重复呢?由于存在部分弱密钥,使得子密钥序列在不到 100 万字节内就发生了完全的重复;如果是部分重复,则可能在不到 10 万字节内就能发生。因此,推荐在使用 RC4 算法时,必须对加密密钥进行测试,判断其是否为弱密钥。RC4 算法的不足主要体现在无线网络中 IV (初始化向量)不变性漏洞。

根据目前的分析结果,没有任何分析对于密钥长度达到 128 位的 RC4 有效,所以,RC4 依旧是目前最安全的加密算法之一。

A.2.3　分组密码

在今天所使用的加密法中,分组密码是最常见的类型。分组密码又叫块加密,它们是从替换-换位加密法到计算机加密的概括。正如其名,分组加密法每次作用于固定大小的位分组,而序列密码则每次只加密一位。分组加密的特点如图 A.3 所示。

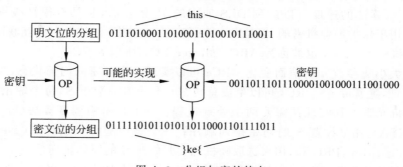

图 A.3　分组加密的特点

分组机密法将明文分成 m 个分组 $M_1,M_2,\cdots,M_m$,并对每个分组执行相同的变换,从而生成 m 个密文分组 $C_1,C_2,\cdots,C_m$。分组的大小可以是任意数目的位,但通常是很大的数目。在图 A.3 中,分组加密法以每组 32 位的方式接收明文,以一个 32 位的密钥在分组上操作,生成32位的分组密文。明文的下一个32位分组将映射到密文的另一个32位分组。这种加密方法是对整个明文操作的,而不仅仅是字符。

下面我们介绍具体的分组加密方法。

1. 数据加密标准

20世纪70年代中期,美国政府提出需要一个功能强大的标准加密系统。美国国家技术与标准局递交了开发这种加密法的请求。有很多公司着手这项工作并且提交了一些提议,最后IBM的Lucifer加密系统获得胜利。1977年,根据美国国家安全局的建议进行了一些修改之后,Lucifer就成了数据加密标准(或DES)。DES一直都是很多应用系统选用的加密法。DES用一个64位的密钥来加密每个分组长度为64位的明文,并生成每个分组长度为64位的密文。DES是一个包含了16个阶段的替换-置换加密法。尽管DES密钥长度为64位,但用户只提供其中的56位,其余8位分别在8、16、24、32、40、48、56和64位上,结果是每个8位的密钥都包含了用户提供的7位和DES确定的1位。添加的位是有选择的,以便使每个8位的分组都有奇数个奇偶校验位。

DES加密过程一共包括16个阶段,每个阶段都使用一个48位的密钥,该密钥是从最初的64位密钥派生而来的。该密钥要穿过PC-1分组(permuted choice1,交换选择1)。PC-1分组负责取出由用户提供的56个位。这56份分成左右两半,每一半都左移1或2位,新的56位用PC-2(permuted choice2,交换选择2)压缩,抛弃8位后,为某个阶段生成一个48位的密钥。其过程如图A.4所示。

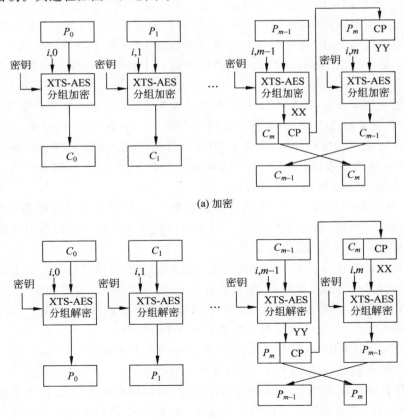

(a) 加密

(b) 解密

图 A.4 DES 加密过程

PC-1 从密钥中选取 56 位，并按照如下方式重新排列。

```
57 49 41 33 25 17 9 1 58 50 42 34 26 18
10 2 59 51 43 35 27 19 11 3 60 52 44 36
63 55 47 39 31 23 15 7 62 54 46 38 30 22
14 6 61 53 45 37 29 21 13 5 28 20 12 4
```

PC-1 从 C_i 和 D_i 的 56 位中选取 48 位，并按照如下方式重新排列。

```
14 17 11 24 1 5 3 28 15 6 21 10
23 19 12 4 26 8 16 7 27 20 13 2
41 52 31 37 47 55 30 40 51 45 33 48
44 49 39 56 34 53 46 42 50 36 29 32
```

同时，不同阶段左移动的位数也不一样，具体如下。

```
阶段数：1 2 3 4 5 6 7 8 9 10 11 12 13 14 15 16
左移位数：1 1 2 2 2 2 2 2 1 2 2 2 2 2 2 1
```

这个是分组加密法的另外一个特征，密钥的操作非常精巧，这是经典加密法所不具备的。在经典加密法中，密钥就是密钥；但在分组加密法中，密钥随着明文的每次置换而不同。这就允许加密法的每个阶段使用不同的密钥来执行替换或置换操作。

DES 的每个阶段使用的是不同的子密钥和上一阶段的输出，但执行的操作相同。这些操作定义在三种“盒”中，分别称为扩充盒 E 盒、替换盒 S 盒以及置换盒 P 盒。在 DES 的每个阶段中，这三种盒的运用如图 A.5 所示。

由于每个阶段都很复杂，我们来看看一个 64 位的分组通过 DES 中某个阶段的过程。由于输入分组是已知的，因此我们来看看该分组经过 DES 某个阶段的变化情况。对于该 64 位的分组，左边 32 位保留，以用于该阶段的最后一个操作中；右边的 32 位作为 E 盒的输入。

通过复制一些输入位，E 盒将 32 位的输入扩充为 48 位。下一步操作是将 E 盒的输入与 48 位的子密钥进行 XOR 逻辑运算。该操作将输出一个新的 48 位分组，作为 S 盒的输入。S 盒是 DES 强大功能的源泉，定义了 DES 的替换模式。S 盒共有 8 个不同的盒，每个 S 盒接受一个 6 位的输入，输出一个 4 位的输出。一个 S 盒有 16 列和 4 行，它的每一个原属是一个 4 位的分组，通常用十进制表示。

例如，如果 S 盒中的第一行第五列是十进制数字 7，其实际的二进制表示为 0111。注意，S 盒的列号为 0～15，而行号为 0～3。每个 6 位的输入分成一个行索引和列索引，行索引由位 1 和 6 给定，位 2～5 提供列索引。

DES 中使用的特殊 S 盒不仅仅是在其他分组加密法中使用的替换。为 DES 选用这些特殊 S 盒的原因目前仍然是保密的，但是查看 DES 的 S 盒结构，就可以发现一些加密法的特征。如改变一个输入位，至少会改变两个输出位。其影响是，输入发生了小的改变，在输出中将产生更大的改变，这可以认为是加密法的一个有用特征。

E 盒的输出分成多段，每段有 6 位，而且每段作为 8 个 S 盒的一个输入。每个 S 盒的输出由指定的行和列给定，最后得到 32 位的输出。

最后操作是将初始右半边的 32 位作为左半边，而初始左半边的 32 位与 P 盒的 32 位进行 XOR 逻辑运算，并将运算结果作为右半边的 32 位，这样得到一轮以后的一个输出，再将

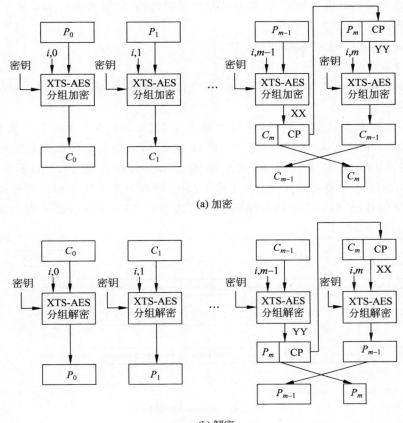

(a) 加密

(b) 解密

图 A.5 DES 三种盒的运用

这个输出作为下一轮的输入。经过 16 个这样的加密阶段,最终得到密文。

DES 解密和加密步骤一致,不同之处仅在于按照反向次序使用密钥。

DES 是一种单钥密码算法,它是一种典型的按分组方式工作的密码。DES 的巧妙之处在于,除了密钥输入顺序之外,其加密和解密的步骤完全相同,这就使得在制作 DES 芯片时易于做到标准化和通用化,这一点尤其适合现代通信的需要。

DES 经由分析验证被认为是一种性能良好的数据加密算法,不仅随机性好,线性复杂度高,而且易于实现。DES 用软件进行解码需要很长时间,而用硬件解码速度很快。

DES 密钥为 56 位,也就是有 2^{56}(约为 7.2×10^{16})种可能性,所以穷举攻击明显是不太实际的。然而,1998 年 7 月,当电子前哨基金会(electronic frontier foundation,EFF)用一台造价不到 25 万美元的"DES 破译机"破译了 DES 时,DES 终于被清楚地证明是不安全的,速度的提高和硬件造价的下降最终会导致 DES 毫无价值。

2. 高级加密标准

随着新的密码分析技术的开发,DES 变得不安全了,其中最严重的一个问题是 DES 加密算法的密钥长度只有 56 位,容易受到穷举密钥搜索攻击。于是美国国家标准与技术局在 1999 年发出了一个通告,要求开发新的加密标准,其要求如下。

（1）应该是对称分组加密算法，具有可变长度的密钥，分组大小为128位。

（2）应该比三重DES更加安全。

（3）应该可以用于公共领域并免费提供。

（4）应至少在30年内是安全的。

最终Joan Daemen和Vincent Rijment提交的Rijndael加密算法通过了层层选拔，成为最终的胜利者。

Rijndael是一种灵活的算法，其分组大小可变（128、192或者256位），密钥大小可变（128、192或者256位），迭代次数也可变（10、12或者14），而且迭代次数与密钥大小有关。正因为其灵活，Rijndael实际上有三个版本：AES-128、AES-192、AES-256。常见的Rijndael结构如图A.6所示。Rijndael不像DES那样在每个阶段中使用替换和置换，而是进行多重循环的替换、列混合密钥加操作（注意，这里把AES和Rijndael视为等价的，可以交替使用）。

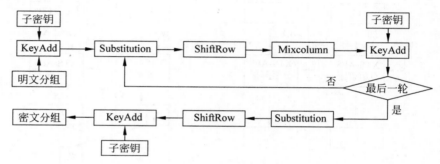

图A.6　Rijndael的结构

Rijndael首先将明文按字节分成列组，前4字节组成第一列，接下来4字节组成第二列，以此类推。如果分组为128位，那么就可组成一个4×4的矩阵。对于更大的分组，矩阵的列相应增加。用相同的方法也将密钥分成矩阵。Rijndael替换操作使用的是一个S盒。Rijndael的S盒是一个16×16的矩阵，列的每个元素作为输入，用来指定S盒的地址：前4位指定S盒的行，后4列指定S盒的列。由行和列所确定的S盒位置的元素取代了明文矩阵中相应位置的元素。

Rijndael的S盒实际上执行从输入到输出的代数转换，其矩阵的表示形式如下：

$$\begin{pmatrix} b_0 \\ b_1 \\ b_2 \\ b_3 \\ b_4 \\ b_5 \\ b_6 \\ b_7 \end{pmatrix} = \begin{pmatrix} 1 & 0 & 0 & 0 & 1 & 1 & 1 & 1 \\ 1 & 1 & 0 & 0 & 0 & 1 & 1 & 1 \\ 1 & 1 & 1 & 0 & 0 & 0 & 1 & 1 \\ 1 & 1 & 1 & 1 & 0 & 0 & 0 & 1 \\ 1 & 1 & 1 & 1 & 1 & 0 & 0 & 0 \\ 0 & 1 & 1 & 1 & 1 & 1 & 0 & 0 \\ 0 & 0 & 1 & 1 & 1 & 1 & 1 & 0 \\ 0 & 0 & 0 & 1 & 1 & 1 & 1 & 1 \end{pmatrix} \begin{pmatrix} a_0 \\ a_1 \\ a_2 \\ a_3 \\ a_4 \\ a_5 \\ a_6 \\ a_7 \end{pmatrix} + \begin{pmatrix} 1 \\ 1 \\ 0 \\ 0 \\ 0 \\ 1 \\ 1 \\ 0 \end{pmatrix}$$

字节a与给定的矩阵相乘，其结果再加上固定的向量值63（用二进制表示）。

接着对S盒的输出进行移位操作。其中，列的4个行螺旋地左移，即第一行左移0位，第二行左移 1 位,第三行左移 2 位,第四行左移 3 位。通过这个操作,使列完全进行重排,即在移动后的每列中,都包含有未移位前的每个列的 1 字节。接下来就可以进行列内混合了。

列混合是通过矩阵相乘来实现的。经移位后的矩阵与固定的矩阵(以十六进制表示)相乘,如下所示:

$$
\begin{bmatrix} c_0 \\ c_1 \\ c_2 \\ c_3 \end{bmatrix} = \begin{bmatrix} 02 & 03 & 01 & 01 \\ 01 & 02 & 03 & 01 \\ 01 & 01 & 01 & 03 \\ 03 & 01 & 01 & 02 \end{bmatrix} \begin{bmatrix} b_0 \\ b_1 \\ b_2 \\ b_3 \end{bmatrix}
$$

通过列混合操作保证了明文位经过几个迭代轮后已经高度打乱,同时还保证了输入和输出之间的关联极大减小。这就是该算法安全性的两个重要特征。解密操作所使用的是不同的举证。

最后一个阶段是将以上的结果和子密钥进行 XOR 逻辑运算,这样,AES 的一次迭代就完成了。

通过上面的分析我们可以看到,AES 该算法的各个阶段都是精心选择的,步骤简单的同时又能打乱输出。总之,该算法完成了一项令人惊奇的工作。

AES 是目前最安全的加密算法。AES 与 DES 算法的差别在于:如果一秒可以破解 DES,则仍需要花费 1 490 000 亿年才可破解 AES。对于线性攻击,AES 加解密算法 4 轮变换后的线性轨迹的相关性不大于 2^{-75},8 轮变换后不大于 2^{-150};对于差分攻击,AES 算法 4 轮变换后的差分轨迹的预测概率不大于 2^{-150},8 轮变换后不大于 2^{-300}。目前针对 AES 的破解思考主要有以下几种方法:暴力破解、时间选择攻击、旁道攻击、能量攻击法、基于 AES 对称性的攻击方法等。

A.2.4　分组加密工作模式

1. 标准模式

前面的章节详细讨论了 DES 的加密过程。实际上,对于分组加密法,各种不同的加密方法有不同的加密模式,但是主要有下面三种标准模式,任何分组加密法(这样的加密法很多)都可以使用三种标准模式之一:电子编码簿模式(electronic codebook,ECB)、加密-分组-链模式(cipher block chaining,CBC)或输出反馈模式(cipher feedback,CFB)。实际应用中不只这三种模式,但这三种是最为普遍的模式。事实上,一些新的模式正在吸引人们更多的注意,如下面介绍的 CTR 模式。

1) ECB

电子编码簿模式是最简单的模式。它是将一个明文分组然后通过加密算法加密成一个个密文分组,其中一个明文分组对应加密成一个密文分组,其典型应用是单个数据的安全传输(如一个加密密钥)。整个过程如图 A.7 所示。

2) CBC

加密-分组-链模式的实现更加复杂,这个主要是为了增强安全性。由于更加安全,因此它是世界上使用最为普遍的分组加密模式。在这种模式中,来自上一分组的密文与当前明

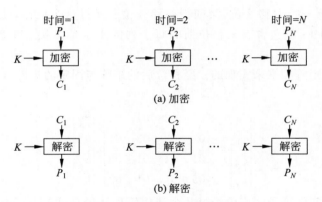

图 A.7   ECB 的工作模式

文分组做 XOR 逻辑运算,其结果就是加密的位分组。其典型应用是面向分组的通用传输、认证。图 A.8 演示了这种模式的操作。在该图中,第一个明文分组与 0 向量做 XOR 逻辑运算,这是 CBC 加密最早的方法,但是不安全,更安全的方法是使用初始向量。

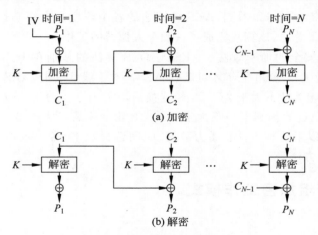

图 A.8   CBC 的工作模式

　　如果为每个消息传输选取不同的 IV,那么两个相同的消息即使使用相同的密钥,也将有不同的密文,这样大大提高了安全性。但是问题是:接收端如何知道所使用的 IV 呢?一种方法是在一个不安全的通道上来产生该 IV。在这种情况下,IV 只使用一次,且永不重复。另外一种更加安全的方法是基于唯一数的概念。唯一数是一个唯一的数字,永不重复使用相同的密钥。它不一定非得保密,可以是消息的数目等。用分组加密法将唯一数加密后生成 IV。如果唯一数附加到了密文的前面,接收端就可以还原 IV。

　　3) CFB

　　密文反馈模式可将分组密码当作序列密码使用,序列密码不需要将明文填充到长度是分组长度的整数倍,且可以实时操作,其典型应用是面向数据流的通用传输、认证。CFB 的具体过程如图 A.9(加密)和图 A.10(解密)所示。

　　尽管 CFB 可以被视为序列密码,但是它和序列密码的典型构造并不一致。典型的序列密码输入某个初始值和密钥,输出位流,这个位流再和明文位进行异或运算;而在 CFB 模

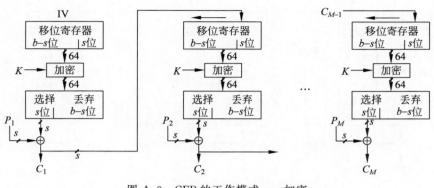

图 A.9 CFB 的工作模式——加密

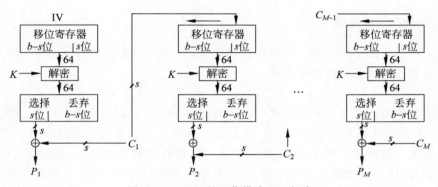

图 A.10 CFB 的工作模式——解密

式里,与明文异或的位流是与明文相关的。输出反馈模式(output feedback mode,OFM)使用分组加密法来为流加密法生成一个随机位流,密钥和分组加密法的初始输入启动这个加密过程,其典型应用是噪声信道上的数据流的传输(如卫星通信)。如图 A.11(加密)、图 A.12(解密)所示,通过将分组加密法的输出反馈给移位寄存器,为流加密法提供了附加的密钥位。

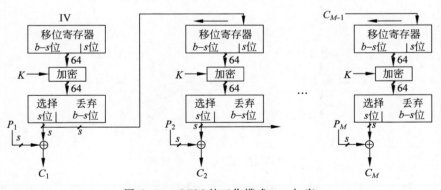

图 A.11 OFM 的工作模式——加密

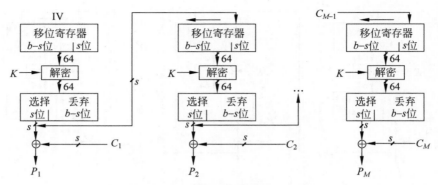

图 A.12　OFM 的工作模式——解密

2．其他分组加密模式

以上三种分组加密模式是三种经典的操作模式。最近人们又开发了多种其他的分组加密模式来代替这三种经典的操作模式。

1）CTR

一种比较新的模式是计数器模式(count register，CTR)，它已经被采纳为 NIST 的标准之一了，因此正受到越来越多的关注。这是另一种序列加密实现的模式，很像 OFM，其典型应用是面向分组的通用传输、用于高速需求。计算器模式如附图 A.13 所示。注意在该模式中，没有使用分组加密法去加密明文，而是用来加密计算器的值，然后再与消息分组进行 XOR 逻辑运算，这样，它就具有了序列加密法的所有特征。计算器被更新和加密后，再与第二个消息分组做 XOR 逻辑运算，以此类推。这种方法的一个很好的特征是，如果同时知道了 m 个计算器的值，就可以并行地将所有消息分组加密或者解密。

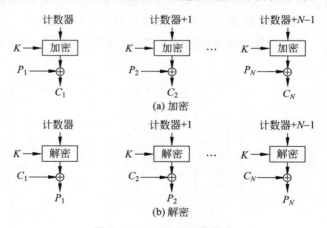

图 A.13　CTR 的工作模式

与 CBC 模式一样，CTR 模式也要求有一个初始向量，用它作为第一个计算器的值，其他计算器的值可以由此 IV 值计算而来。该 IV 值应该是一个唯一数。关于 IV 选择的方法有很多种，如一些加密法的 IV 值是将计算器的值与唯一值链接而成的，其他加密法的 IV 值则是从消息分组数或者循环计算器中获取而来的。

2) XTS-AES 模式

用于面向分组的存储设备的 XTS-AES 模式,其扇区或者数据单元的明文组织为 128 位的分组,分组标记为 $P_0,P_1,\cdots,P_m$。最后的分组也许是空的,也许含有 1～127 个位。换句话说,XTS-AES 算法的输入是 m 个 128 位分组,最后一个分组可能是部分分组。对于加密和解密,每一个分组都独立处理。过程如图 A.14 所示。

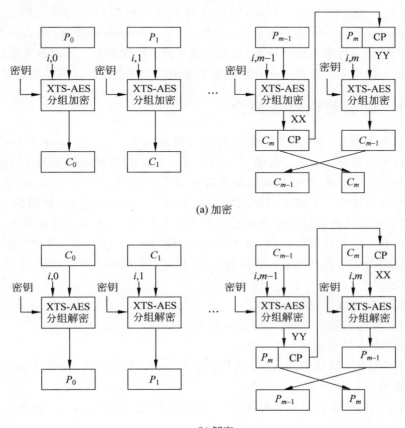

(a) 加密

(b) 解密

图 A.14 XTS-AES 的工作模式

因为没有链接,多个分组可以加密或解密。该模式包括一个时变值(参数 i)以及一个计数器(参数 j)。

A.3 公钥密码算法

在已经介绍过的所有加密算法中,一个主要的问题是密钥。很多算法在加密和解密过程中都采用同一个密钥,这看上去既实用也方便。但问题是,每个有权访问明文的人都必须具有该密钥,密钥的发布成为了这些加密算法的一个弱点。因为如果一个粗心的用户泄露了密钥,那么就等于泄露了所有密文。这个问题就引出了一个新的密码体制——非对称密码体制。非对称密码体制提供的安全性取决于难以解决的数学问题,如将大整数因式分解成质数。公钥系统使用这样两个密钥：一个是公钥，用来加密文本；另一个是安全持有的私钥，只能用此私钥来解密。也可以使用私钥加密某些信息，然后用公钥来解密，而公钥是大家都可以知道的，这样拿此公钥能够解密的人就知道此消息是来自持有私钥的人，从而达到了认证作用。

非对称密码是 1976 年由 Whitfield Diffie 和 Martin Hellman 在其 *New Directions in Cryptography* 一文中提出的。但是，正如来自英国密码术权威的报告所显示的（J. H. Ellis，*The Possibility of Secure Non-Secret Digital Encryption CESG Report*，1970），可能已经提出并检验了一种很相似的机制，但是却被英国当局保密着。无论事实源自什么，非对称密码体制概念的引入以及后来在各种特定系统中的改进都是非常重要的发展。

A.3.1　公钥密码算法简介

用抽象的观点来看，公钥密码就是一种陷门单向函数。若一个函数 f 是单向函数，则对它的定义域中的任意 x 都易于计算 $y=f(x)$；但当 f 的值域中的 y 为已知时，要计算出 x 却是非常困难的。因此，当给定某些辅助信息（陷门信息）时易于计算出 x，就称单向函数 f 是一个陷门单向函数。公钥密码体制就是基于这一原理而设计的，将辅助信息（陷门信息）作为秘密密钥。这类密码的安全强度取决于它所依据的问题的计算复杂度。

每个人都有自己的一把私钥，不能交给别人；同时还有一把公钥，这把公钥可以发给所有你想发信息的人。当信息被某一公钥加密后，只有对应的私钥才能打开，这就保证了信息传递的安全性。

公钥密码体制有以下五部分组成。

（1）明文：算法的输入，为可读信息或数据。

（2）加密算法：用来对明文进行变换。

（3）公钥和私钥：算法的输入，一个用来加密，一个用来解密。加密算法执行的变换取决于公钥或私钥。

（4）密文：算法的输出。它依赖于明文和密钥，对于给定的消息，不同密钥产生的密文亦不同。

（5）解密算法：该算法接收密文和相应的密钥，并产生原始的明文。

实现公钥有很多种方法和算法。大多数都是基于求解难题的，也就是说，是很难解决的问题。人们往往把大数字的因子分解或者找出一个数的对数之类的问题作为公钥系统的基础。但是，要谨记的是，有时候并不能证明这些问题就是真的不能解决。这些问题只是看上去不可解决，因为经历了许多年之后仍然未找到一个简单的解决办法。一旦找到了一个解决办法，那么基于这个问题的加密算法也就不再安全或者有用了。

A.3.2　RSA

最常见的公钥加密算法之一是 RSA，它是基于指数加密概念的，指数加密就是使用乘法来生成密钥，其过程是首先将明文字符转换成数字，即将明文字符的 ASCII 二进制表示转换成相等的整数；计算除明文整数值的 e 次幂后再对 n 取模，即可计算出密文。RSA 实验室对 RSA 密码体制的原理做了如下说明：

用两个很大的质数 p 和 q，计算它们的乘积 $n=pq$，n 是模数；选择一个比 n 小的数 e，它与 $(p-1)(q-1)$ 互为质数，即除了 1 以外，e 和 $(p-1)(q-1)$ 没有其他的公因数；找到另一个数 d，使 $(ed-1)$ 能被 $(p-1)(q-1)$ 整除；值 e 和 d 分别称为公共指数和私有指数。公钥是对数 (n,e)，私钥是一对数 (n,d)。

RSA 算法采用乘方运算，对明文分组 M 和密文分组 C，密钥产生过程如图 A.15 所示，加密、解密过程分别如图 A.16 和图 A.17 所示。

密钥产生	
选择p, q	p和q都是素数，$p \neq q$
计算$n=p \times q$	
计算$\phi(n)=(p-1)(q-1)$	
选择整数e	$\gcd[\phi(n),e]=1; 1<e<\phi(n)$
计算d	$d=e^{-1}[\bmod, \phi(n)]$
公钥	PU={e,n}
私钥	PR={d,n}

图 A.15 RSA 算法密钥的产生过程

加密	
明文：	$M<N$
密文：	$C=M^e \bmod n$

图 A.16 RSA 算法加密过程

解密	
明文：	C
密文：	$M=C^d \bmod n$

图 A.17 RSA 算法解密过程

知道公钥可以得到获取私钥的途径，但是这取决于将模数因式分解后组成它的质数，这很困难。通过选择足够长的密钥，可以使其基本上不可能实现。需要考虑的是模数的长度。RSA 实验室目前建议：普通公司使用的密钥大小为 1024 位；对于极其重要的资料，可使用双倍大小的密钥，即 2048 位。对于日常使用，768 位的密钥长度已足够，因为使用当前技术无法容易地破解它。保护资料的成本总是需要和资料的价值以及攻破保护的成本是否过高结合起来考虑。RSA 实验室提到了最近对 RSA 密钥长度安全性的研究，这种安全性基于 1995 年可用的因式分解技术。这个研究表明用 8 个月的努力、花费近百万美元可能对 512 位的密钥进行因式分解。事实上，在 1999 年，作为常规 RSA 安全性挑战的一部分，研究人员用了 7 个月时间完成了对特定 RSA 512 位数（称为 RSA-155）的因式分解。

请注意，密钥长度增加时会影响加密\解密的速度，所以这里有一个权衡。将模数加倍将使得使用公钥的操作时间大致增加为原来的 4 倍，而用私钥加密\解密所需的时间增加为原来的 8 倍。进一步说，当模数加倍时，生成密钥的时间平均将增加为原来的 16 倍。如果计算能力持续快速地提高，并且事实上非对称密码术通常用于简短文本，那么在实践运用中这将不是问题。

当两个用户开始相互发送消息时，他们唯一关心的问题是密码分析人员是否能够读取消息内容。为了防止别人能够读取他们之间的交流信息，他们使用长达 56～256 位长度的密钥，并且即使使用十六进制表示（四个位使用一个符号），这些密钥也很长。因此就产生了这个结果：两个密码通信人员倾向于在某个东西上写下密钥，并把它保存在他们的计算机附近。很明显，管理密钥已经成为了一个问题。

在二次大战时期，德国人为了不让密码被破解，尽量避免一而再地使用同一个密钥。理论上讲，这是一个好策略。但是，在现实中，如何在人们之间安全共享新的密钥，这体现在依然是密码学上需要解决的一个问题。下面主要介绍基于公钥系统的密钥交换算法，Diffie-

Hellman 密钥交换系统。

A.3.3　Diffie-Hellman

Diffie-Hellman 协议允许两个用户通过某个不安全的交换机制来共享密钥,而不需要事先就某些秘密值达成协议。它有两个系统参数,每个参数都是公开的,其中一个是质数 p;另一个通常称为生成元,是比 p 小的整数。这一生成元经过一定次数的幂运算之后再对 p 取模,可以生成 $1 \sim p-1$ 的任何一个数。

Diffie-Hellman 算法的主要流程如图 A.18 所示。

全局公开量	
q	素数
α	$\alpha < q$ 且 α 是 q 的本原根

用户A的密钥产生	
选择秘密的 X_A:	$X_A < q$
计算公开的 Y_A:	$Y_A = \alpha^{X_A} \bmod q$

用户B的密钥产生	
选择秘密的 X_B:	$X_B < q$
计算公开的 Y_B:	$Y_B = \alpha^{X_B} \bmod q$

用户A计算产生密钥
$K = (Y_B)^{X_A} \bmod q$

用户B计算产生密钥
$K = (Y_A)^{X_B} \bmod q$

图 A.18　Diffie-Hellman 密钥交换算法

在实际情况下,可能涉及以下过程:首先,每个人生成一个随机的私有值,即 a 和 b;然后,每个人使用公共参数 p 和 g 以及它们的特定私有值 a 或 b 通过一般公式 $g^n \bmod p$(其中 n 是相应的 a 或 b)来派生公共值;然后,他们交换这些公共值,一个人计算 $k_{ab} = (g^b)^a \bmod p$,另一个人计算 $k_{ba} = (g^a)^b \bmod p$。当 $k_{ab} = k_{ba} = k$ 时,即是共享的密钥。

这一密钥交换协议容易受到伪装攻击,即所谓的中间人攻击。如果 A 和 B 正在寻求交换密钥,则第三个人 C 可能介入每次交换。A 认为初始的公共值正在发送到 B,但事实上它已被 C 拦截,然后向 B 传送了一个别人的公共值。B 给 A 的消息也遭受同样的攻击,而 B 以为它给 A 的消息直接送到了 A。这导致 A 与 C 就一个共享密钥达成协议而 B 与 C 就另一个共享密钥达成协议。然后,C 可以在中间拦截从 A 到 B 的消息,然后使用 A/C 密钥解密,修改它们,再使用 B/C 密钥转发到 B。B 到 A 的过程与此相反,而 A 和 B 都没有意识到发生了什么。

为了防止这种情况,1992 年 Diffie 和其他人一起开发了经认证的 Diffie-Hellman 密钥协议。在这个协议中,必须使用现有的私钥\公钥对以及与公钥元素相关的数字证书,由数字证书验证交换的初始公共值。

A.4　密码学数据完整性算法

A.4.1　密码学 Hash 函数

Hash 函数在密码学中扮演着越来越重要的角色,它们在很多密码学应用中是一个非常重要的密码学原语,许多密码学原语和协议依赖于密码学 Hash 函数的安全,其本质是被用于压缩消息,这个压缩不需要保留消息的原始内容。消息的 Hash 值被看作数字指纹。也就是说,给定一个消息和一个 Hash 值,可以判断此消息是否和 Hash 值相匹配。此外,类似于在嫌疑犯数据库里比较一系列犯罪现场出现的指纹一样,人们可以从有限的消息集合中检验某些 Hash 值与哪些原始的消息相匹配。但是,对于给定的 Hash 值,不能恢复出原始消息。

按照实现过程中是否使用密钥,Hash 可分为不带密钥的 Hash 函数和带密钥的 Hash 函数两大类。基于实际应用的需要,这里将详细介绍这两种类型的 Hash 函数。

不带密钥的 Hash 函数只有一个输入参数(一个消息)。在不带密钥的 Hash 函数中,最重要的一类称为修改检验码(modification detection code,MDC),其目的主要是用于数据的完整性检验。目前受到广泛攻击的正是这一类 Hash 函数。按照所具有的性质的不同,MDC 又可进一步划分为单向 Hash 函数(one way hash function,OWHF)和抗碰撞的 Hash 函数(collision-resistant hash function,CRHF)两类。

带密钥的 Hash 函数有两个功能不同的输入参数,分别是消息和秘密密钥。这类 Hash 函数主要用于在认证系统中提供信息认证(即数据源认证和数据完整性认证)。在带密钥的 Hash 函数中,最重要的一类称为消息认证码(MAC)。

表 A.1 列出了密码学 Hash 函数的安全性需求。若一个 Hash 函数满足表中的前 5 个要求,就称其为弱 Hash 函数;若也满足第 6 个要求,则称其为强 Hash 函数。强 Hash 函数可以保证免受通信双方一方生成消息而另一方对消息进行签名的攻击。

表 A.1 密码学 Hash 函数的安全性需求

需 求	描 述
输入长度可变	H 可应用于任意大小的数据块
输出长度固定	H 产生定长的输出
效率	对任意给定的 x,计算 $H(x)$ 比较容易,用硬件和软件均可实现
抗原像攻击(单向性)	对任意给定的 Hash 码 h,找到满足 $H(y)=h$ 在计算上是不可行的
抗第二原像攻击(抗弱碰撞性)	对任意给定的分块 x,找到满足 $y \neq x$ 且 $H(x)=H(y)$ 的 y 在计算上是不可行的
抗碰撞攻击(抗强碰撞性)	找到任何满足 $H(x)=H(y)$ 的偶对 (x,y) 在计算上是不可行的
伪随机性	H 的输出满足伪随机性测试标准

Hash 函数在密码学中比较广泛的应用是消息认证和数字签名,也用于产生单项口令文件、入侵检测、病毒检测、构建随机函数或用作伪随机数发生器等。

1. MD5

MD4 是较早出现的 Hash 函数算法,它使用了基本的加法、移位、布尔运算和布尔函数,其运算效率高,设计原则采用了 MD(Merkle Damgard)迭代结构的思想。MD4 算法公布后,许多 Hash 算法相继提出来,它们的设计都来源于 MD4,因此,我们将这些 Hash 函数统称为 MD4-系列。MD4-系列包括 3 个子系列:MD-系列、SHA-系列和 RIPEMD-系列。

MD-系列主要包括 MD4、MD5 和 HAVAL 等。message digest algorithm MD5(中文名为消息摘要算法第五版)为计算机安全领域广泛使用的一种 Hash 函数,用以提供消息的完整性保护。它是由 Rivest 在继提出 MD4 后一年提出来的,它继承了 MD4 的很多设计理念,在效率和安全性之间更侧重于安全性。

　　MD5可接收任意长度的消息作为输入,并生成128位消息摘要作为输出。对于给定的长度为 L 的消息,建立算法需要三个步骤:第一步是通过在消息末尾添加一些额外位来填充消息。填充是绝大多数 Hash 函数的通用特性,正确的填充能够增加算法的安全性。对于 MD5 来说,对消息进行填充,使其位长度等于 448 mod 512(这是小于 512 位一个整数倍的 64 位)。即使原始消息达到了所要求的长度,也要添加填充。填充由一个 1 后跟足够个数的 0 组成,以便达到所要求的长度。例如,如果消息由 704 位组成,那么在其末尾要添加 256 位(1 后面跟 255 个 0),以便将消息扩展到 960 位(960 mod 512=448)。

　　第二步,将消息的原始长度缩减为 mod 64,然后以一个 64 位的数字添加到扩展后消息的尾部,其结果是一个具有 1024 位的消息。

　　第三步,MD5 的初始输出放在四个 32 位寄存器 A、B、C、D 中,这些寄存器随后将用于保存 Hash 函数的中间结果和最终结果。

　　一旦完成了这些步骤,MD5 将以四轮方式处理每一个 512 位分组,如图 A.19 所示。每一轮都由 16 个阶段组成,每一轮都实现针对该轮的功能(F、G、H、I),即对消息分组部分作 32 位加法,对数组 T 中的内置值作 32 位加法和移位计算,最后做一次加法和交换运算,真正打乱了所有位。

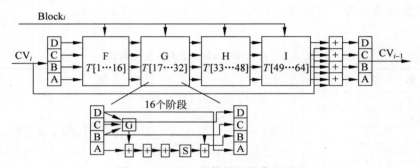

图 A.19　MD5 四轮处理的分组过程

　　特定轮功能接收 32 位字作为输入,并使用按位逻辑运算产生 32 位输出。

　　512 位输入分组被划分为 16 个 32 位字。在四轮的每一轮内部,16 个字的每一个字精确地只使用一次,但它们的使用次序是不同的。对于第一轮来说,输入分组的 16 个字依次使用,也就是说,$\text{block}_i(j)$ 加到寄存器 A 上,这里 j 为当前的阶段;在第二轮,$\text{block}_i(k)$ 加到寄存器 A 上,这里 $k=(1+5j)\bmod 16$,其中 j 为当前的阶段;在第三轮,$\text{block}_i(k)$ 加到寄存器 A 上,这里 $k=(5+3j)\bmod 16$,其中 j 为当前的阶段;在第四轮里,$\text{block}_i(k)$ 加到寄存器 A 上,这里 $k=7j\bmod 16$,其中 j 为当前的阶段。

　　之后寄存器 A 中的新值模 2^{32} 与数组 T 中的常量元素相加,将 A 的结果值左循环移位。与 MD5 中的其他操作一样,循环移动的移位量在轮与轮之间和阶段与阶段之间都是变化的。最后将寄存器 B 加到寄存器 A 上,并进行寄存器置换。

　　在完成所有四轮之后,A、B、C、D 的初始值加到 A、B、C、D 的新值上,生成第 i 个消息分组的输出。这个输出用作开始处理第 $i+1$ 个消息分组的输入。最后一个消息分组处理完之后,ABCD 中保存的 128 位内容就是所处理消息的散列值。

2. SHA-1

安全散列算法(secure hash algorithm,SHA)是一种数据加密算法,该算法经过加密专家多年来的发展和改进已日益完善,现在已成为公认的最安全的散列算法之一,并被广泛使用。该算法的思想是接收一段明文,然后以一种不可逆的方式将其转换成一段(通常更小)密文,也可以简单地理解为取一串输入码(称为预映射或信息),并把它们转化为长度较短、位数固定的输出序列即散列值(也称为信息摘要或信息认证代码)的过程。

SHA 是美国国家标准和技术局发布的国家标准 FIPS PUB 180,最新的标准已经于2008 年更新到 FIPS PUB 180-3,其中规定了 SHA-1、SHA-224、SHA-256、SHA-384 和SHA-512 这几种单向散列算法,如表 A.1 所示。SHA-1、SHA-224 和 SHA-256 适用于长度不超过 2^{64} 二进制位的消息,SHA-384 和 SHA-512 适用于长度不超过 2^{128} 二进制位的消息。

单向 Hash 函数的安全性在于其产生散列值的操作过程具有较强的单向性。如果在输入序列中嵌入密码,那么任何人在不知道密码的情况下都不能产生正确的散列值,从而保证了其安全性。SHA 将输入流按照每分组 512 位(64 字节)进行分组,并产生 20 字节的被称为信息认证代码或信息摘要的输出。

SHA-1 产生的输出是一个 160 位的报文摘要。输入是按 512 位的分组进行处理的。SHA-1 不可逆,防冲突,并具有良好的雪崩效应,通过散列算法可实现数字签名。数字签名的原理是将要传送的明文通过一种函数运算(Hash)转换成报文摘要(不同的明文对应不同的报文摘要),报文摘要加密后与明文一起传送给接收方;接收方将接收的明文产生新的报文摘要并与发送方的发来报文摘要解密比较,比较结果一致表示明文未被改动,如果不一致表示明文已被篡改。MAC(信息认证代码)就是一个散列结果,其中部分输入信息是密码,只有知道这个密码的参与者才能再次计算和验证 MAC 码的合法性。

因为 SHA-1 与 MD5 均由 MD4 导出,SHA-1 和 MD5 彼此很相似。相应地,他们的强度和其他特性也相似,但仍有以下几点不同。

(1) 对强行攻击的安全性:最显著和最重要的区别是 SHA-1 的摘要比 MD5 的摘要长32 位。使用强行技术,产生任何一个报文使其摘要等于给定报摘要的难度对 MD5 是 2^{128} 数量级的操作,而对 SHA-1 则是 2^{160} 数量级的操作,因此,SHA-1 对强行攻击有更大的强度。

(2) 对密码分析的安全性:MD5 由于设计原因易受密码分析的攻击,SHA-1 不易受这样的攻击。

(3) 速度:在相同的硬件上,SHA-1 的运行速度比 MD5 慢。

A.4.2 消息认证码

消息认证是指通过对消息或者与消息有关的信息进行加密或签名变换进行的认证,目的是防止传输和存储的消息被有意无意地篡改,包括消息内容认证(即消息完整性认证)、消息的源和宿认证(即身份认证)及消息的序号和操作时间认证等。它在票据防伪中具有重要应用,如税务的金税系统和银行的支付密码器。

消息认证所用的摘要算法与一般的对称或非对称加密算法不同,它并不用于防止信息被窃取，而是用于证明原文的完整性和准确性。也就是说，消息认证主要用于防止信息被篡改。

1. 消息内容认证

消息内容认证常用的方法为：消息发送者在消息中加入一个鉴别码（如 MAC、MDC 等）并经加密后发送给接收者（有时只需加密鉴别码即可）。接收者利用约定的算法对解密后的消息进行鉴别运算，将得到的鉴别码与收到的鉴别码进行比较，若二者相等，则接收，否则拒绝接收。

2. 消息的源和宿认证

在消息认证中，消息源和宿的常用认证方法有两种。

一种是通信双方事先约定发送消息的数据加密密钥，接收者只需要证实发送来的消息是否能用该密钥还原成明文就能鉴别发送者。如果双方使用同一个数据加密密钥，那么只需在消息中嵌入发送者识别符即可。

另一种是通信双方实现约定各自发送消息所使用的通行字，发送消息中含有此通行字并进行加密，接收者只需判别消息中解密的通行字是否等于约定的通行字就能鉴别发送者。为了安全起见，通行字应该是可变的。

散列涉及将任意的数据字符串转换成定长结果。原始的长度可能变化很大，但结果将总是相同长度，在密码使用中通常为 128 或 160 位。散列广泛用于填充，用来快速精确匹配搜索的索引。散列在技术上有各种 Hash 函数，但概念上从密码编码角度来讲是完全相同的。当使用散列来构造索引项时，需要在工作系统中预计索引项的密度和可能的冲突（即不同的项返回同一散列值）之间寻求平衡。除非索引很大且填充得很疏松，否则将一定会有冲突。但在创建索引中这些问题很容易解决，如与空值链接，然后在返回结果前检查那些具有相同散列值的原始项。但是，当在密码体制中使用散列时，这种做法是不现实的，相应的算法需要尽可能地消除冲突。但是，因为可能的消息数目是无限的，所以冲突一定是可能的（且实际上，数量是无限的）。另外，在任何构造良好的密码散列算法中，两个不同消息产生同一散列值的可能性是极其微小的，对于所有实际用途，可以假设不会发生冲突。

Hash 函数只能单向工作，对于检索明文的目的，它毫无作用。然而，它提供了一种数字标识，这种数字标识仅特定于一个消息，如果纯消息文本有任何更改（甚至包括添加或除去一个空格），该标识也将更改，Hash 函数在这方面确实做得很好，这意味着可以使用一个适当的 Hash 函数来确认给定的消息未被更改。这个散列值称为消息摘要。消息摘要对于给定消息来说是很小的并且实际上是唯一的，它通常用作数字签名和数字时间戳记中的元素。

如果可能生成冲突，则可能伪造摘要，然后发送欺诈的消息。这样做的一种方法是使用称为"生日攻击"的一类蛮力攻击。"生日攻击"这个名称的由来是根据这样一个事实：在 23 个人中，有两个或多个人的生日在同一天的概率大于 1/2。

想伪造消息的人首先创建一条欺诈消息并获取一条被攻击对象要签名的消息，然后使用任意密钥及适当散列算法生成被攻击消息的 $2^n/2$ 个变体以及相同数量的欺诈消息的变体，其中 n 是消息摘要的位数。即使最微小的更改也会产生不同的消息摘要，至少在理论上可能创建仅在较小细节上不同的消息。根据生日理论,被攻击消息的一个变体与欺诈消息的一个变体的散列值相匹配的概率大于 1/2。伪造者让没有产生怀疑的目标对象对所选的被攻击消息签名,然后适时地将其换成欺诈消息,该欺诈消息的摘要与被攻击消息的签名者创建的新摘要完全相同。使用这种方法,在生成消息摘要时不必知道目标对象所使用的密钥。

A.5 本章小结

本章详细介绍了在无线网络安全中可能要用到的各种加密方法和方式。在对称加密方法中,又重点介绍了序列加密和分组加密两大加密模式。这两种加密方式也是现在无线网络安全中的主要加密方法,使用十分普遍。之后介绍的 MD5、SHA 等信息摘要方法在无线网络安全中也有广泛的运用,希望大家通过对本章的学习,对无线网中可能会使用到的加密方式方法有较好的理解和掌握,为后面的学习打好基础。

思考题

1. 加密算法都有哪些? 如何分类?
2. 对称密码中"对称"是指什么?
3. 简述 RSA 加密算法的过程。
4. 简述 MD5 算法的过程。

参 考 文 献

[1] WILLIAM STALLINGS.密码编码学与网络安全——原理与实践[M].陈晶,杜瑞颖,唐明,等译. 5 版.北京:电子工业出版社,2021.
[2] 陈兵.网络安全与电子商务[M].北京:北京大学出版社,2004.
[3] 杨波.密码学 Hash 函数的设计和应用研究[D].北京:北京邮电大学,2008.
[4] 陈黎震.AES 密码算法的性能研究与实现[J].现代计算机,2012,29(17):15-20.

图书资源支持

感谢您一直以来对清华版图书的支持和爱护。为了配合本书的使用，本书提供配套的资源，有需求的读者请扫描下方的"书圈"微信公众号二维码，在图书专区下载，也可以拨打电话或发送电子邮件咨询。

如果您在使用本书的过程中遇到了什么问题，或者有相关图书出版计划，也请您发邮件告诉我们，以便我们更好地为您服务。

我们的联系方式：

地　　址：北京市海淀区双清路学研大厦 A 座 714

邮　　编：100084

电　　话：010-83470236　010-83470237

客服邮箱：2301891038@qq.com

QQ：2301891038（请写明您的单位和姓名）

资源下载：关注公众号"书圈"下载配套资源。

资源下载、样书申请

书 圈

获取最新书目

观看课程直播